D1696746

THORSTEN DAMBECK

MARS

THORSTEN DAMBECK

MARS

DIE GEHEIMNISSE
DES ROTEN PLANETEN

KOSMOS

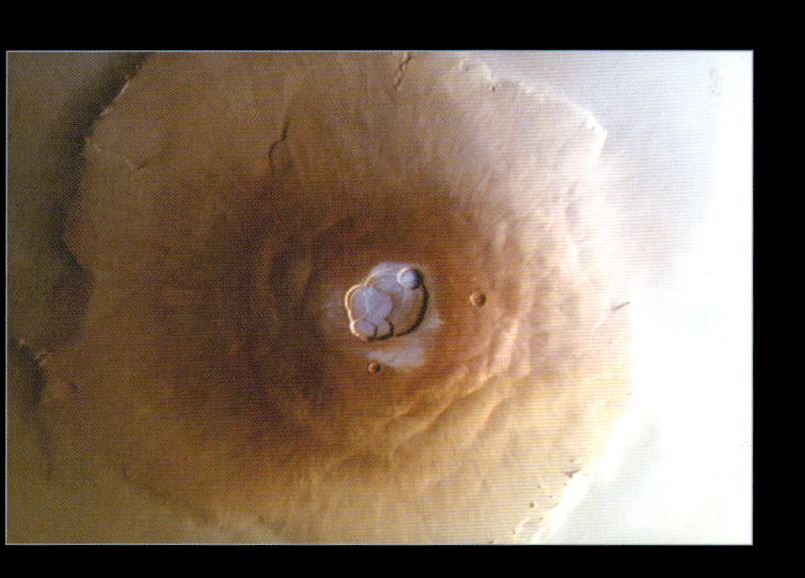

3 DIE MARS-ATMOSPHÄRE 82

Die fremde Wetterküche 84
Rätselhafte Methan-Variationen 96
Staubstürme: Fakten und Fiktionen 102
Ein Marathon in der Marsluft 108

4 MARS-LANDSCHAFTEN 118

Mars-Atlas 120
Frühling am Südpol 125
Marsianische Spinnen 126
Alte Schlammrisse im Gale-Krater 127
Im Tal von Gediz Vallis 128
Panorama an der Bohrstelle 130
Curiositys Baklava-Felsen 133
Bewegt durch Windkraft 134
Heiße Quellen im Cross-Krater 135
Eisiges Land Utopia 136
Utopia-Krater in Bayern 137

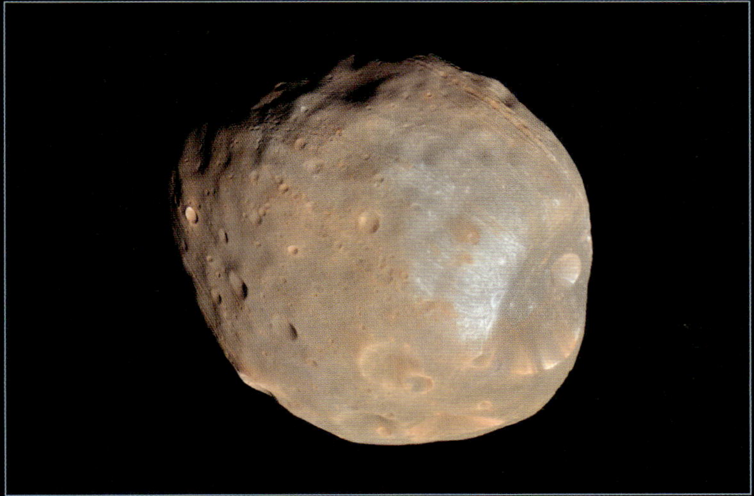

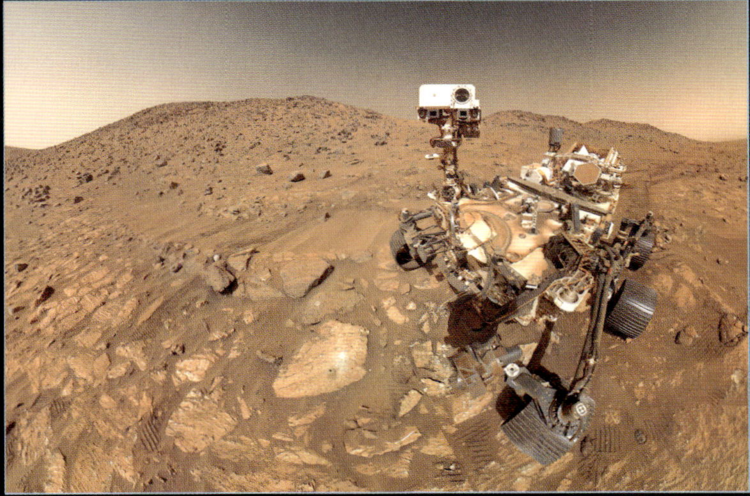

VORWORT

Der Mars beflügelt die Fantasie der Menschen mehr als jeder andere Himmelskörper. Dabei steht nicht immer die Wissenschaft im Vordergrund, oft ist der rote Planet Projektionsfläche für Sehnsüchte oder bizarre Gedankenspiele – sei es von Science-Fiction-Enthusiasten oder Technologiemilliardären. Woher kommt diese Fokussierung? Zum einen ist es sicher die Fülle von Bildmaterial, das vom Mars zur Erde gesendet wurde. Die Marsoberfläche weist eine Vielzahl von Landschaftsformen auf, die auch Nichtwissenschaftlern vertraut sind: Vulkane, ausgetrocknete Flusstäler, ausgedehnte Dünenfelder, Eiskappen – hier findet jeder und jede etwas, was man auch ohne geologische Fachkenntnisse erkennt und was als Ausgangspunkt für gedankliche Abenteuerreisen dienen kann. Zum anderen ist Mars derjenige Körper im Sonnensystem, auf dem es wohl am ehesten Leben gegeben haben könnte. Ob das tatsächlich jemals der Fall war, ist derzeit noch unbekannt, aber alleine die Möglichkeit macht Mars zum Objekt weitreichender Spekulationen. Und noch ein Aspekt fasziniert am roten Planeten: Er könnte zumindest theoretisch das Ziel von Astronauten und Astronautinnen sein. So weit die erste Reise von Menschen zum Mars derzeit noch in der Zukunft liegt, so wenig hindert es Raumfahrtbegeisterte daran, seit langem über eine menschliche Besiedlung unseres Nachbarplaneten nachzudenken, die radikale Umwandlung der Marsatmosphäre inklusive.

Auch wenn solche Pläne ins Reich der Utopie gehören, sind selbst eher nüchterne Wissenschaftler seit jeher am Mars als Forschungsobjekt interessiert. Es ist beileibe nicht nur die Frage, ob es jemals Leben auf dem Mars gegeben hat, die sie antreibt. Einerseits ist Mars der erdähnlichste Planet, da er eine Atmosphäre hat, die einst dicht genug war, um flüssiges Wasser auf seiner Oberfläche zu ermöglichen. Die Spuren davon können wir noch heute auf den Bildern sehen, die von Wasser erodierte Täler, ehemalige Seen und entsprechende Sedimentablagerungen zeigen. Obwohl es gegenwärtig zu trocken und zu kalt für flüssiges Wasser ist, sind an den Polkappen erhebliche Mengen von Eis sichtbar. Im Untergrund ist Eis noch heute bis in mittlere geografische Breiten vorhanden. Auch der Wind sorgte für Abtragung und Transport von Material, was die weitverbreiteten Dünen belegen.

Andererseits nimmt Mars eine ganz spezielle Rolle innerhalb der terrestrischen Planeten im inneren Sonnensystem ein. Sein Durchmesser und seine Masse liegen nämlich zwischen denen der kleinen Planeten wie Merkur und Mond, der in der Planetologie in dieser Hinsicht oft wie ein Planet behandelt wird, und denen der großen Planeten Venus und Erde. Da die Masse eines Planeten bestimmt, wie schnell er abkühlt und dabei seine innere Dynamik verliert, war der Mars wesentlich länger magmatisch und tektonisch aktiv als Merkur und Mond. Möglicherweise ist er es selbst heute noch, worauf neue geophysikalische Forschungsdaten hinweisen. Im Unterschied zu Venus und Erde, die beide noch vulkanisch sehr aktiv sind, wofür es auch im Fall der Venus immer mehr Hinweise gibt, hat sich diese Aktivität auf dem Mars allerdings seit langem auf einige wenige Gebiete konzentriert. Weite Bereiche seiner Oberfläche sind dagegen bereits geologisch „tot". Mars ist also auch insofern einzigartig, dass man auf seiner Oberfläche sowohl sehr alte Gesteine aus der Frühzeit der Planetenentwicklung vor mehr als vier Milliarden Jahren findet, die auf der plattentektonisch aktiven Erde praktisch nicht zu finden sind, als auch sehr junge, nur wenige Millionen Jahre alte Gebiete, welche es auf dem Mond oder Merkur nicht gibt.

Kein Wunder also, dass die Marsforschung seit Jahrzehnten floriert. Eine Vielzahl von Raumsonden erkundet derzeit den Planeten sowohl aus der Umlaufbahn als auch am Boden, und längst sind neben der NASA und der ESA noch eine ganze Reihe anderer Raumfahrtagenturen in der Marsforschung aktiv. Ich hatte und habe das Glück, in meiner Forscherlaufbahn an etlichen dieser Missionen beteiligt zu sein und verfolge deswegen aufmerksam die neuesten Entwicklungen. Nahezu im Wochenrhythmus kursieren neue Meldungen in der Presse, die tatsächliche oder vermeintliche sensationelle neue Ergebnisse der Marsforschung verkünden. Felsbrocken, die aus reinem Schwefel bestehen, mögliche Lebensspuren in chemisch veränderten Gesteinen, Hinweise auf riesige Vorkommen an flüssigem Grundwasser – für jeden Geschmack ist etwas dabei.

Trotz dieses scheinbar unversiegbaren Stroms neuer Erkenntnisse befindet sich die Marsforschung aber gegenwärtig in einer ihrer schwersten Krisen. Seit Jahrzehnten gilt die gezielte Entnahme von Proben auf dem Mars und ihr Transport zur Erde als wichtigstes Ziel der Planetenforschung überhaupt. Die ersten Schritte dazu haben NASA und ESA auch bereits getan: Ein Rover der NASA hat inzwischen über zwei Dutzend solcher Proben gesammelt, die, so der ursprüngliche Plan, von folgenden Missionen aufgenommen und bis Anfang der 2030er-Jahre zur Erde gebracht werden sollten. Dieser Plan hat sich allerdings als unrealistisch erwiesen, sowohl in finanzieller als auch in zeitlicher Hinsicht. Derzeit ist unklar, wie dieses MARS SAMPLE RETURN genannte Projekt weitergeht. Die NASA lässt untersuchen, ob und wie es gerettet werden kann, notfalls mit einer kompletten Rekonfiguration aller Missionselemente. Es bleibt zu hoffen, dass nach all den Jahren der Vorbereitungen die Erwartungen nicht enttäuscht werden und die Proben irgendwann tatsächlich auf der Erde eintreffen.

Dieses Buch erscheint also in einer kritischen Phase und bietet dem Leser nicht nur einen umfassenden Überblick über die wichtigsten Ergebnisse der Marsforschung, sondern zeigt auch, warum diese noch längst nicht alle Fragen beantwortet hat.

Ernst Hauber
Deutsches Zentrum für Luft- und Raumfahrt
Institut für Planetenforschung

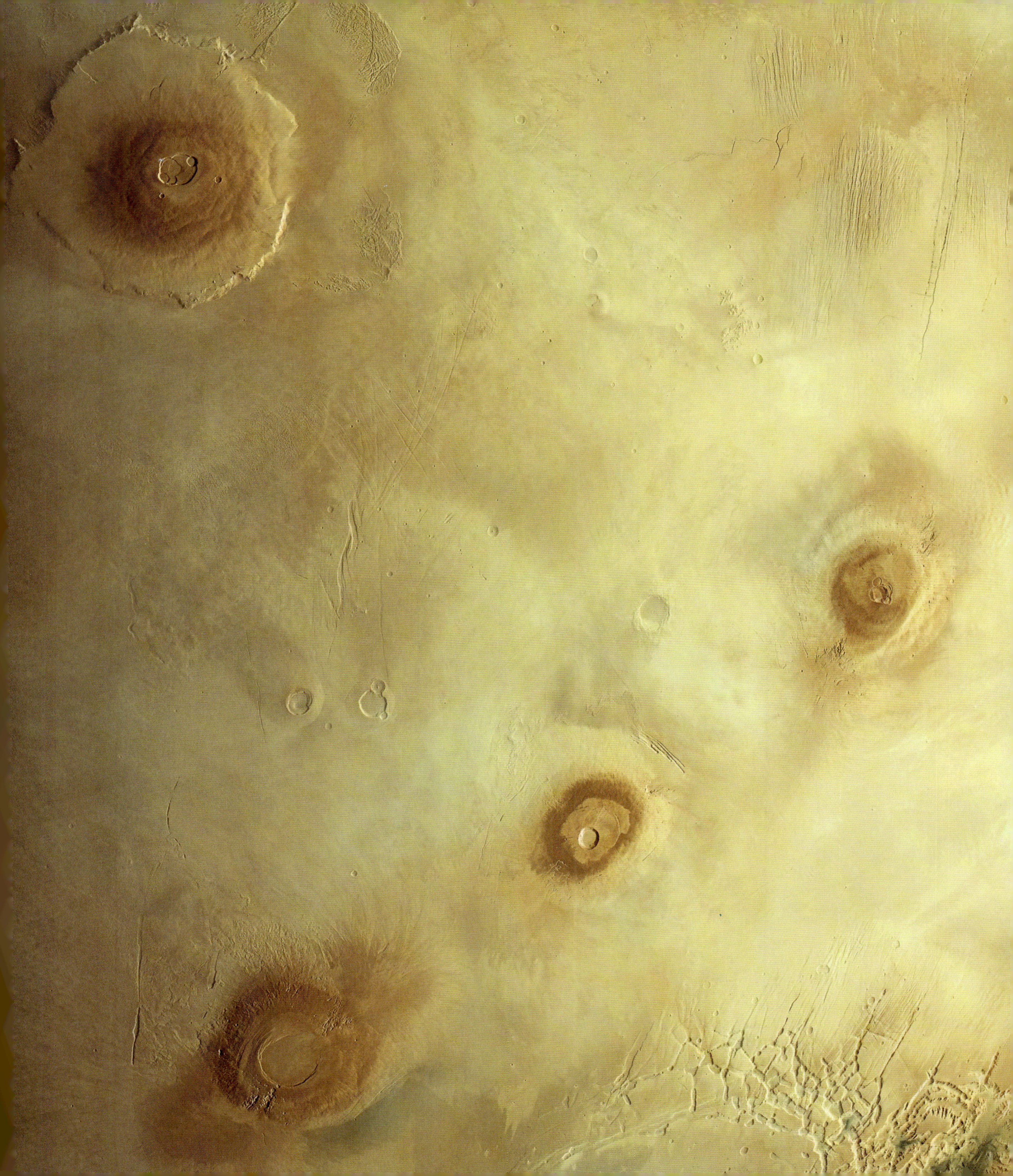

1 MYTHOS MARS

Sein roter Schimmer erinnerte an die Farbe des Blutes und seinen Namen hat er vom Kriegsgott der Römer. Auch in der Neuzeit konnte der Mars seinen schlechten Ruf nicht ablegen: Schriftsteller feierten Auflagenerfolge, als sie ihn zur Heimat gieriger Invasoren machten. Seriöse Astronomen ließen sich durch optische Täuschungen narren und berichteten von Marskanälen. Und wenn heute Gläubige auf den Fotos der Raumsonden nach Spuren von intelligentem Leben suchen, ist der Mars immer noch eine Projektionsfläche für Irreales.

→ **Wo ist das Marsgesicht?**
Cydonia ist ein Hochland auf der nördlichen Marshalbkugel, benannt wurde es nach einer antiken Stadt auf der griechischen Insel Kreta. In der neueren Mythenbildung spielte die Region eine gewisse Rolle, weil dort 1976 das sogenannte Marsgesicht fotografiert wurde. War es tatsächlich ein Merkmal von Marsbewohnern oder nur eine natürliche Struktur? Hier wurde die entsprechende Stelle von der europäischen Sonde MARS EXPRESS aufgenommen. Schauen Sie sich die Bildmitte genau an. Was erkennen Sie? (Mehr dazu auf Seite 15.)

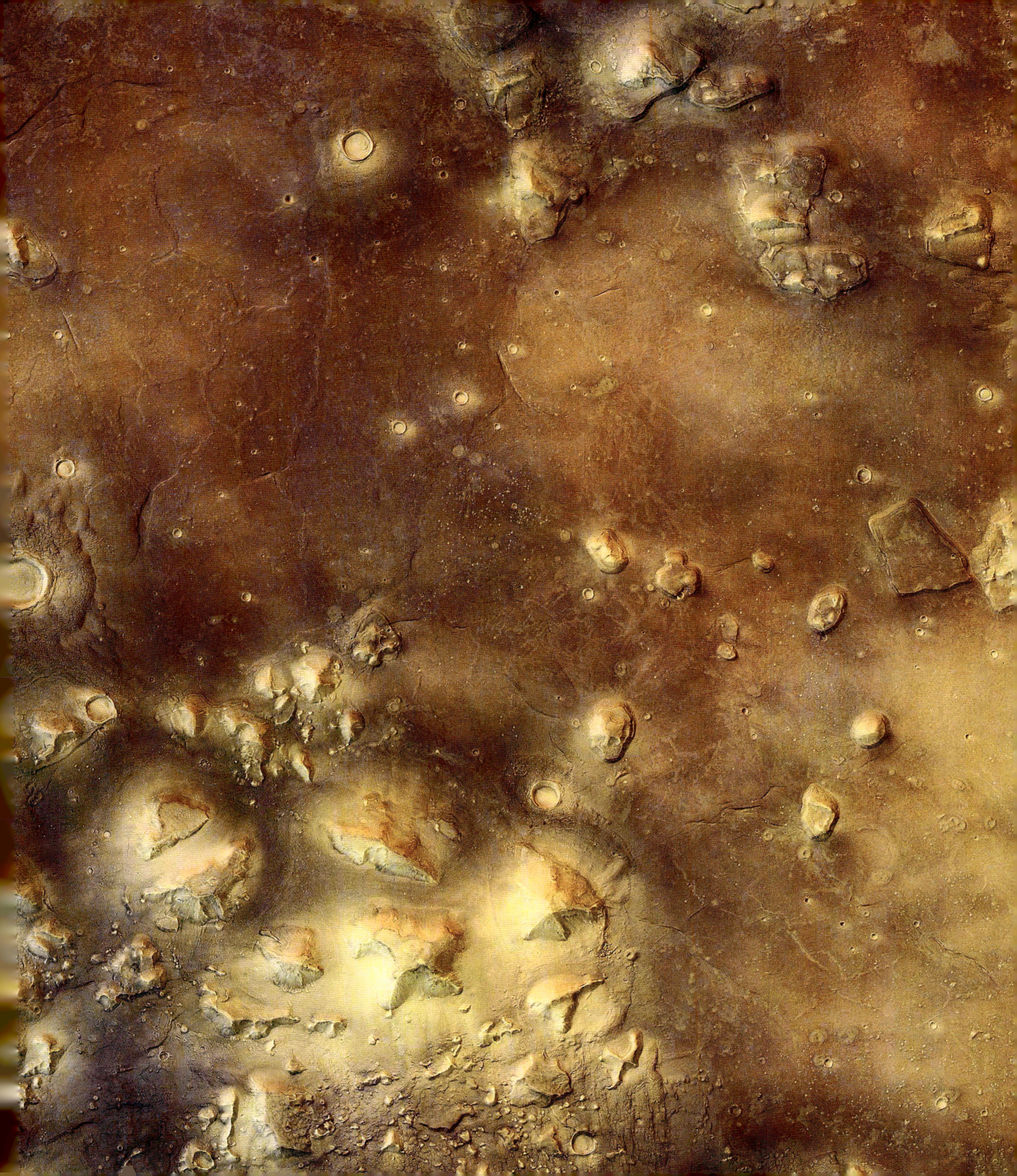

DAS MYSTERIUM DER MARSKANÄLE

Als der Italiener Giovanni Schiaparelli im Jahr 1877 sein Fernrohr auf den roten Planeten richtete, sah er dessen Landschaften von schnurgeraden Linien durchzogen. Die Beobachtungen dieser „Canali" erzeugten nicht nur eine Kontroverse in der Fachwelt, sondern auch einen Mars-Hype, der lange andauerte.

Die Jahrzehnte vor der Wende zum 20. Jahrhundert waren eine Zeit der Gegensätze. Während Naturwissenschaft und Technik die Gesellschaft veränderten, blühte andererseits allerlei abergläubischer Unfug. Teil der letzteren Tendenz waren sogenannte Séancen (französisch: Sitzung), bei denen die Teilnehmer versuchten, die Geister Verstorbener zu kontaktieren. Dies geschah meist an geheim gehaltenen Orten mithilfe eines spirituellen Mediums, also einer angeblich dafür besonders geeigneten Person. Oft ging es darum, verstorbene Familienmitglieder oder auch Prominente zu befragen. Aber der Séancen-Spuk blieb nicht auf irdische Geister beschränkt: Im Jahr 1894 begann eine Serie von mehreren vergeblichen Kontakten zwischen Erde und Mars. Dazu später mehr.

GRÜNDERVATER UND KRIEGSGOTT

Nicht erst in der Neuzeit fasziniert der Planet Mars, sein rötliches Leuchten hat von alters her die Aufmerksamkeit von Sternkundigen angezogen. Denn er gehört zur Gruppe der klassischen Planeten Merkur, Venus, Mars, Jupiter und Saturn, die allesamt mühelos ohne Fernrohr sichtbar sind und sich durch ihre Wanderschaft im Tierkreis von den Fixsternen abheben. Sein heutiger Name bezieht sich auf einen der wichtigsten Götter im antiken Rom: Der Gott Mars entstammt, so der Mythos, der Verbindung von Götterchef Jupiter und seiner Gattin Juno. Zudem ist Mars selbst der Vater von Romulus und Remus aus der römischen Gründungserzählung und somit der Stammvater des

↙ Mars im Rückwärtsgang
Dieses Bild illustriert die scheinbare Rückwärtsbewegung des Mars am irdischen Himmel. Sie entsteht durch die unterschiedlichen Geschwindigkeiten, mit denen Erde und Mars die Sonne umkreisen. Die generell schnellere Erde überholt den Mars gelegentlich auf der Innenbahn. Aus unserer Perspektive bewegt sich der rote Planet dann entgegengesetzt zu seiner üblichen Richtung. Diese „retrograde" Bewegung entsteht, wenn sich der Mars auf der Himmelsseite gegenüber der Sonne befindet, Astronomen nennen diese Stellung Opposition. Das Bild folgt dem Mars vom 14. August 2022 bis zum 5. April 2023 im Sternbild Stier, rechts zeigt sich der Sternhaufen der Plejaden.

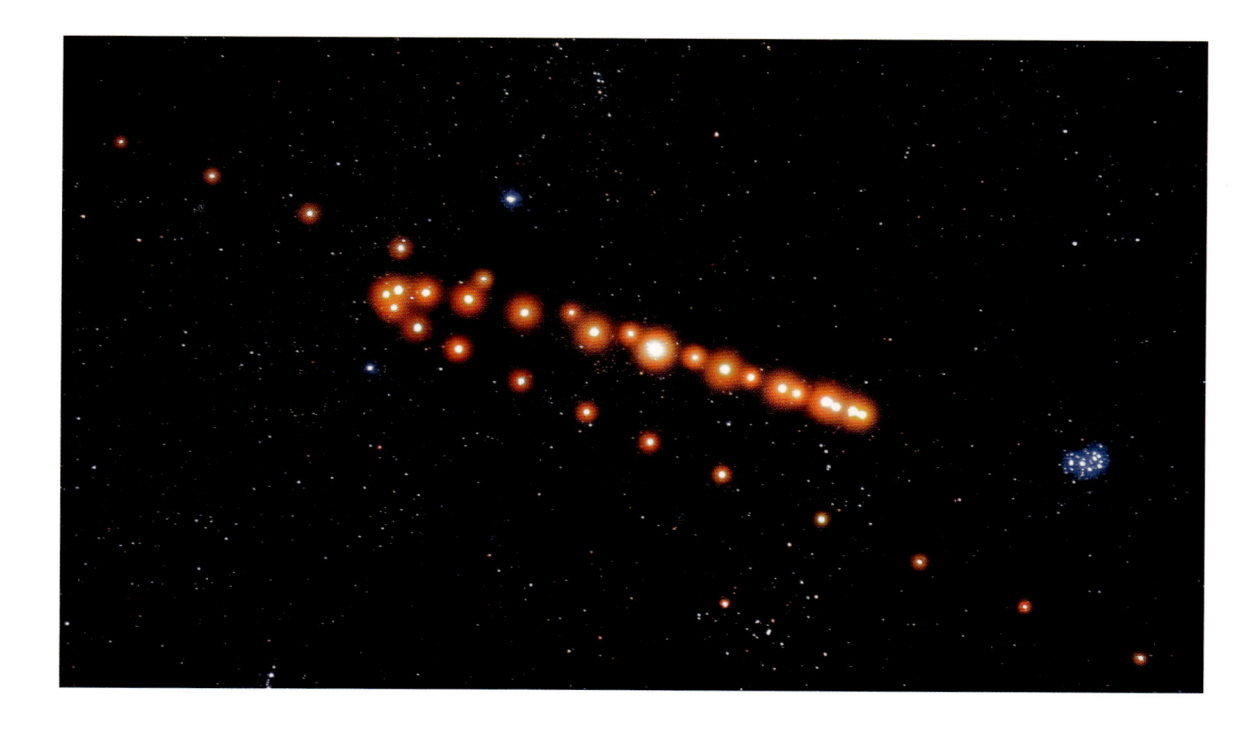

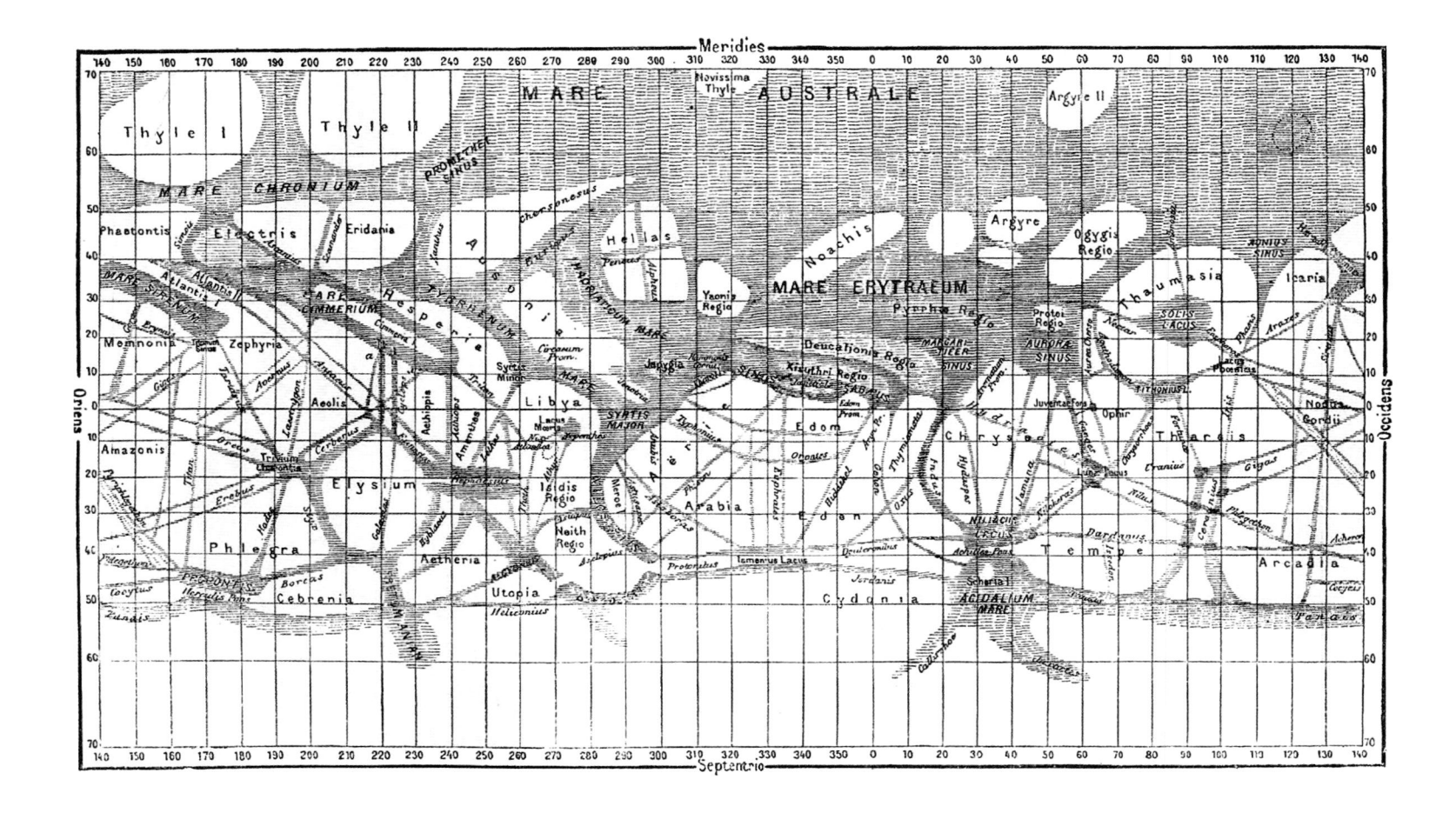

Reiches schlechthin. Als Gott des Krieges war Mars der bedeutendste unter den Militärgöttern der römischen Armee. Anders als die griechische Gottheit Ares, die vor allem als zerstörerische und destabilisierende Kraft gesehen wurde, repräsentierte der römische Mars die militärische Macht als Mittel zur Sicherung des Friedens.

Auch heute, lange nachdem die römische Götterwelt abgedankt hat, wird der Mars immer noch mit dem Krieg assoziiert, sprachlich schlägt sich dies etwa im Ausdruck „martialisch" nieder. Selbst im wissenschaftlichen Kontext schreckte man nicht vor kriegerischen Anleihen in Zusammenhang mit dem Planeten zurück: Als Johannes Kepler 1609 auf Basis der präzisen Marsbeobachtungen des dänischen Astronomen Tycho Brahe die Gesetze der Planetenbewegung erklärte, griff er zur Rhetorik des Krieges. In seinem Werk *Astronomia Nova* schrieb Kepler in eine Widmung an den in Prag residierenden Kaiser Rudolf II.: „Auf Geheiß Eurer Majestät führe ich endlich einmal den edlen Gefangenen zur öffentlichen Schaustellung vor, dessen ich mich schon vor einiger Zeit (...) in einem beschwerlichen und mühevollen Krieg bemächtigt habe." Kepler erzählt dann in ausschweifenden Metaphern von den Schlachten, die die Wissenschaft gegen den übermächtigen Feind Mars ausgefochten hatte, bevor dieser letztlich von ihm selbst und unter Mithilfe des „obersten Anführers in diesem Feldzug", gemeint war Brahe, bezwungen wurde.

BEWOHNTE WELTEN

Zwar hatte der Mars Kepler geholfen zu erkennen, dass die Planeten unsere Sonne auf Ellipsen umrunden – und nicht auf Kreisbahnen, wie noch von Kopernikus gedacht. Auch die „Rückläufigkeit" der Planeten, also ihre Neigung, bisweilen am Firmament die Bewegungsrichtung zu ändern, war nun enträtselt. Doch in der Folgezeit verliefen Beobachtungen des roten Planeten am Fernrohr lange unspektakulär. Zu dieser Zeit war – auch unter Gelehrten – die Vorstellung verbreitet, dass ebenso wie die Erde auch die anderen Planeten von Lebewesen bevölkert seien. Beispielsweise vermutete Immanuel Kant, dass die Bewohner der sonnennahen Planeten Merkur und Venus moralisch eher minderwertig, diejenigen auf Erde und Mars hingegen immerhin akzeptabel seien. Auf den kühleren Welten Jupiter und Saturn wären Bewohner von vortrefflicher Moral zu Hause. Ob es sich dabei um eine Form von astronomischem Rassismus handelt, mögen andere unter-

↑ **Canali gesichtet!**
Bei der günstigen Marsopposition im Jahr 1877 erspähte der italienische Astronom Giovanni Schiaparelli auf dem Mars erstmals seine „Canali". In den Folgejahren sahen er und manche seiner Kollegen noch weitere der auffällig schnurgeraden Linien. Die Kontroverse, ob diese Sichtungen reale Entsprechungen haben, dauerte mehrere Jahrzehnte. Diese Karte des Mailänder Astronomen stammt aus dem Jahr 1886.

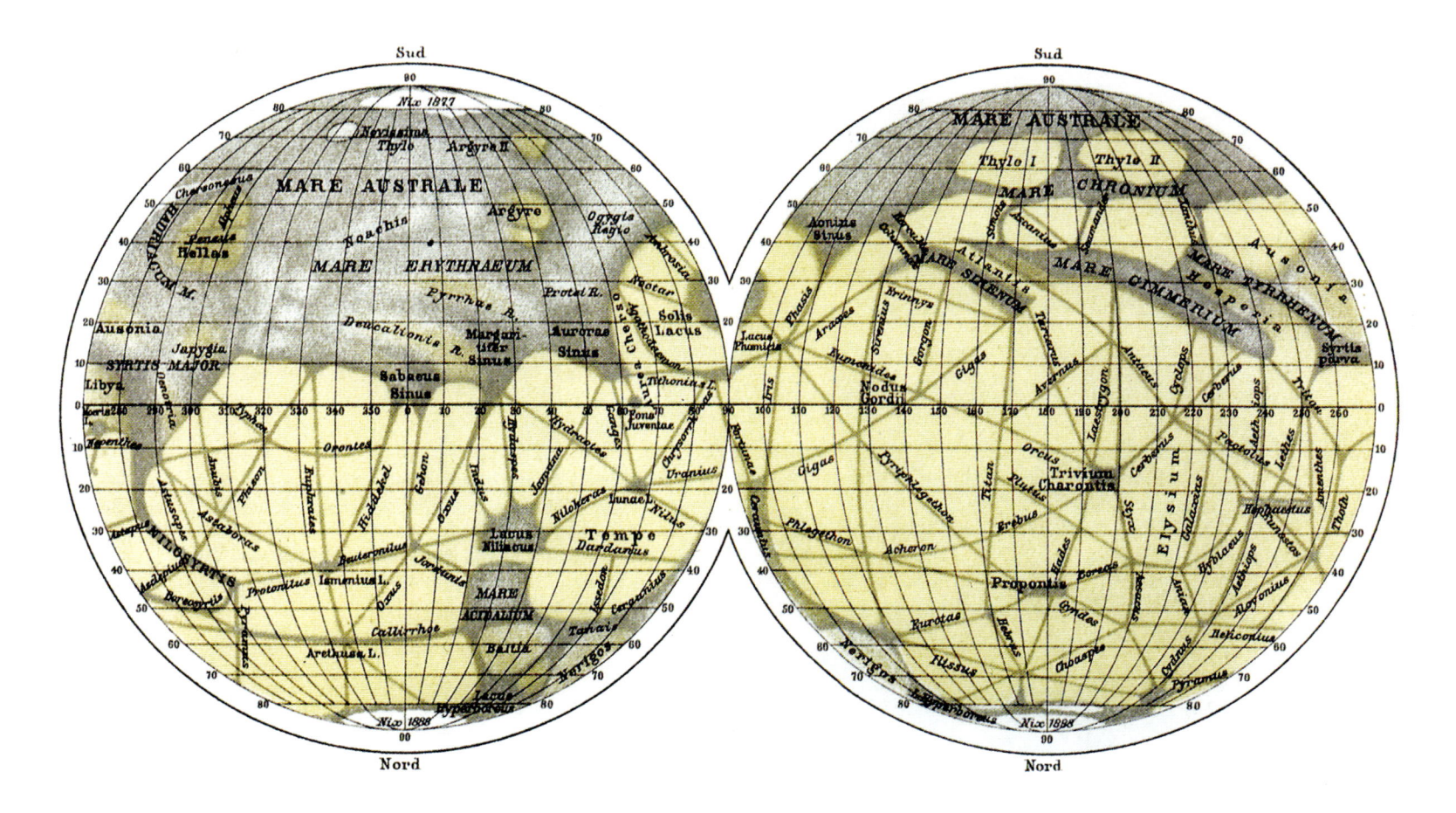

suchen. Auch später noch hatten ähnliche Ideen Konjunktur. In Ernst Haeckels Weltbestseller *Die Welträthsel* von 1899 vertritt der eifrige Verfechter der Darwinschen Evolutionstheorie, dass die Entwicklung der Pflanzen- und Tierwelt auf anderen Planeten ähnlich wie auf der Erde verlaufen sei. Für höher entwickeltes Leben sei die Entwicklung aber wohl andere Wege gegangen. Allerdings könnten diese Wesen durchaus intelligenter sein als der Mensch, so Haeckel.

Die Idee eines belebten Sonnensystems war also nicht neu, als um die Wende zum 20. Jahrhundert eine regelrechte Marsmanie losbrach. Ausgangspunkt waren Beobachtungen des Astronomen Giovanni Schiaparelli, die er von Mailand aus bei der Marsopposition 1877 mit seinem 22-Zentimeter-Linsenfernrohr durchgeführt und ein Jahr später in einer Marskarte zusammengefasst hatte. Schiaparelli war der Erste, der auf dem Antlitz des Planeten etwas erspähte, das er „Canali" nannte. Obwohl dies nicht die erste und auch nicht die einzige Marskarte war, die damals erstellt wurde, erschütterte der Italiener mit seiner Darstellung des roten Planeten die Welt der Astronomie. Im Vergleich zu den Karten früherer Jahrzehnte, die eher naturalistische Schattierungen und subtile rötlich-orange Markierungen zeigten, sah Schiaparelli den Mars völlig anders: Seine Karte zeigt scharfe Linien.

CANALI WERDEN ZU KANÄLEN

Diese Darstellung unterschied sich drastisch von der Marskarte des englischen Astronomen Nathaniel Green, die ebenfalls auf 1877 datiert. Schiaparellis Karte zeigte deutlich mehr Details als diejenige von Green, und der Italiener präsentierte die neuen Landformen mit mehr Klarheit. Schnell rückte die Karte ihren Schöpfer ins Rampenlicht, obwohl der Doppelsternexperte den Mars zuvor noch nie systematisch beobachtet hatte. Kein anderer Astronom hatte je irgendwelche geometrischen Formen auf der Marsoberfläche gesehen. Schiaparellis Kollegen versuchten in den folgenden Jahren, die Canali zu bestätigen. Unterdessen ergänzte der Mailänder Marsforscher seine Karte – je detailreicher sie wurde, desto heftiger fiel die Reaktion der anderen Astronomen aus. Einige derjenigen, die keine Canali sahen, beharrten, Schiaparelli sei einem Irrtum erlegen. Denn wie konnte es sonst sein, dass er mit seinem kleinen Refraktor Canali gesehen hatte, Kollegen mit erheblich größeren Instrumenten jedoch nicht? Wiederum andere beklagten ihre eigene vermeintliche Fehlleistung und führten mangelnde Sehkraft, unzureichende Instrumente oder einen schlechten Beobachtungsort als Erklärung an. Gab es die Canali nun oder gab es sie nicht? Auch die noch in ihren Kinderschuhen steckende Astrofotografie konnte die Frage nicht beantworten. Die Wende schien 1886 zu kommen, als erstmals andere Astro-

↑ **Schiaparellis Marskarte**
Obwohl Schiaparelli jahrelang immer mehr Canali in seine Karten einzeichnete, äußerte er gegen Ende seines Lebens auch vorsichtige Zweifel an der Realität seiner Beobachtungen. Seine Zeichnungen wie diese Karte von 1898 entsprechen dem umkehrenden Anblick im Teleskop – folglich ist hier Süden oben und Norden unten.

nomen die Canali bestätigten. Die Aufmerksamkeit richtete sich nun auf die Interpretation der merkwürdigen Landformen. Das Wort Canali kann im Italienischen für Rinnen oder Furchen stehen, aber eben auch für Kanäle. Ins Englische übersetzt machte die letztere Bedeutung Karriere – und damit der Beigeschmack einer intelligenten Planung. Bereits Schiaparelli hatte angedeutet, es könne sich um Wasserstraßen handeln, eine Deutung, die nun immer mehr Anhänger gewann. Waren also im Fernrohrokular die Bauten von Marsbewohnern sichtbar? War der Mars von Austrocknung bedroht, und seine verzweifelten Bewohner schleusten das versiegende Lebenselixier von den vereisten Polen in gemäßigte Breiten?

Der amerikanische Amateurastronom Percival Lowell, der seine eigene Sternwarte auf dem „Mars-Hill" bei Flagstaff im US-Bundesstaat Arizona baute und 1894 mit der Kartierung des Mars begann, wurde schnell zu einer führenden Mars-Autorität, indem er noch detailliertere Marskarten erstellte. Er bestätigte nicht nur alle Canali, die Schiaparelli eingezeichnet hatte, sondern fügte bereits in seinem ersten Beobachtungsjahr 116 neue Exemplare hinzu. Zwei Jahre später brachte er noch mehr davon zu Papier. Naturgemäß erregte auch seine Arbeit viel Aufmerksamkeit. Zwar war in der Fachwelt durchaus Skepsis wahrnehmbar, Lowell hatte nämlich keine formale astronomische Ausbildung vorzuweisen.

Gleichwohl erkannten mehrere führende Astronomen an, dass dessen Kartografie wichtige Beiträge zur Marsforschung leistete. Sein „Erfolg" wurde mit der Überlegenheit des verwendeten Teleskops erklärt, einem 61-Zentimeter-Linsenfernrohr. Zudem waren die Beobachtungsbedingungen an dem sorgfältig ausgewählten Standort exzellent. Beides sollte sich in der enormen Komplexität der Lowellschen Marskarten widerspiegeln.

← **Intelligente Kanalerbauer?**
Zwischen 1894 und 1916 erstellte Lowell ein Dutzend Marsgloben und die Zahl der eingezeichneten Kanäle wuchs. Er glaubte fest daran, damit Beweise für intelligente Wesen auf dem Mars gefunden zu haben – sie seien womöglich sogar weiterentwickelt als die Menschen. „Es ist durchaus möglich, dass diese Marsbewohner über Erfindungen verfügen, von denen wir noch nicht einmal geträumt haben", schrieb er 1907 in einem Artikel für das renommierte Wissenschaftsblatt *Nature*.

← **Ein Experte für Marskanäle**
Der wohlhabende Amateurastronom Percival Lowell galt um die vorletzte Jahrhundertwende vielen als seriöser Experte für die Kartografie des Mars. Hier sieht man ihn am Linsenfernrohr seiner eigenen Sternwarte, das mit 61 Zentimetern Öffnung zu den größten seiner Zeit gehörte.

PLANETARE POPKULTUR

Unterdessen hatte sich der Planet zu einem Gegenstand der Populärkultur gemausert. Während Lowell in der *New York Times* persönlich über seine „Kanal"-Sichtungen berichtete, hatten sich auch Schriftsteller dem Mars-Thema angenommen. Es würde den Rahmen sprengen, all dies zu würdigen, stellvertretend seien hier zwei Werke genannt: In *Auf zwei Planeten* des Deutschen Kurd Lasswitz begegnen sich gegen Ende des 19. Jahrhunderts am irdischen Nordpol Erdlinge und Marsmenschen. Der 1897 erschienene Roman gilt als Beginn des deutschsprachigen Science-Fiction-Genres.

Als zweites sei der Roman *Krieg der Welten* des Engländers H. G. Wells genannt, der den Angriff durch die technisch überlegenen Marsianer auf das Vereinigte Königreich schildert. Von hier aus soll die rohstoff- und wasserreiche Erde erobert werden. Gegen die Kriegsmaschinen der Invasoren ist das irdische Militär hoffnungslos unterlegen, es muss bei der Zerstörung der Städte zuschauen. Erst Bakterien können die Marsianer besiegen, denn deren Immunsystem ist den irdischen Mikroben nicht gewachsen.

Der Mars beflügelte die Fantasie allerorten, dazu beigetragen hatten auch die Sachbücher des fantasiebegabten Franzosen Camille Flammarion, die nicht nur in seinem Heimatland, sondern in ganz Europa und den USA erstaunliche Resonanz fanden. Bereits 1865 hatte er geschrieben: „Das Vernünftigste und Wahrscheinlichste, das sich über die Marsianer sagen lässt, ist, dass sie uns ähnlicher sind als die Bewohner anderer Planeten". Im Jahr 1877 erschien sein Buch *Les terres du ciel* (Die Erden des Himmels), in dem er auch 200 Seiten dem Mars widmet. Dort sei Flora und Fauna derjenigen der Erde ähnlich, allerdings würden sie wegen der geringeren Schwerkraft größer heranwachsen. Die höher entwickelten Wirbeltiere – und die Marsmenschen – hätten auch deshalb „das beneidenswerte Vorrecht errungen, sich der Luftbewegung zu erfreuen."

Übrigens hielt Flammarion Reisen mit Raumschiffen von der Erde zum Mars für unmöglich, besonders talentierte Personen könnten dies jedoch mit Seelenreisen bewerkstelligen, meinte der dem Spirituellen zugetane Autor. Es war also eine Melange aus Wissenschaft, Spekulation und Aberglaube, die den Nährboden für die bereits erwähnten okkulten Marskontakte bildete. Sie begannen am 25. November 1894, als das „Medium" Hélène Smith, der echte Name war Catherine-Elise Müller, ihre erste Mars-Vision hatte. In den folgenden Jahren „erblickte" sie dabei die Bewohner des Planeten, Männer und Frauen, die angeblich gleich gekleidet herumliefen. Vor allem überraschte die hellsichtige Dame aber mit Lektionen über eine Mars-Sprache samt Mars-Alphabet, die sie ebenfalls zum Besten gab. Und ob man es glaubt oder nicht: diese Sprache wurde wissenschaftlich analysiert. Victor Henry, Professor an der Pariser Universität und Experte für die altindische Sprache Sanskrit, widmete ihr über 200 Seiten seines Buches *Le Langage martien*; es erschien 1901 in Paris. Jahrzehnte später untersuchten Psychologen den Fall Hélène Smith und diagnostizierten ihr eine zu Fantasien neigende Persönlichkeit samt Halluzinationen.

↓ **Historisches Marsfoto**
MARINER 4 war die erste Raumsonde, die den Mars aus der Nähe fotografierte. Sie funkte 22 Bilder zur Erde, die erstmals die Existenz von Kratern wie auf dem Mond dokumentierten. Dieses Foto vom 15. Juli 1965 wurde von Hand coloriert und dem damaligen JPL-Direktor William H. Pickering überreicht.

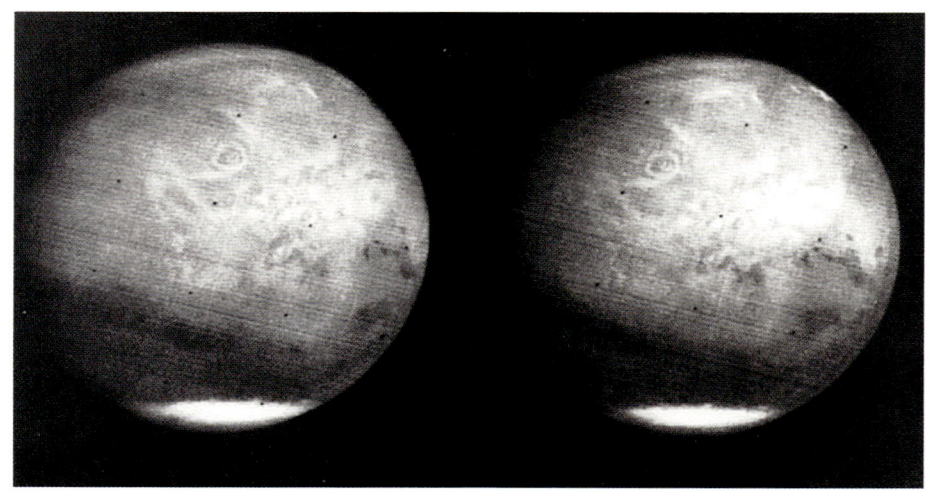

↑ **Die Erkundung beginnt**
Im August 1969 erreichte die NASA-Sonde MARINER 7 den Mars und zeigte erstmals globale Ansichten. Deutlich hebt sich die südliche Polkappe ab, oberhalb der Bildmitte ist sogar der Vulkan Olympus Mons zu erkennen. Das Bild entstand aus einer Entfernung von 320.000 Kilometern. Von den Marskanälen ist auf diesem Foto keine Spur zu erkennen.

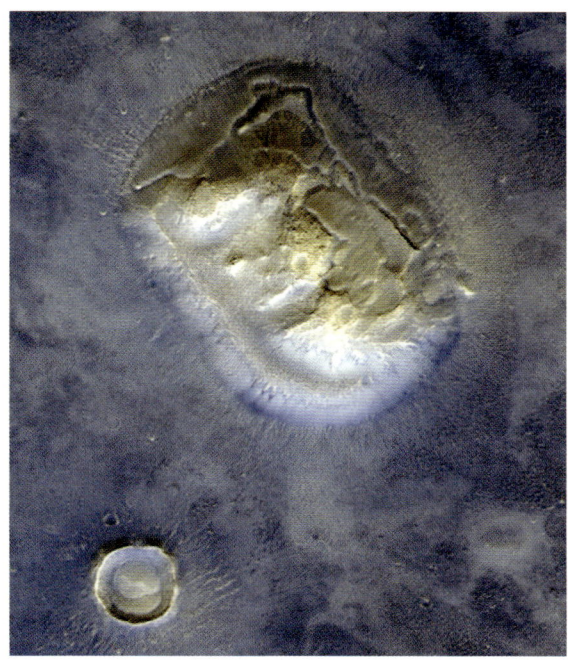

MAUNDER VERSUS LOWELL

Zu den Marskanälen äußerte sich Smith alias Müller allerdings nicht. Deren Blatt begann sich allmählich zu wenden, als der britische Astronom Edward W. Maunder im Sommer 1902 in Greenwich eine Klasse von Schulkindern beauftragte, eine Kreisscheibe aus jeweils unterschiedlichen Distanzen abzuzeichnen. Die Schüler wussten nicht, dass die Scheibe den Mars darstellte und es darum ging, die Marskanäle zu widerlegen. Denn Maunder war überzeugt, dass es einen einfachen Grund für die angeblichen Kanäle gab: das visuelle System des Menschen, das bei schlecht erkennbaren Objekten dazu neige, sich Dinge schlicht einzubilden. Die Bilder, die Maunder die Schüler abzeichnen ließ, stammten teils aus den Büchern von Schiaparelli. Maunder hatte allerdings die Kanäle entfernt und einige gewundene Flüsse und ein paar Punkte hinzugefügt. Bei vielen Schülerbildern wurden aus Punkten und Schlangenlinien tatsächlich Canali-artige Geraden. Offenbar neigt das menschliche Gehirn in solchen Situationen dazu, Punkte zu Geraden zusammenzufassen.

Lowell hingegen konnte man so nicht überzeugen. Er führte eigene Experimente zur visuellen Wahrnehmung durch, die die Existenz der Kanäle stützen sollten. Denn Maunders Schülerexperiment zeigte ja nur, dass eine Sinnestäuschung für die Kanäle verantwortlich sein könnte und nicht, dass sie es auch wirklich war. Die Kontroverse ging also zunächst weiter. Nachdem die *New York Times* im Dezember 1909 mit „Marskanäle bestritten" einen Bericht über ein Treffen der Britischen Astronomenvereinigung betitelt hatte, brachte die Zeitung in ihrer nächsten Ausgabe eine Ergänzung, die mit „Glaube an die Marskanäle" überschrieben war. Offensichtlich fehlte der astronomischen Community immer noch eine einheitliche Haltung. Den Gegenwind, der von dieser Konferenz ausging, kommentierte Lowell: „Die Meinung der British Astronomical Association interessiert mich zu wenig, als dass ich sie diskutieren möchte. Die Leute tun mir jedoch sehr leid." Zu diesem Zeitpunkt hatte er bereits über 500 Kanäle kartiert.

Dass Schiaparelli und viele seiner Kollegen jahrzehntelang einem Phantom hinterher gejagt waren, hat sich erst lange nach dessen Tod im Jahr 1910 bestätigt. Als die ersten Marssonden in den 1960er-Jahren den Planeten ansteuerten, funkten sie spektakuläre Fotos zur Erde: Sie zeigten eine weite, zerklüftete Wüstenlandschaft. Zwar gab es dort einst große, wasserführende Täler, aber sie sind seit Äonen ausgetrocknet und haben nichts mit den Canali zu tun. Die Aufregung um die Marskanäle hat sich deshalb längst gelegt, sie war durch eine optische Täuschung begründet. Die Namen Schiaparelli, Lowell und Maunder sind nun einträchtig auf dem Mars verewigt – Krater wurden nach ihnen benannt. Aber auch heutzutage ist man vor neuen Mars-Hypes nicht sicher: Wer wie Elon Musk auf dem lebensfeindlichen Planeten eine Millionenstadt errichten will, hat sich offenbar zu intensiv von Percival Lowell inspirieren lassen.

↖ **Ein Foto sorgt für Aufregung**
Als der Marssatellit VIKING 1 am 25. Juli 1976 seine Kamera auf die Cydonia-Region richtete, suchte er eigentlich eine geeignete Landestelle für den zweiten VIKING-Lander. Aus einer Höhe von 1873 Kilometern entstand dieses Foto einer etwa 1,5 Kilometer großen Struktur. Nur wenige Tage später machte sie unter dem Namen „Marsgesicht" bereits Schlagzeilen – und wurde Teil der Popkultur. Nur ein Beispiel von vielen: In der TV-Serie *Futurama* ist das Cydonia-Gesicht der Eingang zur Unterwelt, in der die Marsbewohner hausen.

↑ **Der populärste Marshügel**
Bereits eine zweite Aufnahme der VIKING-Orbiter hatte weit weniger gesichtsähnlich ausgesehen als das erste Foto der Cydonia-Region. Das Marsgesicht sei lediglich ein Trick, den Licht und Schatten vorgespielt hätten, so ein damals beteiligter NASA-Forscher. Und auch auf den Fotos der heutigen Marssonden ist nur ein kleiner verwitterter Tafelberg erkennbar. Dieses Bild schoss die Kamera an Bord des europäischen EXOMARS-Orbiters.

2
DER UNRUHIGE PLANET

Er ist nur halb so groß wie die Erde, seine Luft ist dünn und seine Monde sind kümmerlich. Trotzdem gilt der rote Planet als derjenige, der am meisten der Erde ähnelt. Denn dort haben Astronomen viel gefunden, was ihnen von unserem blauen Planeten vertraut ist: So erzittert auch auf dem Mars der Boden, wenn sich dort immer wieder Beben ereignen. Deren Epizentren wurden in eine Region mit riesigen Vulkanen zurückverfolgt. Und tief im Zentrum ruht das Herz des Planeten aus geschmolzenem Eisen.

→ **Erdähnlicher Mars**
Der Mars am 19. Dezember 2022, aufgenommen von der arabischen HOPE-Sonde. Zu sehen ist oben Olympus Mons, der höchste Vulkan im gesamten Sonnensystem, und wie auf einer Perlenkette aufgereiht die drei Feuerberge Arsia Mons, Pavonis Mons und Ascraeus Mons. Südlich davon sind die gewaltigen Canyons der Valles Marineris erkennbar. Die vereiste Nordpolregion verbirgt sich hingegen unter ausgedehnten Wolken. HOPE kreiste zum Zeitpunkt der Aufnahme 21.878 Kilometer über dem Planeten.

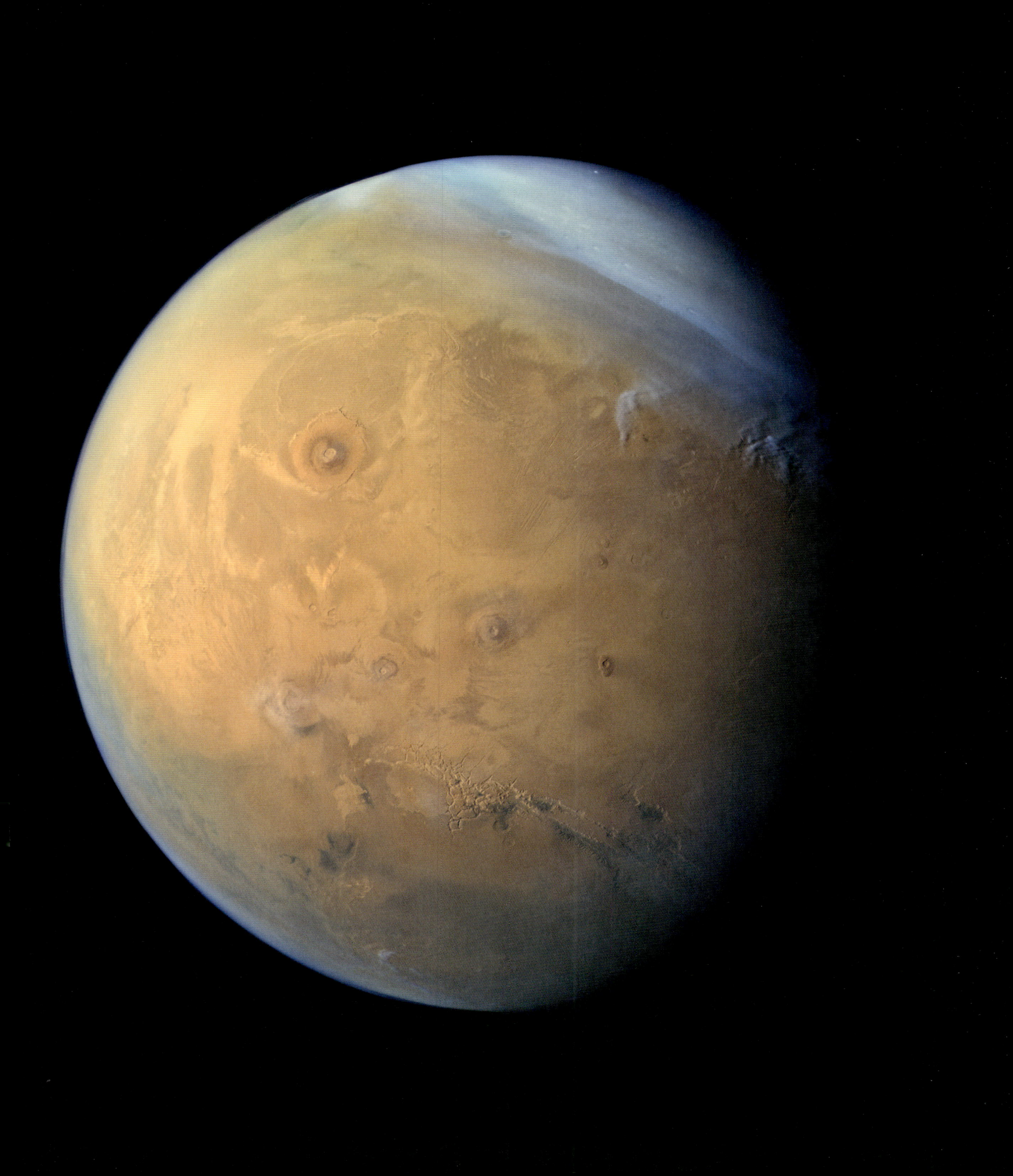

STECKBRIEF DES ROTEN PLANETEN

Auf dem Mars gibt es tiefe Canyons und mächtige Vulkane, dazu zwei kleine Monde und dünne Wolken, die über seinen Himmel ziehen. Die höheren Breiten sind zeitweise von mächtigen Eisschilden bedeckt. Ein Marstag dauert wenig länger als 24 Stunden.

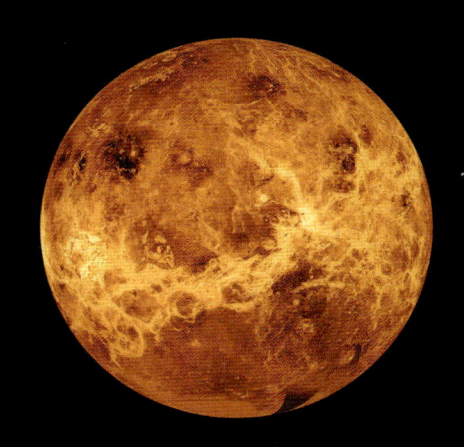

Von der Sonne aus betrachtet ist Mars der vierte Planet. Er ist der äußere und kleinere Nachbar der Erde. Unserer innerer Nachbarplanet Venus zieht in puncto Größe fast mit der Erde gleich. Ebenso wie Merkur und Venus wird der Mars zu den terrestrischen, das heißt erdähnlichen, Planeten gezählt, was ihn von den Gasplaneten Jupiter und Saturn sowie den Eisplaneten Uranus und Neptun abgrenzt. Sein auffälliges rötliches Licht brachte ihm den Beinamen „roter Planet" ein. Durch unbemannte Raumsonden ist seine Oberfläche – neben derjenigen der Erde – die am besten erforschte Planetenoberfläche überhaupt.

Der Vergleich zwischen Erde und Mars offenbart Ähnlichkeiten, aber auch Unterschiede: Sein mittlerer Durchmesser ist mit 6779 Kilometern nur halb so groß wie der der Erde. Trotz seiner geringeren Größe entspricht die Landfläche des roten Planeten aber etwa derjenigen unseres blauen Planeten, denn auf dem Mars gibt es keine Ozeane. Hingegen beträgt die Marsmasse nur knapp elf Prozent des irdischen Wertes. Die Tageslänge ähnelt mit 24 Stunden, 37 Minuten und 22 Sekunden wiederum stark der Dauer eines irdischen Tages.

GLOBALE NORD-SÜD-TEILUNG

Mars lässt sich grob in zwei große Regionen unterteilen: die geologisch alten Hochländer und ein deutlich jüngeres Gebiet mit Tiefebenen. Dazwischen liegt eine Geländekante mit teils mehreren Kilometern Höhenunterschied. Sie trennt die stark von Kratern geprägten Hochländer im Süden von den flachen Ebenen im Norden, wo es kaum Krater gibt. Diese Geländestufe nennen Marsforscher „Dichotomie-Grenze". Sie markiert eine grundlegende landschaftliche Zweiteilung des Mars. Auch bezüglich ihrer Dicke unterscheidet sich die Marskruste nördlich und südlich dieser Grenze.

↑ **Kleiner roter Planet**
Im inneren Sonnensystem gibt es nur fünf Körper von nennenswerter Größe. Das sind in abnehmender Reihenfolge von links nach rechts die Erde, Venus, Mars und Merkur sowie als einziger großer Trabant unser Mond. Der verhältnismäßig kleine Mars nimmt in diesem Ranking den mittleren Platz ein und ist in dieser Gruppe am weitesten von der Sonne entfernt. Seine Masse beträgt kaum elf Prozent der Erdmasse.

Die Entstehung der Dichotomie wird noch diskutiert: Sie könnte durch ein oder mehrere große Einschläge von Asteroiden oder durch geophysikalische Prozesse im Innern des Mars entstanden sein.

Auffällig sind die beiden vereisten Kappen des Nord- und Südpols, deren Größe mit den Jahreszeiten schwankt. In der Nähe des Äquators entdeckten die Raumsonden auf der riesigen Tharsis-Aufwölbung einzelne Berge, deren Gestalt an ein Schild erinnert – sogenannte Schildvulkane. Olympus Mons ist der höchste von ihnen, er überragt die vier Kilometer hohe Aufwölbung, auf der er sich befindet, um zusätzliche 22 Kilometer. Auch seine drei etwas kleineren Nachbarvulkane sind Giganten. Eine weitere Vulkanprovinz ist Elysium, sie liegt rund 4000 Kilometer westlich der Tharsis-Region. Ob der Vulkanismus auf dem Mars heute noch aktiv ist, wird weiter erforscht.

Riesenhafte Ausmaße hat auch das Canyonsystem der Valles Marineris. Bis zu zehn Kilometer tief klaffen seine Abgründe in der Marsoberfläche. Die gewaltigen Gräben sind fast 4000 Kilometer lang und bis zu 200 Kilometer breit. Zudem befinden sich auf beiden Hemisphären ausgedehnte Becken, die in der Jugend des Planeten bei Einschlägen großer Asteroiden entstanden sind. Die beiden größten sind mit 3300 Kilometern im Durchmesser Utopia Planitia auf der Nordhalbkugel und Hellas Planitia mit 2300 Kilometern im Süden.

Anders als unser Mond besitzt der Mars eine Gashülle, allerdings ist seine Luft viel dünner als auf der Erde. Der Luftdruck am Marsboden beträgt nur etwa sechs Millibar, auf irdischem Meeresniveau sind es 1013 Millibar. Trotz der dünnen Marsluft ziehen bisweilen Wolken über seinen Himmel. Sie bestehen aus Wasserdampf, Wassereis und Trockeneis, also gefrorenem Kohlendioxid. Die Marsatmosphäre wird zu 96 Prozent von CO_2 dominiert. Die restlichen vier Prozent teilen sich hauptsächlich molekularer Stickstoff und das Edelgas Argon. Dramatisch sind heftige Stürme, die sich jahreszeitlich bedingt entwickeln und dann Sand und Staub bis in eine Höhe von 50 Kilometern aufwirbeln können; dies führt zu einer gelb-bräunlichen Trübung des Marshimmels. Meist sind solche Staubstürme regional begrenzt, doch hin und wieder erfassen sie den gesamten Marsglobus.

↓ **Höhenkarten von Mars**
Auf diesen globalen Ansichten von Mars sind die Höhenunterschiede durch Farben hervorgehoben. Im linken Bild ragen die Vulkane der Tharsis-Region weiß auf, rechts davon klafft der tiefe Einschnitt der Valles Marineris. Die rechte Ansicht zeigt links unten das blau gefärbte Gebiet von Hellas Planitia. Die Höhenprofile wurden vom Mars Orbiter Laser Altimeter (MOLA) des NASA-Orbiters MARS GLOBAL SURVEYOR erstellt.

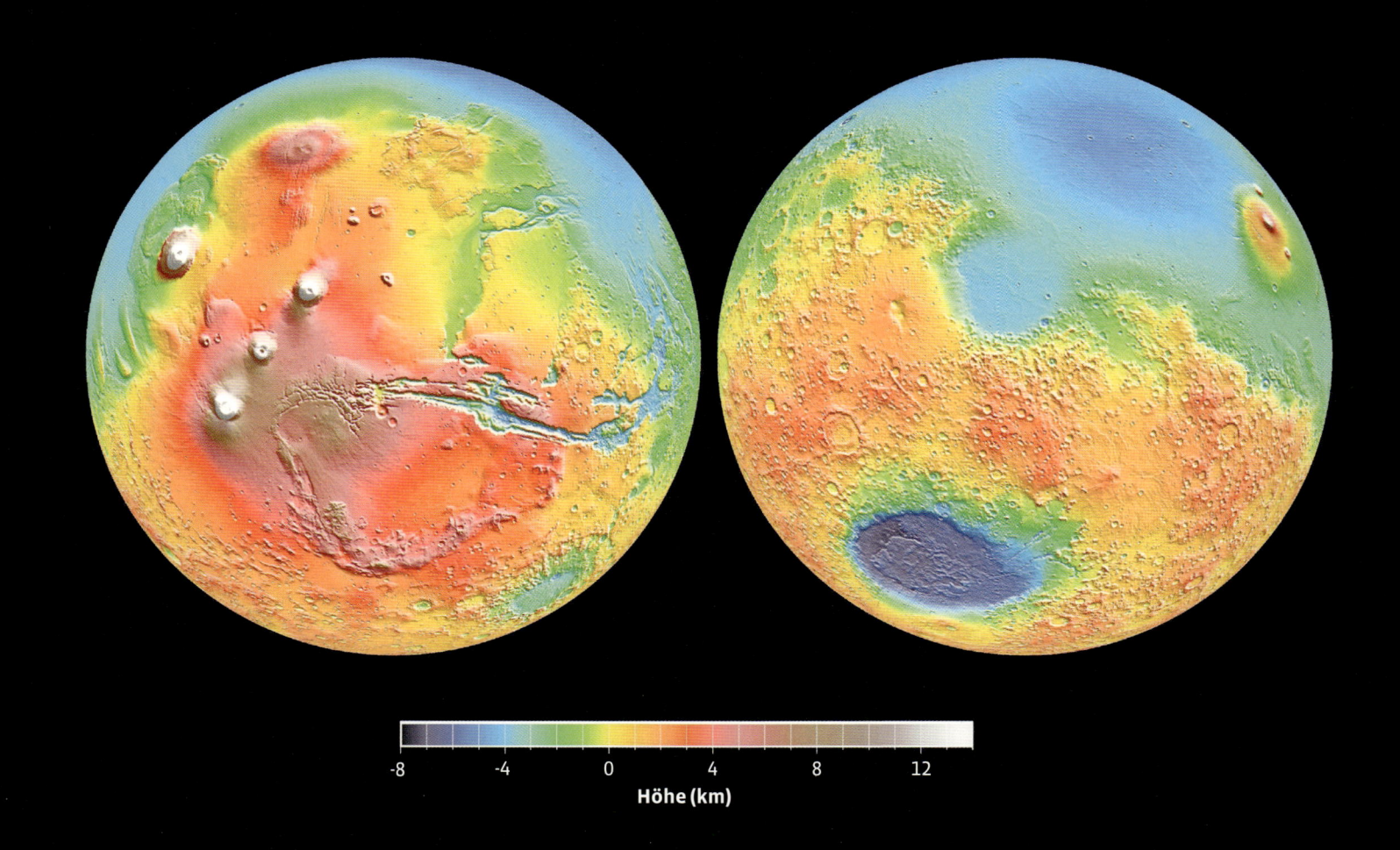

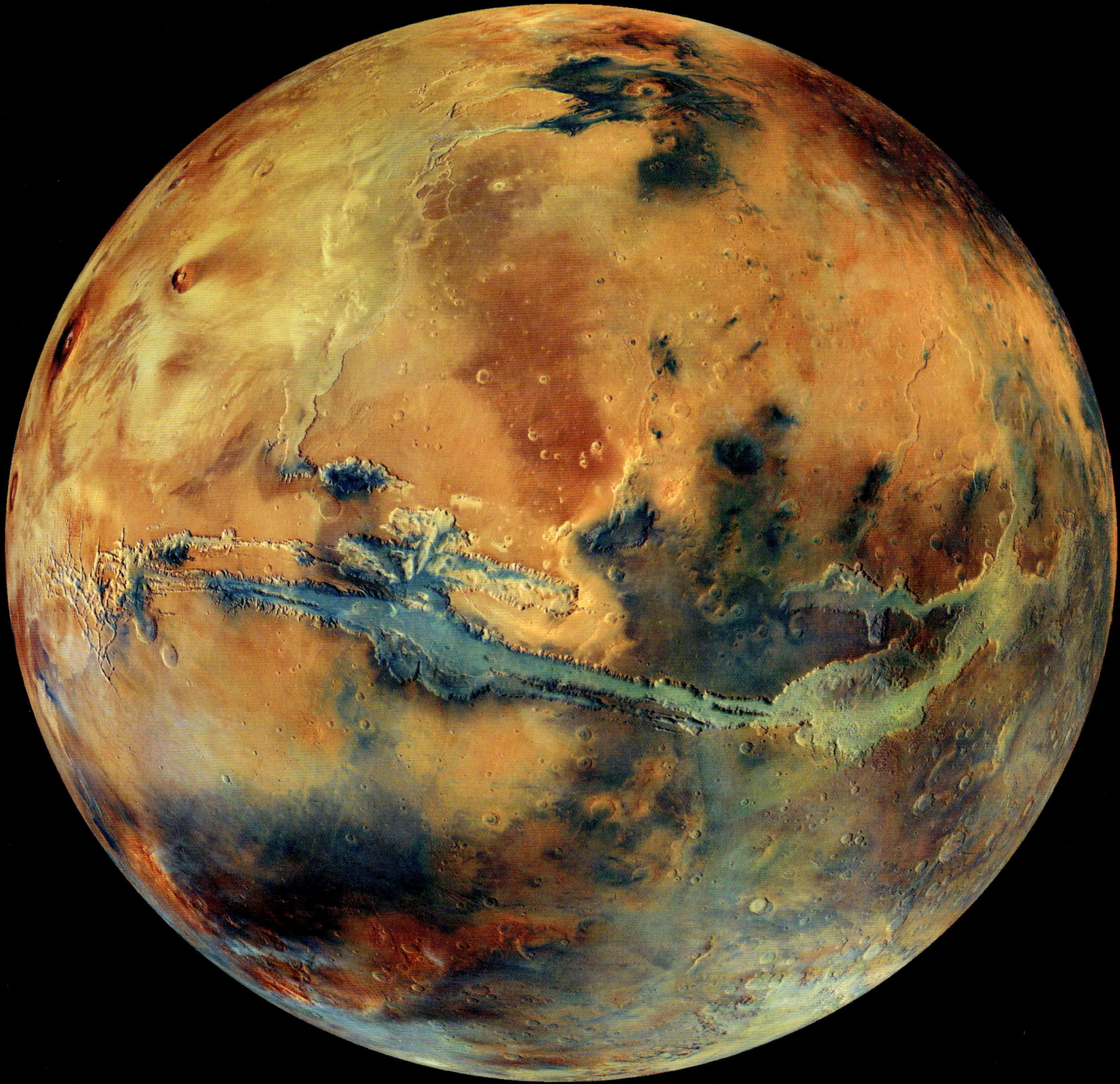

Wegen seines größeren Sonnenabstandes ist das Klima des Mars erheblich kälter als auf der Erde. Die durchschnittliche globale Temperatur der Marsluft beträgt lediglich minus 63 Grad Celsius, auf der Erde sind es plus 15 Grad. Allerdings können die Temperaturen in Äquatornähe an sommerlichen Marstagen kurzzeitig bis auf plus 27 Grad klettern, wobei typische Tageswerte auch dort unter dem Gefrierpunkt liegen. In der winterlichen Polarnacht fällt das Quecksilber bis unter minus 133 Grad ab.

JAHRESZEITEN ÄHNLICH DER ERDE

Wie bei unserer Erde gibt es auf Mars Jahreszeiten, sie werden durch die Schiefstellung der Marsachse bewirkt. Mit 25 Grad ähnelt ihre Neigung zur Umlaufbahn dem irdischen Vergleichswert von 23 Grad. Durch die längere Umlaufzeit um die Sonne dauern die Jahreszeiten etwa sechs Monate; 687 Tage braucht der Planet für einen kompletten Sonnenumlauf. Die Schwerkraft auf dem Mars beträgt nur knapp 38 Prozent des irdischen Wertes, sie ist aber mehr als zweifach stärker als auf dem Mond. Ebenso wie auf Erde und Mond erzittert auf dem Mars der Boden, wenn sich dort Beben ereignen. Aus deren Analyse weiß man, dass der Planet wie die Erde schalenförmig aufgebaut ist, nämlich mit einer äußeren Kruste, darunter einer Mantelzone und im Zentrum einem geschmolzenen, eisenhaltigen Kern. In seiner Frühzeit hatte der Mars wahrscheinlich ein globales magnetisches Feld, ähnlich dem Erdmagnetfeld. Heute sind davon nur noch Spuren vorhanden. Sie haben sich in magnetisches Gestein auf der Oberfläche eingeprägt – und auch dabei sind Unterschiede nördlich und südlich der Dichotomie-Grenze messbar.

Die beiden Marsmonde Phobos und Deimos sind unregelmäßig geformt und vergleichsweise winzig, sie wurden von den Marssonden im Vorbeiflug erforscht. Phobos größter Durchmesser beträgt kaum 26 Kilometer, der von Deimos lediglich 16 Kilometer.

← **Neue Farben für den Mars**
Die Aufnahmen der europäischen MARS-EXPRESS-Sonde wurden hier mit der Methode lokal kontrastverstärkter Farben bearbeitet. Entlang des Marsäquators treten dadurch die Valles Marineris in blaugrünen Tönen hervor. Zudem enthält das Mosaik Informationen über die Zusammensetzung der Marsoberfläche. So zeigen sich in den Canyons Vorkommen von Sulfatmineralen, hier sind sie von einer dünnen und dunklen Sandschicht bedeckt. Anderswo auf dem Planeten fallen noch dunklere Regionen auf, die von grauem bis blauschwarzem Vulkansand bedeckt sind. Hingegen stehen hellere Farbtöne für die Verwitterung durch Wasser. Denn auf dem Mars veränderte sich das vulkanische Material, als es einst dem reichlich vorhandenen nassen Element ausgesetzt war. Die Fotos entstanden, als die Sonde den Mars rund 2500 Kilometer hoch überflog.

DER MARS IN ZAHLEN

	Mars	Erde
Durchmesser	6779 km	12.742 km
Masse	$6{,}42 \times 10^{23}$ kg	$59{,}27 \times 10^{23}$ kg
Dichte	3,93 g/cm³	5,51 g/cm³
Fallbeschleunigung	3,72 m/s²	9,81 m/s²
Entweichgeschwindigkeit	5,03 km/s	11,19 km/s
Rotationsdauer	$24^h\,37^m\,22^s$	$23^h\,56^m\,4^s$
Neigung der Rotationsachse zur Bahnebene	25,19°	23,44°
Kleinste Entfernung von der Sonne	206,65 Mio. km	147,10 Mio. km
Mittlere Entfernung von der Sonne	227,94 Mio. km	149,60 Mio. km
Größte Entfernung von der Sonne	249,26 Mio. km	152,10 Mio. km
Kleinste Oppositionsentfernung von der Erde	55,65 Mio. km	—
Größte Oppositionsentfernung von der Erde	101,51 Mio. km	—
Umlaufzeit um die Sonne	686,98 Tage	365,26 Tage
Neigung der Bahn gegen die Ekliptik (Erdbahn)	1,85°	—

MARSVULKANE IM FOKUS

Die höchsten Feuerberge im Sonnensystem stehen auf dem Mars – allen voran der Gigant Olympus Mons. Der Höhepunkt ihrer Aktivität ist seit Jahrmilliarden vorbei, doch nun deuten Signale von Marsbeben auf eine fortdauernde Unruhe im Untergrund. Wann wird der nächste Vulkan ausbrechen?

↓ **Der Vulkan-Planet und sein Mond**
Vulkane prägen diese Ansicht des roten Planeten, aufgenommen vom europäischen Marsorbiter MARS EXPRESS. Links der Bildmitte sticht Olympus Mons hervor, er ist mit 22 Kilometern der höchste Marsberg. Weiter rechts, wie auf einer Perlenkette aufgereiht, die Tharsis-Vulkane Ascraeus Mons, Pavonis Mons und Arsia Mons, die mit 12 bis 18 Kilometern immer noch gewaltig sind. Kleinere Berge und Hügel werden als Tholus bezeichnet, einige Exemplare davon sind ebenfalls im Bild: am oberen Rand, fast senkrecht über Olympus

Im November 1879 standen sich Erde und Mars recht nah. Astronomen nutzten die günstige Gelegenheit, den roten Planeten mit dem Teleskop zu inspizieren, darunter Giovanni Schiaparelli. Etwas nördlich des Äquators entdeckte der Italiener mit seinem 22-Zentimeter-Linsenfernrohr einen hellen Fleck, den er als Nix Olympica in seine Marskarten einzeichnete, zu Deutsch der „Schnee des Olymp". Obwohl heute klar ist, dass er damals nicht die schneebedeckten Gipfel eines Berges sah, wirkt die Namensgebung bis in die Gegenwart. Ein Markenzeichen von Mars sind seine hohen Berge – und es sind Feuerberge. Allen voran residiert am Rand der nach einem biblischen Land

Mons die Zwillingsvulkane Uranus Tholus und Ceraunius Tholus. Rechts vom Olympus-Vulkan, etwa auf halbem Weg zur Tharsis-Kette, liegen Biblis Tholus und Ulysses Tholus, die nur noch drei und zwei Kilometer aufragen. Rechts, am oberen Bildrand, sieht man zudem die zerklüfteten Täler des Noctis Labyrinthus, wo Forscher jüngst über einen erodierten Vulkan spekulierten. Auch Phobos, der größere der beiden kartoffelförmigen Marsmonde, hat sich für dieses Jubiläumsfoto ganz rechts im Bild eingefunden. Es entstand im Oktober 2023 mit dem 25.000. Orbit der ESA-Mission.

benannten Tharsis-Region der Olympus Mons, wie er heute etwas abgewandelt heißt. Er ist der größte Marsvulkan, überragt das umliegende Gelände um fast 22 Kilometer und gehört somit zu den größten Bergen im Sonnensystem. Entdeckt wurde er 1971 von der US-Marssonde MARINER 9. Nur auf dem Asteroiden Vesta ragt ein Gipfel ein paar hundert Meter höher empor, er wurde erst im vergangenen Jahrzehnt von der DAWN-Sonde vermessen.

EINE ZERKNITTERTE LANDSCHAFT

Wieso gibt es auf dem Mars einen solchen Vulkanriesen? Das Fehlen von Plattentektonik auf dem Planeten sorgte dafür, dass die Feuerberge nicht durch die Driftbewegungen von Kontinentalplatten von ihren Magma-Vorräten in der Tiefe abgeschnitten wurden. Deshalb konnten seine Vulkane bis zu enormen Höhen heranwachsen, die auf der Erde unmöglich sind. Zudem hilft die schwächere Schwerkraft auf dem massearmen Mars. Mit rund 38 Prozent ist sie deutlich geringer als auf der Erde, die Marskruste kann deshalb höhere „Vulkanbauten" tragen, bevor deren Gewicht diese wieder einsacken lässt.

Die Flächenausdehnung von Olympus Mons ist ebenfalls gewaltig, sein Schild entspricht der Landfläche Polens. Einst war der Mars-Olymp wohl noch ausladender, bevor Teile seiner Flanken einstürzten. Satellitenaufnahmen zeigen, dass bei Bergrutschen im Norden und Nordwesten kilometertiefe Abgründe entstanden sind. Dort fällt das Gelände fast senkrecht bis zu sieben Kilometer ab, womöglich ging es früher sogar noch tiefer abwärts, bevor Lavaströme das Höhenniveau wieder etwas nivellierten.

Ebenfalls in den 1970er-Jahren hatten Forscher auf Fotos aus der Marsumlaufbahn mysteriöse wellige Landschaften ausgemacht, die Olympus Mons umgeben: die sogenannte Aureole. Das von langen Bergkämmen und dazwischen liegenden Tälern durchzogene Gebiet erstreckt sich ringförmig über Hunderte von Kilometern. Im Nordwesten des Vulkans liegt das größte Segment der Aureole, es heißt Lycus Sulci. Benannt sind diese „Furchen Lykiens" nach einer Landschaft im antiken Kleinasien, die heute im Südwesten der Türkei liegt. Die Hügel und Bergrücken von Lycus Sulci erreichen Höhen von teils über 2000 Metern.

→ Vulkanriese Olympus Mons

Olympus Mons ist ein riesiger Schildvulkan, der höchste Feuerberg auf dem Mars und im gesamten Sonnensystem. Er ist rund dreimal so hoch wie der irdische Mount Everest. Gleichwohl wäre er wegen der geringen Marsschwerkraft und den nur flach ansteigenden Hängen nicht schwer zu besteigen. Entstanden ist er bereits vor Milliarden Jahren. Seine enorme Höhe ermöglichte nicht zuletzt die relativ statische Marskruste, die den Vulkan nicht vom Nachschub mit Lava abschnitt und so die extrem lange Wachstumsphase ermöglichte. Der vorerst letzte Ausbruch soll vor rund 25 Millionen Jahren stattgefunden haben. Das abgebildete Foto stammt aus dem Jahr 2021, geschossen hat es die europäische MARS-EXPRESS-Sonde.

↓ Ein komplexer Gipfelkrater

Die vielfältige Caldera auf dem Gipfel des Olympus Mons besteht aus mindestens sechs überlappenden Segmenten. Jedes davon berichtet über eine separate Phase der vulkanischen Aktivität. Generell formt sich eine Caldera, wenn nach der Eruption die unterirdische Magmakammer erschöpft ist und darüber die Decke aus erstarrter Lava einbricht. Am Olympus Mons hat sich offenbar das größte und älteste Calderasegment als einzelner großer Lavasee gebildet. Mithilfe von Kraterstatistiken der Calderaböden wurde das Alter der Olympus-Calderen zwischen 350 und 150 Millionen Jahren datiert. Forscher haben geschätzt, dass die Magmakammer, die mit der größten Caldera verbunden war, etwa 32 Kilometer unter deren Boden lag. Die perspektivische Ansicht wurde mithilfe eines digitalen Geländemodells erstellt, Basis dafür waren die Stereobilder der MARS-EXPRESS-Kamera.

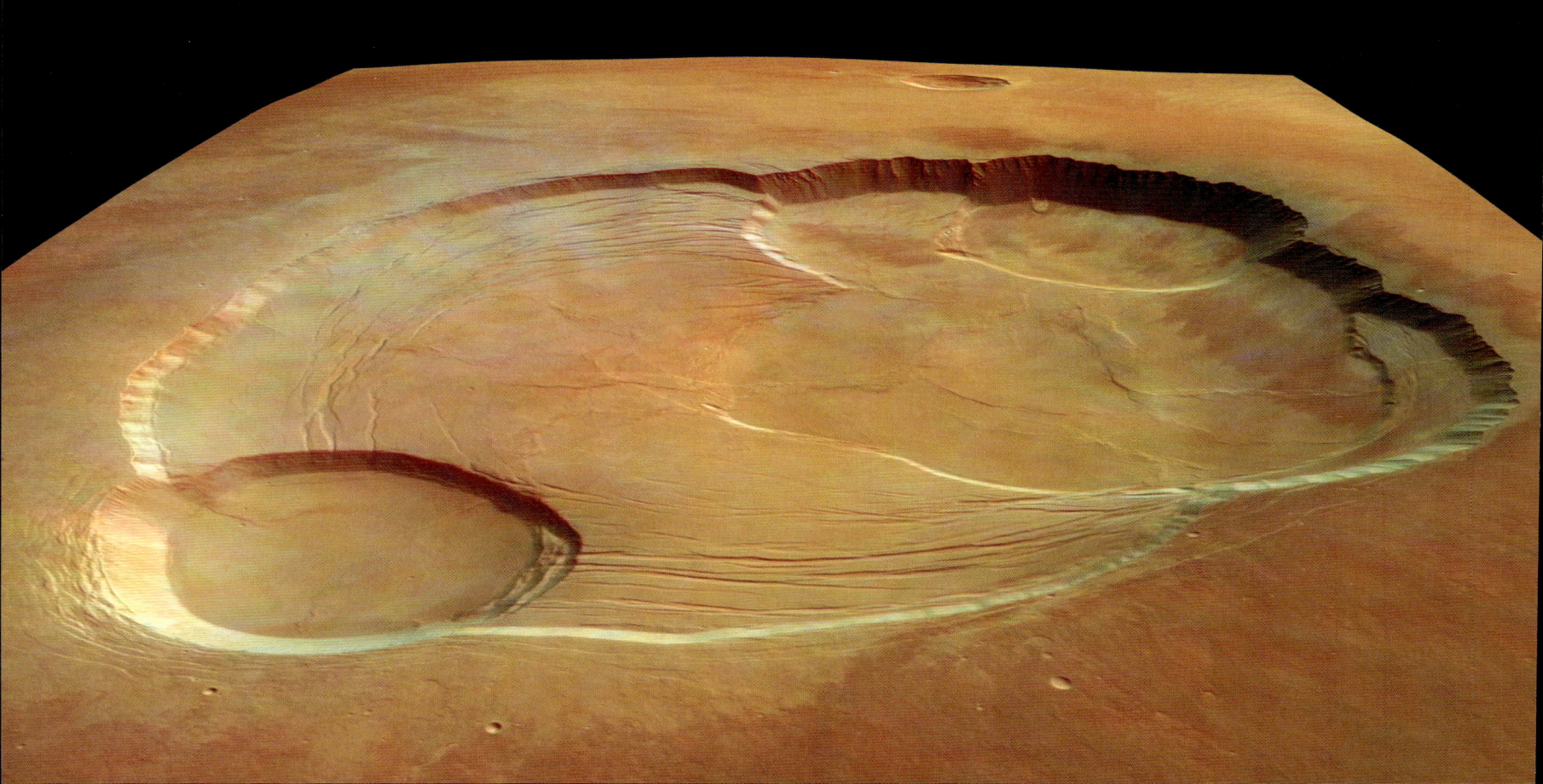

Die Tharsis-Region

Sie wurde nach einem biblischen Land benannt und beherbergt die gewaltigsten Feuerberge auf dem Mars. Am oberen Bildrand ist mit Alba Mons die Caldera des flächenmäßig größten Marsvulkans zu sehen. Weiter links dominiert Olympus Mons, er ist mit 22 Kilometern der höchste Marsvulkan überhaupt. Nördlich davon liegen die Lycus Sulci, die wahrscheinlich durch Bergstürze an den Nordflanken des Olympus-Vulkans entstanden sind. Wie aufgereiht liegen weiter südlich Ascraeus Mons, Pavonis Mons und Arsia Mons. Unten rechts erstreckt sich die zerklüftete Region Noctis Labyrinthus. Kleinere Berge und Hügel werden als Tholus bezeichnet, Beispiele sind Biblis Tholus und Ulysses Tholus. In der Hochebene Syria Planum erreicht die etwa 5000 Kilometer große Aufwölbung der Tharsis-Region ihre höchsten Werte.

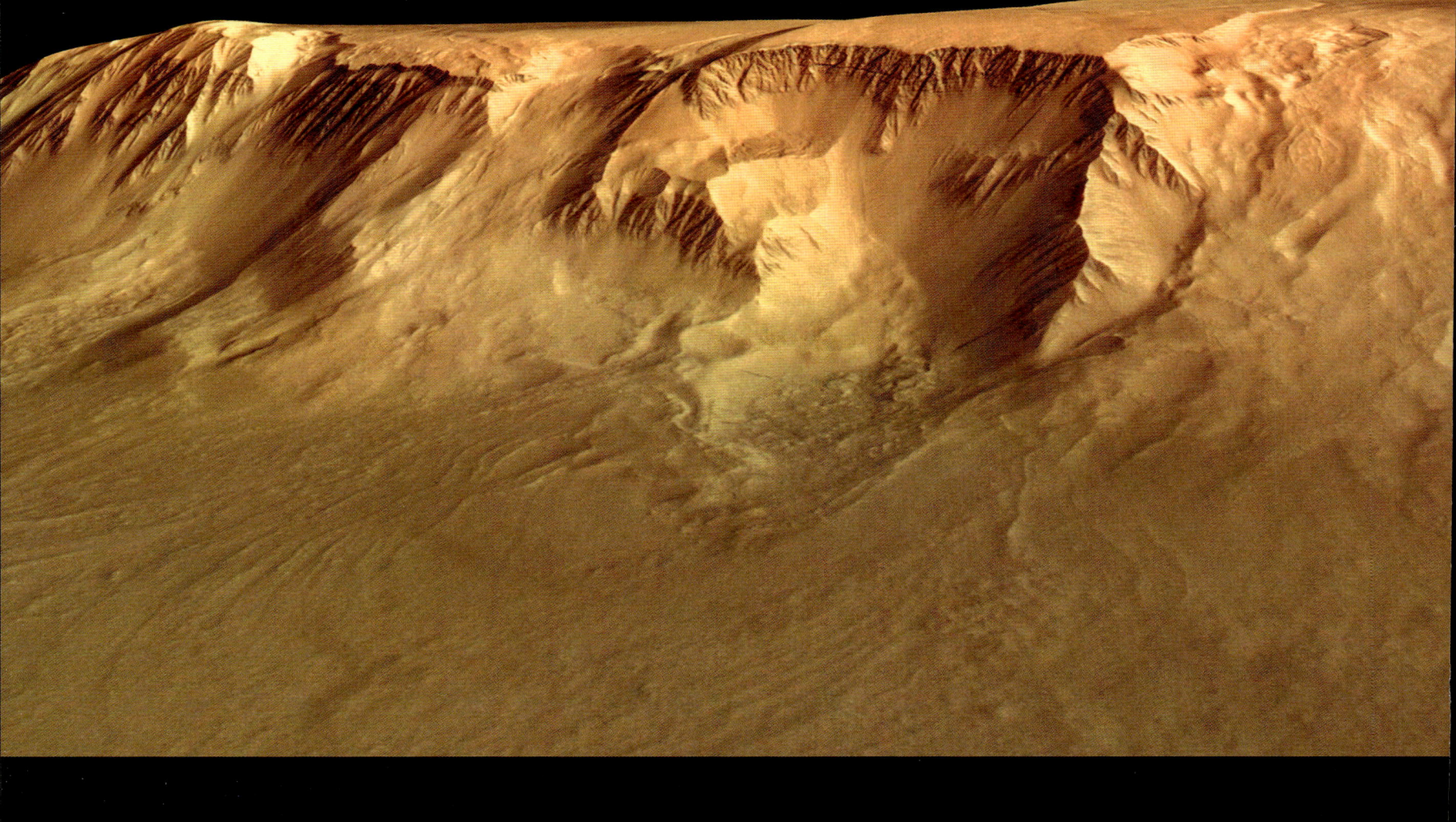

DER EINSTURZ DES RIESEN

Fotos, die im Januar 2023 mit der Stereo-Kamera der ESA-Sonde MARS-EXPRESS aufgenommen wurden, erzählen die Geschichte eines katastrophalen urzeitlichen Kollapses der unteren Flanken von Olympus Mons. Planetenforscher vermuten, dass die Rutschungen vor einigen 100 Millionen Jahren durch enorme Mengen dünnflüssiger Lava ausgelöst wurden, welche die Flanken des Vulkans hinunterfloss. Diese Lavaströme lagerten sich vermutlich auf Gesteinsschichten ab, die große Mengen an Wassereis enthielten, ähnlich wie in Permafrostböden auf der Erde. Die vulkanische Hitze schmolz das Eis, sodass die Randbereiche des Vulkans instabil wurden und abbrachen. Die Folge: Mehrere tausend Meter hohe Felstürme brachen in mächtigen Bergstürzen ab. Von den unteren Hängen des Vulkans rutschten die Gesteinsmassen über Hunderte von Kilometern auf die umliegenden Ebenen. Das charakteristische zerknitterte Aussehen der Aureole entstand vermutlich durch Komprimierung und Auseinanderziehen dieser Gesteinsmassen, während sie ins Vorland geschoben wurden. Später könnte dieser Effekt durch die Erosion von weniger widerstandsfähigem Material zwischen den Hügelkämmen noch verstärkt worden sein.

Zur Entstehung von Lycus Sulci gibt es durchaus andere Ideen: Zwar glaubt auch Fabio De Blasio von der Universität in Mailand, dass abgestürztes Gestein aus den Flanken des Olympus Mons diese Oberflächen geformt habe. „Besonders im Norden und Nordwesten haben die Erdrutsche beträchtliche Anteile des Vulkanschildes quasi weggenagt." Der ursprüngliche Radius von Olympus Mons müsse seiner Analyse zufolge etwa 200 Kilometer größer gewesen sein als heute, in manchen Richtungen sogar noch mehr. In einem wichtigen Punkt sieht sein Szenario jedoch anders aus: demnach standen die Hänge des Vulkans in einem Meer, als sich der Kollaps ereignete. Das abgestürzte Material habe sich, so De Blasios These, im Wasser weiträumig um den Berg verteilt. Millionen Kubikkilometer Fels sollen damals von den nassen Bergstürzen betroffen gewesen sein.

↑ Abgründe an der Olympus-Westflanke
Diese Ansicht umfasst die Westflanke des Schildvulkans Olympus Mons. Die enorme Steilwand überragt das umgebende Niveau um 7000 Meter. Der untere Bildteil zeigt den Beginn der ausgedehnten Ebenen westlich dieses Abgrundes, die als Aureole bezeichnet werden. Der Ursprung der Aureole hat die Marsforscher lange beschäftigt. Klar scheint heute, dass gewaltige Bergrutsche eine wichtige Rolle spielten, als beträchtliche Teile des Vulkans kollabierten. Aber auch Gletscher und sogar Tsunamis in einem möglichen Ozean werden als Zutaten diskutiert. Die Aufnahme stammt von der ESA-Sonde MARS EXPRESS und wurde aus 266 Kilometern Höhe aufgenommen. Norden ist links.

← **Olympus Mons Südostflanke**
Hier sieht man einen Ausschnitt der südöstlichen Flanke von Olympus Mons. Das Bild zeigt den starken Kontrast zwischen den zahllosen einzelnen Lavaströmen an den Flanken des Vulkans (oben) und den glatten Lavaebenen, die ihn umgeben. Das Foto entstand im Januar 2013, aufgenommen hat es die MARS-EXPRESS-Sonde der ESA. Norden ist rechts.

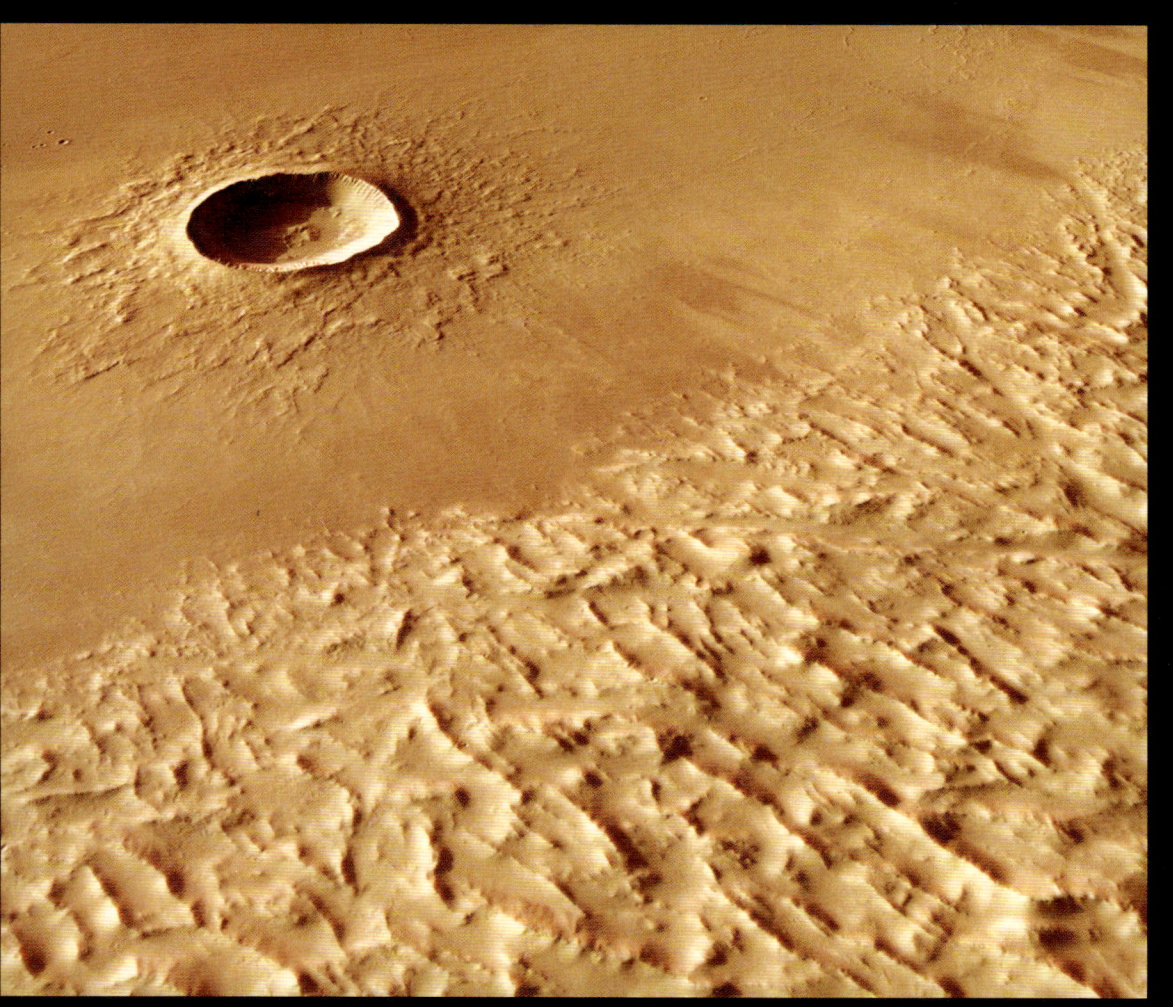

← **Yelwa-Krater und Lycus Sulci**
Nordwestlich des riesigen Feuerberges Olympus Mons liegen die Lycus Sulci, deren Gesteinsmaterial bei Bergstürzen von der Basis des Vulkans hunderte von Kilometern ins Vorland geschoben wurde. Dort, wo die Relikte der Olympus-Flanke an die Amazonis-Tiefebene grenzen, liegt der 8-Kilometer-Krater Yelwa. Er ist benannt nach einer historischen Stadt in Nigeria. Das Gelände in seiner unmittelbaren Umgebung lässt vermuten, dass in der Tiefe Wasser bzw. Eis vorhanden war, als der Krater bei einem Einschlag entstand. Das Bild der MARS-EXPRESS-Sonde stammt vom 18.1.2023.

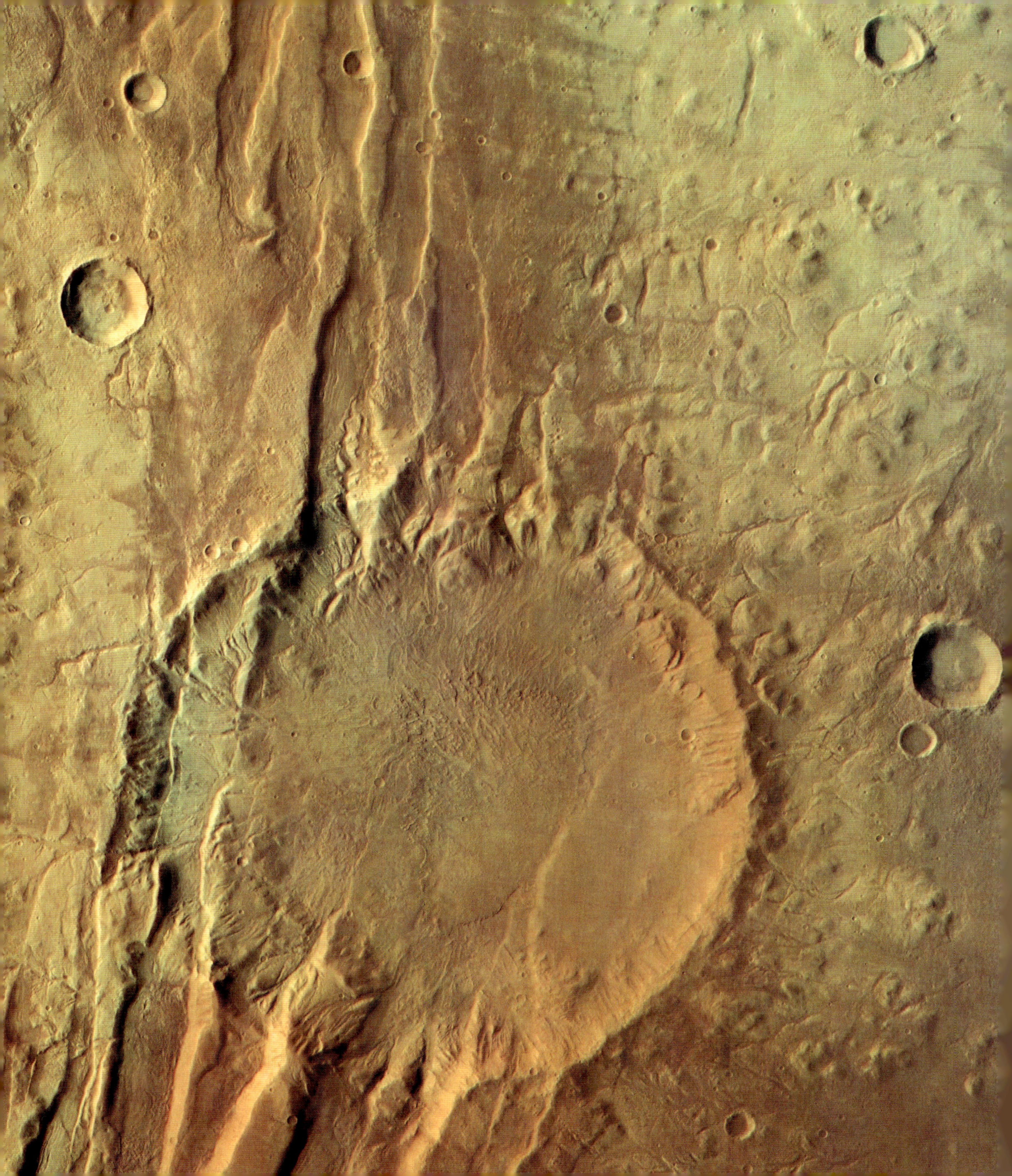

Ein zerrissener Krater

Die Acheron Fossae befinden sich rund 1000 Kilometer nördlich von Olympus Mons. Hier begrenzt ein mehrere Kilometer hohes Gebirgsmassiv die Aufwölbung der Tharsis-Region. Vermutlich wurde es von heißem, aus dem Marsmantel aufsteigenden Material nach oben gestemmt. Als die Spannungen zu groß wurden, bildeten sich entlang von Schwächezonen Sprünge, die auch dem hier gezeigten 55-Kilometer-Krater zusetzten. Sein Schicksal ist ein Beispiel für ein „Horst und Graben"-System. Ausgelöst durch die Dehnung der Kruste entstehen dabei Gräben, indem große Krustenblöcke in die Tiefe abrutschen. Begrenzt werden diese Gräben durch stehen gebliebene Bergrücken, die sogenannten Horste. Auf der Erde kennt man so etwas als „Riftzonen" zwischen zwei auseinanderdriftenden Kontinenten, etwa beim Kenia-Rift in Ostafrika. Das Foto der MARS-EXPRESS-Sonde zeigt, wie die Riftbildung den Milliarden Jahre alten Krater regelrecht zerteilt hat, so dass sich drei parallele Horst-und-Graben-Einheiten bildeten. Die Erosion verschüttete später im Innern des Kraters die Gräben mit Material von den zwei Kilometer hohen Kraterwällen.

Ein Aufzug für Sedimente

Schlammvulkane entstehen, wenn eine Mischung aus Gas, Flüssigkeit und feinkörnigem Gestein durch Druckunterschiede getrieben an die Oberfläche drängt. Die schlammige Mixtur kann aus mehreren Metern bis hin zu einigen Kilometern Tiefe stammen. Auch Astrobiologen interessieren sich für diese natürlichen Aufzüge, denn die zur Oberfläche transportierten Sedimente könnten womöglich organische Substanzen mit sich führen, die Indizien auf Mikroben im Marsuntergrund enthalten. Dieser mehr als 100 Meter messende Hügel in den nördlichen Ebenen des Mars könnte eine solcher Schlammvulkan sein. Das Foto stammt von der NASA-Sonde MARS RECONNAISSANCE ORBITER.

TSUNAMIS IM NORDMEER?

Diese Vorstellungen orientieren sich an der Erde, denn ähnliche Rutschungen sind von unseren Vulkanen bekannt – allerdings in viel kleinerem Maßstab. So sind beispielsweise die Vulkaninseln von Hawaii und die Kanarischen Inseln im Ozean von Ablagerungen großer Felsstürze umgeben. Und im Januar 2022 löste eine untermeerische Vulkanexplosion im pazifischen Tonga-Archipel weitreichende Tsunamis in mehreren Ozeanen aus.

Auch die Bergstürze am Olympus Mons sollen in dem heute ausgetrockneten Meer Tsunamis ausgelöst haben, so De Blasio. Auf den Fotos der NASA-Satelliten MARS RECONNAISSANCE ORBITER und MARS ODYSSEY hat er die Landschaften in den betreffenden Regionen untersucht. Insbesondere geht es ihm um ein einzelnes, aber enormes Bergsturzereignis, das westlich und nördlich die weitere Umgebung des Olympus-Vulkans heimsuchte. Während im Westen die Bergmassen auf das flache Gebiet der Amazonis-Ebene stürzten, trafen sie im Norden nach rund 550 Kilometern auf die Höhenrücken von Acheron Dorsum. Als die sandigen und schlammigen Tsunamiwellen auf die damalige Küste prallten, luden sie dort ihre Fracht ab. Zuerst fielen Sand und gröbere Bestandteile aus den Wellen aus, sie bildeten glatte Ablagerungen. Kleine Körner, wahrscheinlich tonartige Partikel, schafften es hingegen weiter landeinwärts und bildeten dort Schlammflächen.

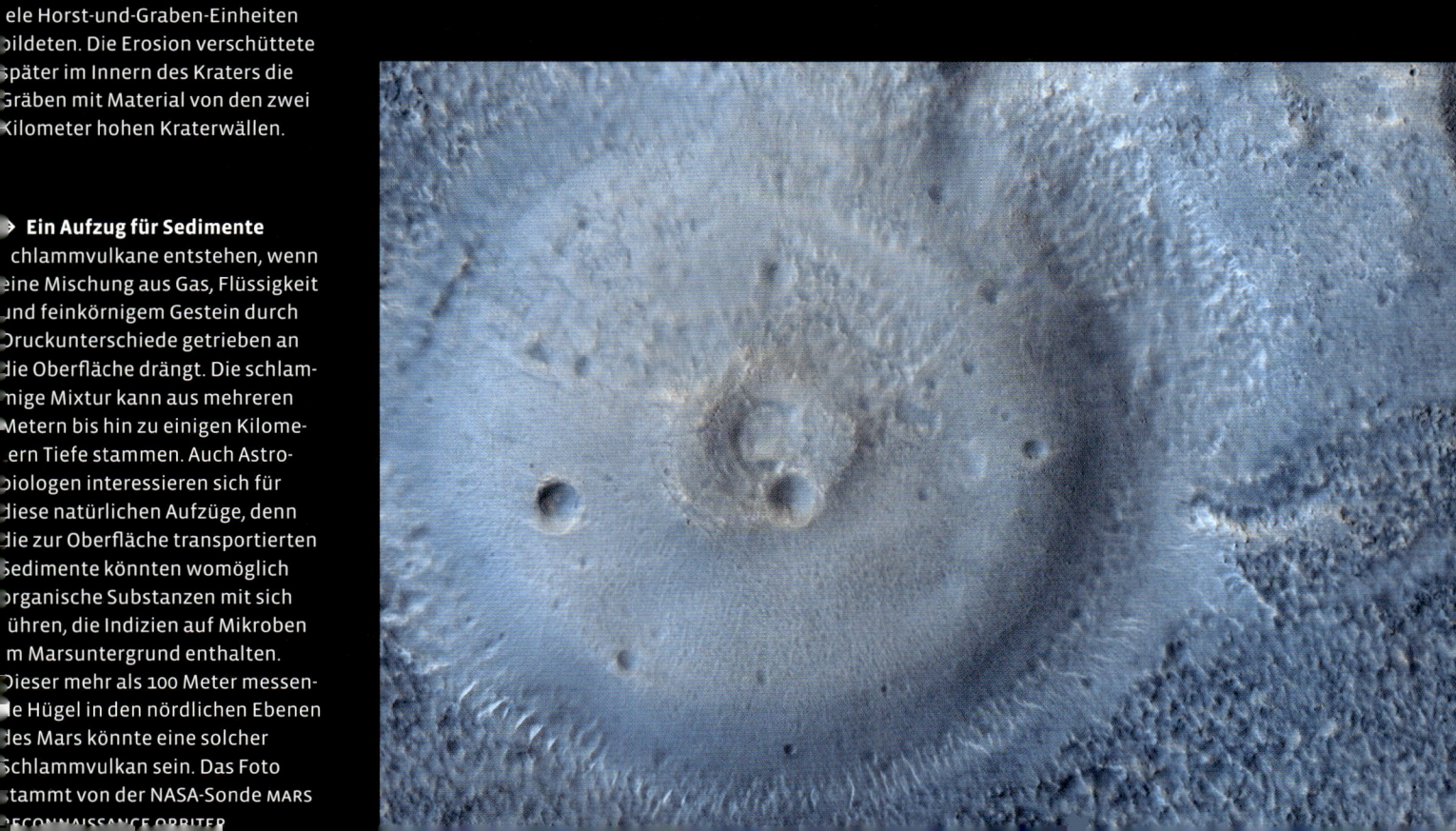

Laut De Blasio ist dieses Muster von irdischen Tsunamis bekannt. Er stellt sich vor, was ein damaliger Beobachter hoch auf den Acheron-Gipfeln zu Gesicht bekommen hätte: „Eine schlammige Welle, die mit einem Tempo von rund 180 Stundenkilometern das Ufer überschwemmte. Sie wäre dutzende Kilometer ins Land eingedrungen und hätte sich erst Stunden später zurückgezogen." Auf der Erde wären so weit entfernt vom Ort eines Bergsturzes diese massiven Auswirkungen wohl nicht möglich. Anders auf dem Mars, wo die Schwerkraft geringer ist. De Blasio fand heraus, dass sich die Wellen eines Tsunamis auf dem Planeten weiter ausbreiten könnten, insbesondere in Kombination mit einem sanften Geländeanstieg. Die Studie ist deshalb brisant, weil sie große Wasserflächen beim Olympus Mons voraussetzt. Es könne ein Arm des alten nördlichen Ozeans gewesen sein, schreibt De Blasio. Die Existenz dieses marsianischen Nordmeeres wird aber durchaus kontrovers diskutiert. Bei dem vermuteten Gewässer könne es sich auch um einen oder mehrere größere Seen gehandelt haben, lauten die Einwände mancher Experten.

HELLE WOLKEN AM VULKAN

Nochmal zurück ins Jahr 1879. Wenn Schiaparelli damals keine verschneiten Wipfel auf dem Olympus Mons sah, was war es dann? Was war die wahre Natur des hellen Flecks, den er immer wieder im Okular erspähte? Es waren Wolken, die sich an den Berghängen bildeten. Jüngst zeigte sich etwas Ähnliches in der Tharsis-Region. Dort recken sich weitere Vulkane in den Himmel, darunter Arsia Mons, mit immerhin noch 11,7 Kilometern ebenfalls ein stattliches Exemplar. Obwohl er längst nicht so bekannt ist wie Olympus Mons, schaffte er es trotzdem in die Schlagzeilen, denn auf Fotos der MARS-EXPRESS-Sonde von September und Oktober 2018 zeigte sich eine helle und seltsam längliche Wolke, die von dem Vulkan ausging. Bis zu 1800 Kilometer entfernt war sie noch sichtbar.

Hatte die Bordkamera quasi inflagranti einen Vulkanausbruch aufgenommen? Sieben Instrumente auf vier aktiven Marssatelliten nahmen das verdächtige Gebilde ins Visier. Wie ein Team um Jorge Hernández Bernal von der Universität in Bilbao berichtete, war die Wolke keine einmalige Erscheinung, sondern kehrte im marsianischen Frühjahr und Sommer für einige Monate immer wieder. Dabei folgte sie einem täglichen Rhythmus: Sobald der Morgen dämmert, formiert sie sich in etwa 45 Kilometern Höhe und breitet sich danach für etwa zweieinhalb Stunden nach Westen aus. Mit bis zu 600 Stundenkilometern legte sie dabei ein beachtliches Tempo vor. Auf Fotos aus den folgenden Stunden ist sie erkennbar turbulenter und dünner. Und noch bevor es über Arsia Mons Mittag wurde, hatte sich die geheimnisvolle Wolke wieder aufgelöst. Auf älteren Aufnahmen ist sie nur selten zu sehen, denn damals wurde das Gebiet bevorzugt nachmittags observiert.

Die Analysen zeigten, dass die Arsia-Wolke aus Wassereis besteht. Wahrscheinlich entsteht es, wenn feuchte Marsluft von den Aufwinden an den Berghängen in höhere, kältere Luftschichten getragen wird und gefriert. Es bildet sich dort der „Kopf" der Eiswolke, starke Höhenwinde ziehen ihn dann westwärts in die Länge. Arsias Wolke ist also nicht vulkanischer Natur, sondern eine Wetterkapriole.

Doch wie steht es um die Marsvulkane selbst? Wann waren sie aktiv, oder sind sie es womöglich immer noch? Mit nur einem Zehntel der Erdmasse ist der Mars zwangsläufig schneller abgekühlt als unsere Erde. Man könnte also vermuten, dass sein Vulkanismus erloschen ist. Dafür spricht das enorme Alter der Tharsis-Vulkane. Man schätzt, dass der Höhepunkt ihrer Aktivität Milliarden Jahre in der Vergangenheit liegt, wobei das Alter des Mars mit rund 4,6 Milliarden Jahren beziffert wird. Tatsächlich haben die Marssatelliten, allen voran der europäische EXOMARS TRACE GAS ORBITER, bislang vergeblich nach schwefligen Spurengasen in der Marsluft gefahndet; diese gelten als Indiz für vulkanische Aktivität.

↓ **Wolke am Arsia Mons**
Eine solche langgezogene Wolke wurde immer wieder am Vulkan Arsia Mons beobachtet. Sie erstreckt sich westlich des Berges und wirft dann einen Schatten auf die Marsoberfläche. Doch die merkwürdige Struktur besteht nicht aus vulkanischer Asche, sondern aus Eiskristallen. Diese entstehen, wenn im Luftstrom an den Vulkanhängen Wasserdampf gefriert und von Höhenwinden nach Westen geweht wird. Hier hat die europäische Sonde MARS EXPRESS die Arsia-Wolke am 21. September 2018 in 6930 Kilometern Höhe aufgenommen. Das Foto zeigt sie 915 Kilometer lang, sie kann aber auch das Doppelte erreichen.

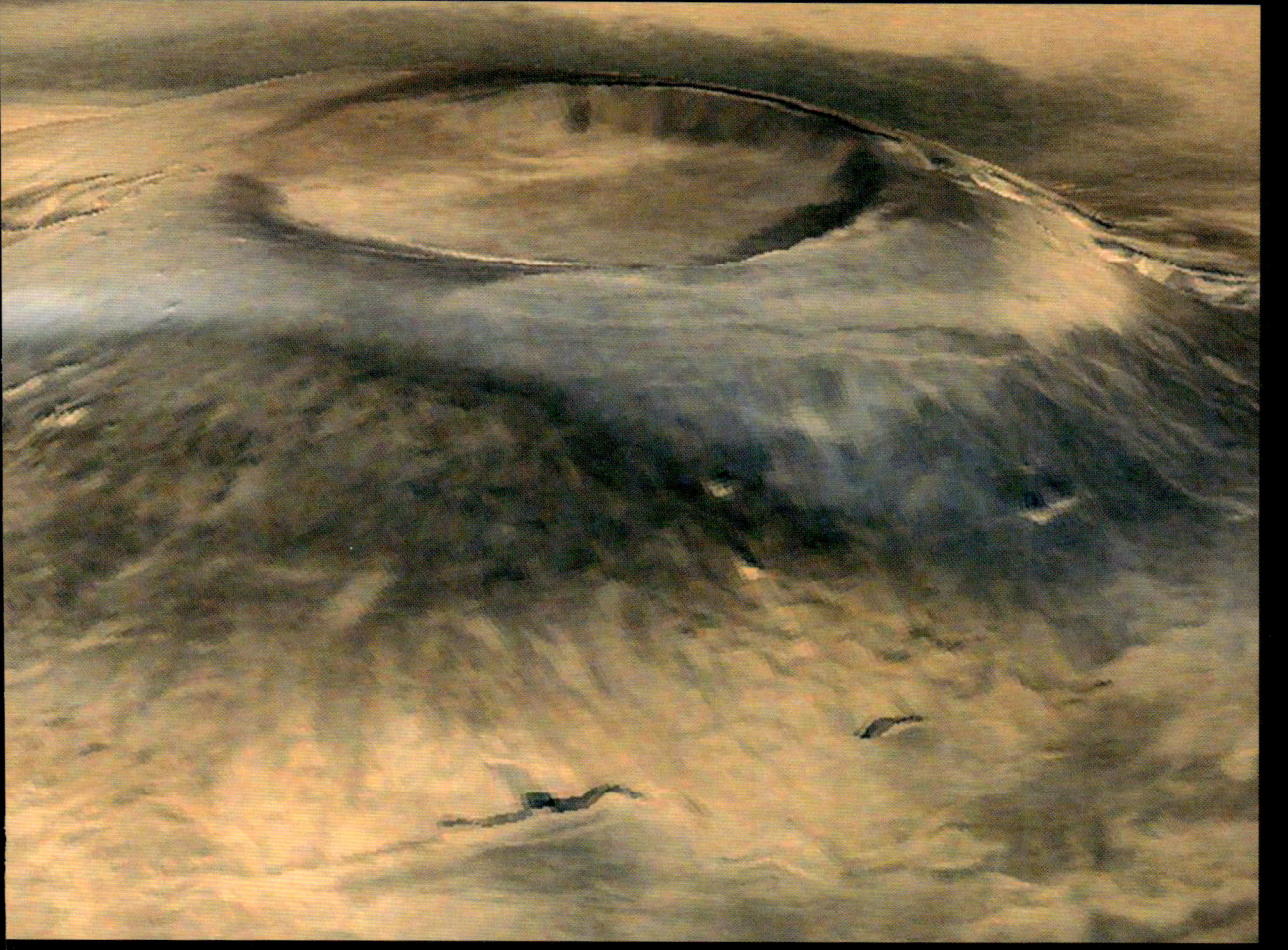

← Gipfel in Wolken

Arsia Mons ist der südlichste der drei riesigen Tharsis-Vulkane. Er reicht 11,7 Kilometer hoch in den Marshimmel, das Volumen seines Vulkanschildes entspricht dem 30-Fachen von Mauna Loa auf Hawaii, dem größten Vulkan der Erde. Der Boden von Arsias Caldera wird auf ein Alter von etwa 150 Millionen Jahre geschätzt. In dieser Schrägansicht zeigen sich helle Wolken an den Berghängen. Die Aufnahme stammt von der indischen MOM-Sonde, die den Planeten acht Jahre aus der Umlaufbahn observierte. Es wurde etwa 2015 aufgenommen.

LAVA ODER SCHLAMM?

Doch in anderen Regionen des roten Planeten stößt man durchaus auf geologisch jüngere vulkanische Aktivität, so Ernst Hauber vom Deutschen Zentrum für Luft- und Raumfahrt. Der Berliner Mars-Experte hatte zusammen mit Petr Brož von der Tschechischen Akademie der Wissenschaften in Prag und weiteren Kollegen bereits 2017 über relativ jungen Vulkanismus auf dem Grund der Valles Marineris berichtet. Dieses riesige Schluchtensystem zieht sich über fast 4000 Kilometer entlang des Marsäquators. Auf den Fotos des MARS RECONNAISSANCE ORBITER hatten die Forscher in dem Seitental Coprates Chasma neben Lavaströmen rund 130 bis zu 400 Meter hohe Hügel entdeckt, die sie als Vulkankegel deuteten. Eine alternative Interpretation wäre, dass es sich um sogenannte Schlammvulkane handelt. Denn aus der Vogelperspektive der Marssatelliten lassen sich klassische Feuerberge nur schwer von Schlammvulkanen unterscheiden, räumt Hauber ein. In Aktion kann man diese bizarren Berge beispielsweise in Rumänien oder Kalifornien erleben. Von Druckunterschieden getrieben, drängen dort kalter Matsch und Gas aus dem Untergrund nach oben. Irdische Schlammvulkane haben recht unterschiedliche Ausmaße, größere Exemplare erreichen Durchmesser von einigen Kilometern.

Jedenfalls waren die Forscher überrascht, als sie die hügelige Landschaft in Coprates Chasma datierten: Die Kegel waren demnach vor 200 bis 400 Millionen Jahren entstanden. Auf den ersten Blick erscheint das ermittelte Alter weit in der Vergangenheit zu liegen, tatsächlich entspricht es aber weniger als zehn Prozent des Marsalters. Um zu solchen Altersangaben zu kommen, hilft übrigens die Statistik: Zählt man alle Krater und misst ihre Durchmesser, kann das Alter einer Landschaft durch Vergleich mit anderen Gebieten auf dem Mars bestimmt werden. Diese Methode wenden Experten auf allen planetaren Körpern mit festen Oberflächen an.

→ Geländeformen am Ascraeus Mons

Ascraeus Mons ist der nördlichste Feuerberg in der Tharsis-Provinz. Sein Gipfel ragt 18 Kilometer in den Marshimmel, er ist der zweithöchste Vulkan im Sonnensystem. In dieser Detailaufnahme sieht man unterschiedliche geologische Strukturen, die sich teils überlappen: Lavaröhren, Kraterketten, kanalartige Rillen und irregulär geformte Täler. Das Gebiet mit weiträumig eingestürztem Gelände hat einen Durchmesser von über 70 Kilometern. Das Foto schoss die MARS-EXPRESS-Sonde am 15. Januar 2023. Norden ist rechts.

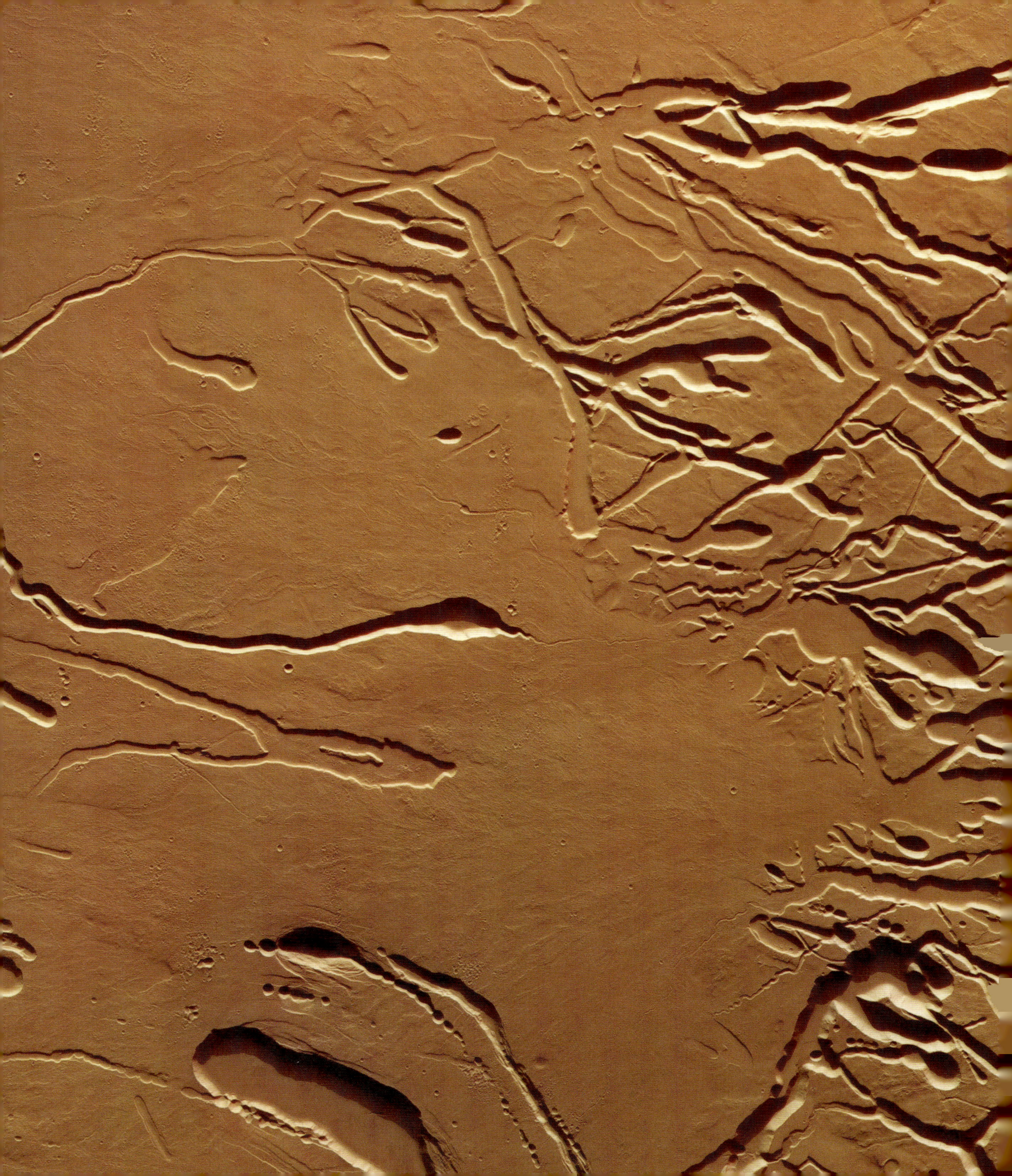

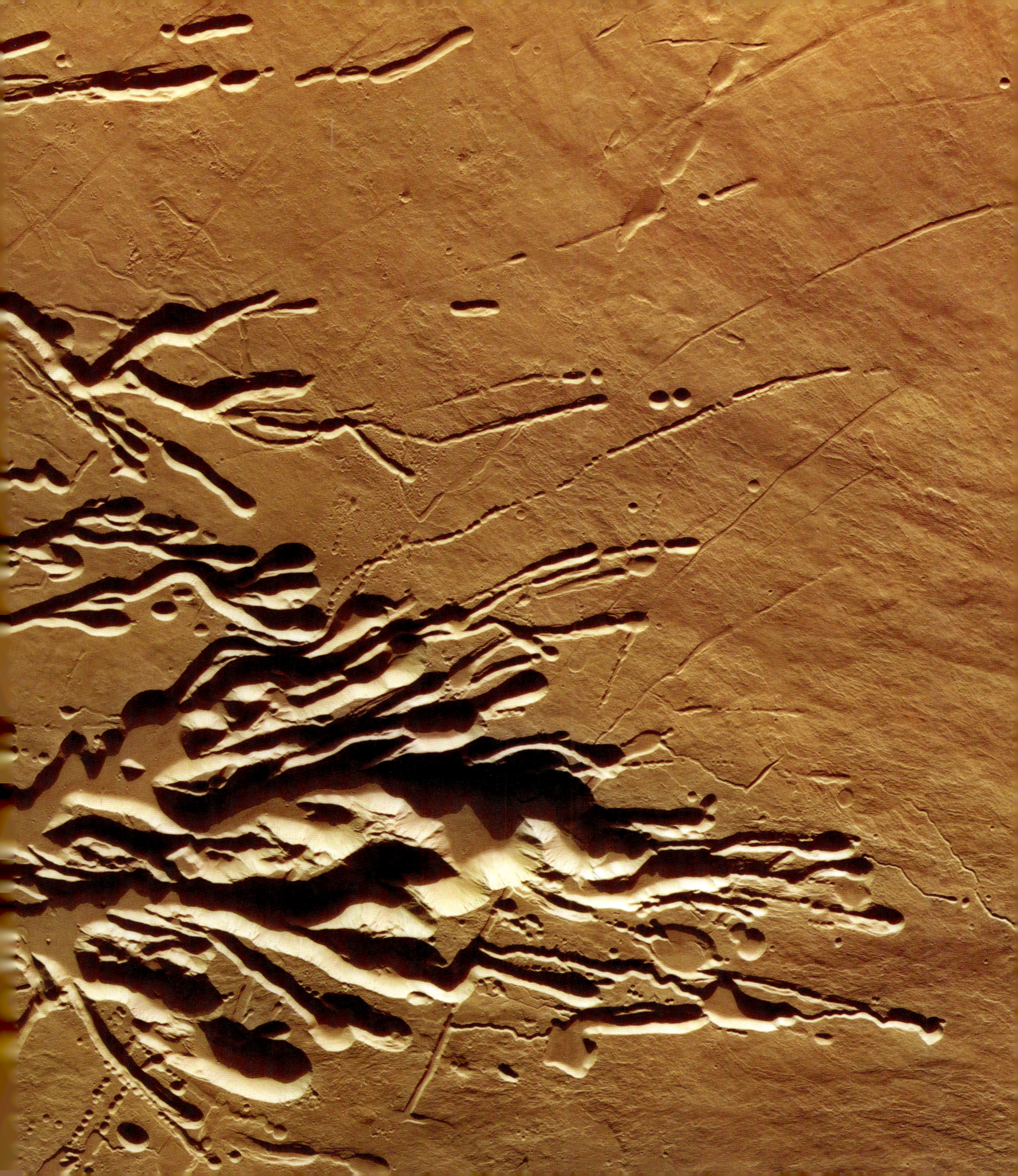

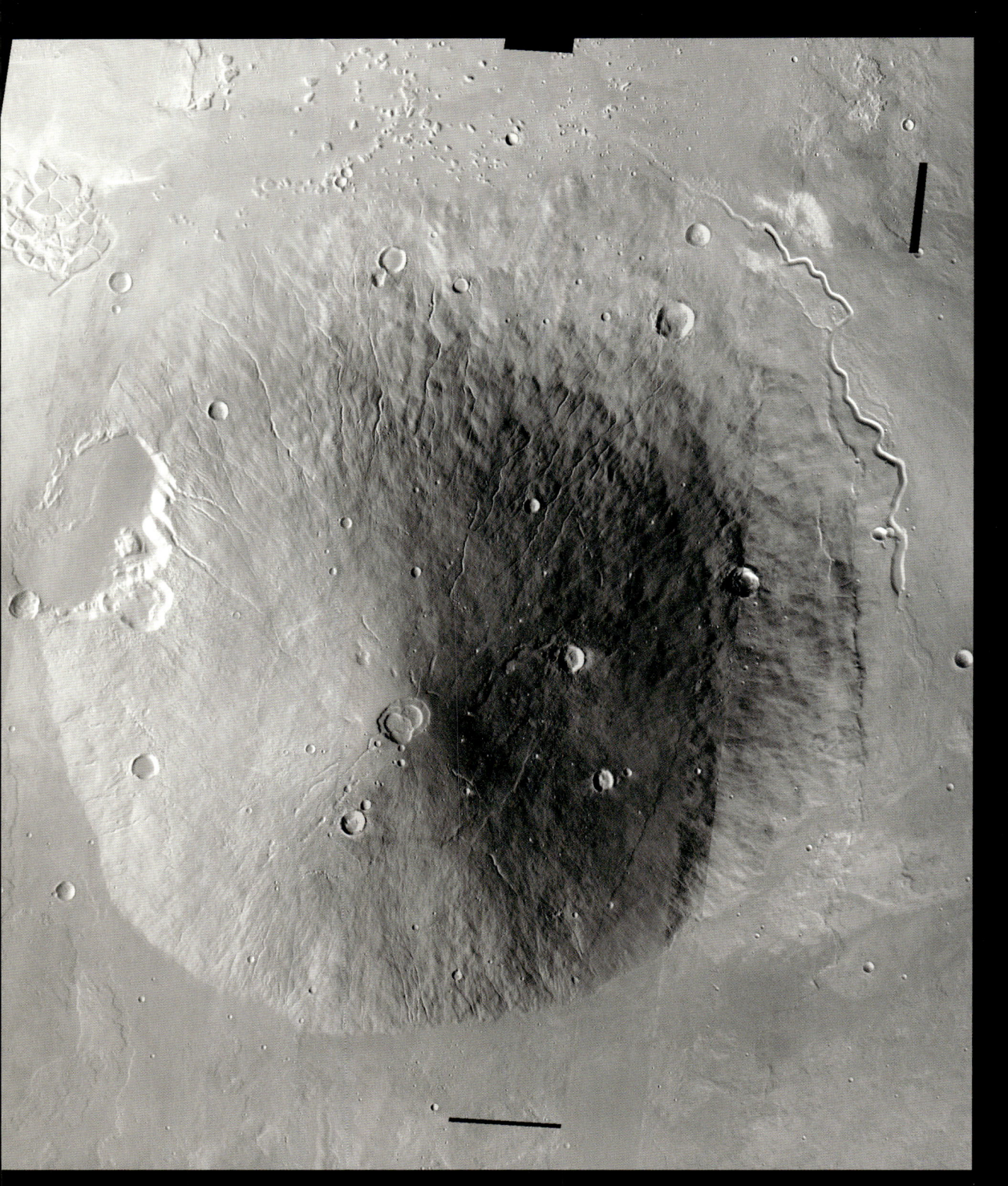

← **Ein Vulkan für die Hexen-Göttin**
In der Elysium-Provinz liegt der Vulkan Hecate Tholus, der Name geht auf die dreiköpfige griechische Göttin Hecate zurück, die für Magie und Hexerei steht. Mit 5,3 Kilometern Höhe fällt der Vulkan im marsianischen Vergleich eher moderat aus. Noch vor 335 Millionen Jahren gab es an seiner Nordwestflanke einen Ausbruch. Das Bild ist ein Mosaik aus drei Infrarotaufnahmen des THEMIS-Instruments an Bord der NASA-Sonde MARS ODYSSEY und stammt aus dem Jahr 2004.

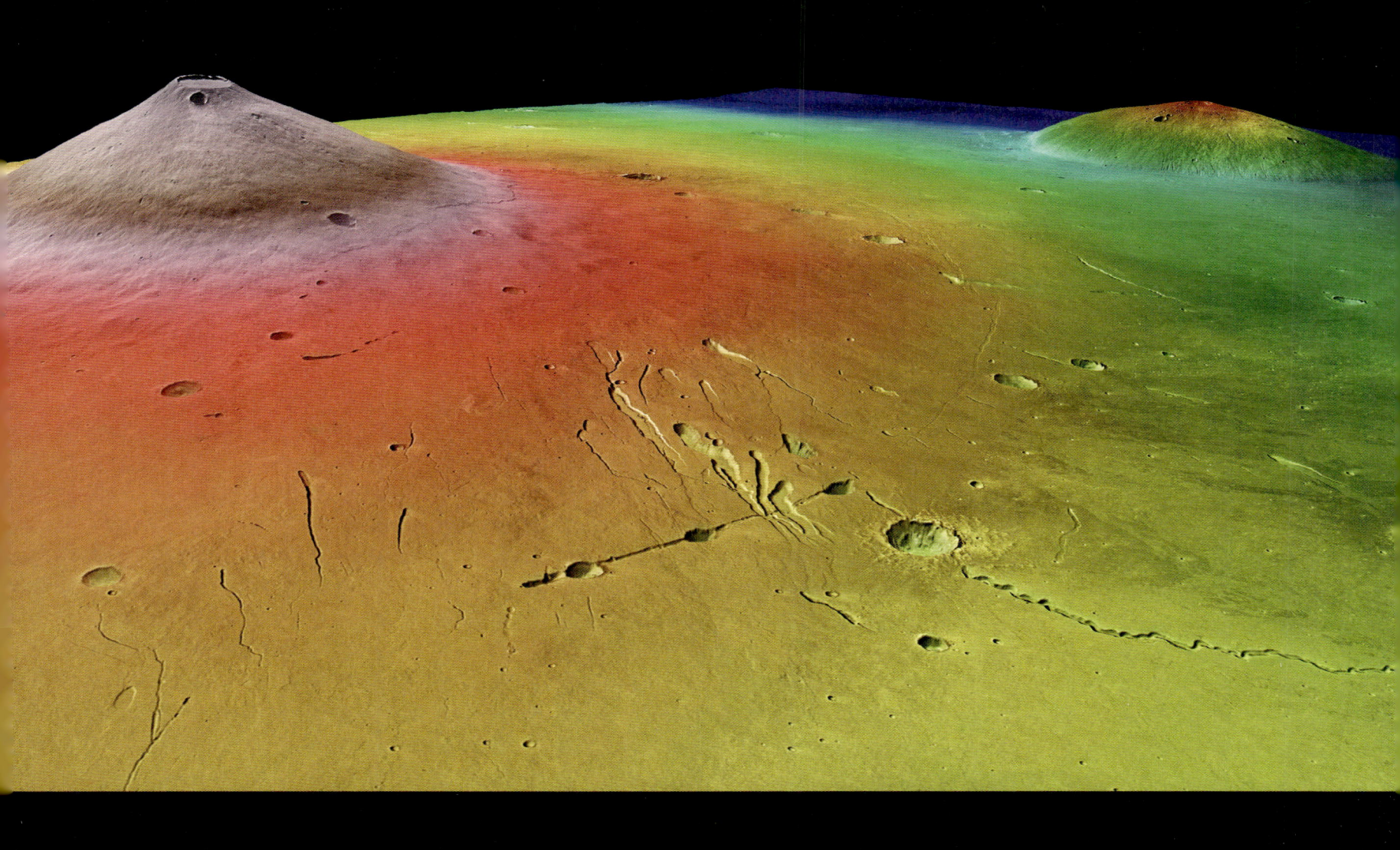

MAGMAKAMMERN IN THARSIS

Noch ausgedehnter als der Riesenberg Olympus Mons ist Alba Mons, der weit nördlich in der Tharsis-Region liegt. Mit einer Höhe von 6,8 Kilometern ist er aber deutlich flacher. Aktuelle Analysen zeichnen ein überraschendes Bild des Alba-Vulkans. Die indischen Planetenforscher Vivek Krishnan und Senthil Kumar haben beim Studium von NASA-Aufnahmen herausgefunden, dass er seit mindestens 500 Millionen Jahren quasi ununterbrochen aktiv ist. Zwar endet die Aktivität in der zentralen Caldera vor rund 200 Millionen Jahren, diese habe sich dann aber weiter nach Süden verlagert, nämlich zum unmittelbar angrenzenden Grabensystem Ceraunius Fossae. Das spreche gegen die Idee, dass der Vulkanismus auf dem Mars nur episodisch auftritt, also immer wieder lange Phasen der Ruhe durchlebt. Die Forscher sind sich sicher: „Die vulkanische Aktivität in der Region Alba Mons ist nicht erloschen." Unter den Vulkanen der Tharsis-Region vermuten sie langlebige und aktive Magmakammern, die womöglich von einem Mantelplume gespeist werden. So bezeichnen Geologen riesige, pilzförmige Körper aus warmem Gestein, das aus dem tiefen Mantel eines Planeten nach oben drängt. Warmes Material drückt dabei von unten gegen die Kruste, dehnt sie und hebt sie an. Wenn geschmolzenes Gestein eines solchen Plumes als Lava den Weg zur Oberfläche findet, entsteht dort ein vulkanischer Hotspot. So entstand die Inselkette von Hawaii, als die pazifische Platte langsam über einen Mantelplume driftete.

Besonders interessant für Vulkanologen ist die Tiefebene Elysium Planitia. Elysium war das Land der Seligen in den Mythen des antiken Griechenlands, auf dem Mars erstreckt es sich über rund 3000 Kilometer beiderseits des Äquators. Die Region beherbergt einige der jüngsten Marsvulkane. Nördlich streckt sich der mächtige Vulkan Elysium Mons in den Himmel, mit 12,6 Kilometern ist er der dritthöchste Berg auf dem Mars. Ein weiterer Feuerberg in dieser Region, Hecates Tholus, misst immerhin noch 5,3 Kilometer. Noch vor 335 Millionen Jahren gab es an seiner Nordwestflanke einen Ausbruch, das ergaben ebenfalls Auswertungen von NASA-Aufnahmen. Auch diese Aktivitätsphase reicht lediglich sieben Prozent des Planetenalters zurück.

↑ **Vulkane in Elysium**
Elysium Mons, hier links im Bild, ragt bis zu 17,7 Kilometer über die benachbarten Ebenen. Er ist der höchste Berg in der Elysium-Vulkanprovinz. Dort bedecken die vulkanischen Ablagerungen insgesamt eine Fläche von rund 3,4 Millionen Quadratkilometern, das entspricht etwa einem Drittel der Fläche Kanadas. Rechts sieht man den deutlich kleineren Vulkan Hecates Tholus. Die Farbkodierung folgt dem Höhenrelief: Blau steht für tiefes Gelände, Braun und Grau bezeichnen die höchsten Lagen. Das perspektivische Mosaik wurde aus zwölf Aufnahmen der MARS-EXPRESS-Sonde erstellt und ist dreifach überhöht.

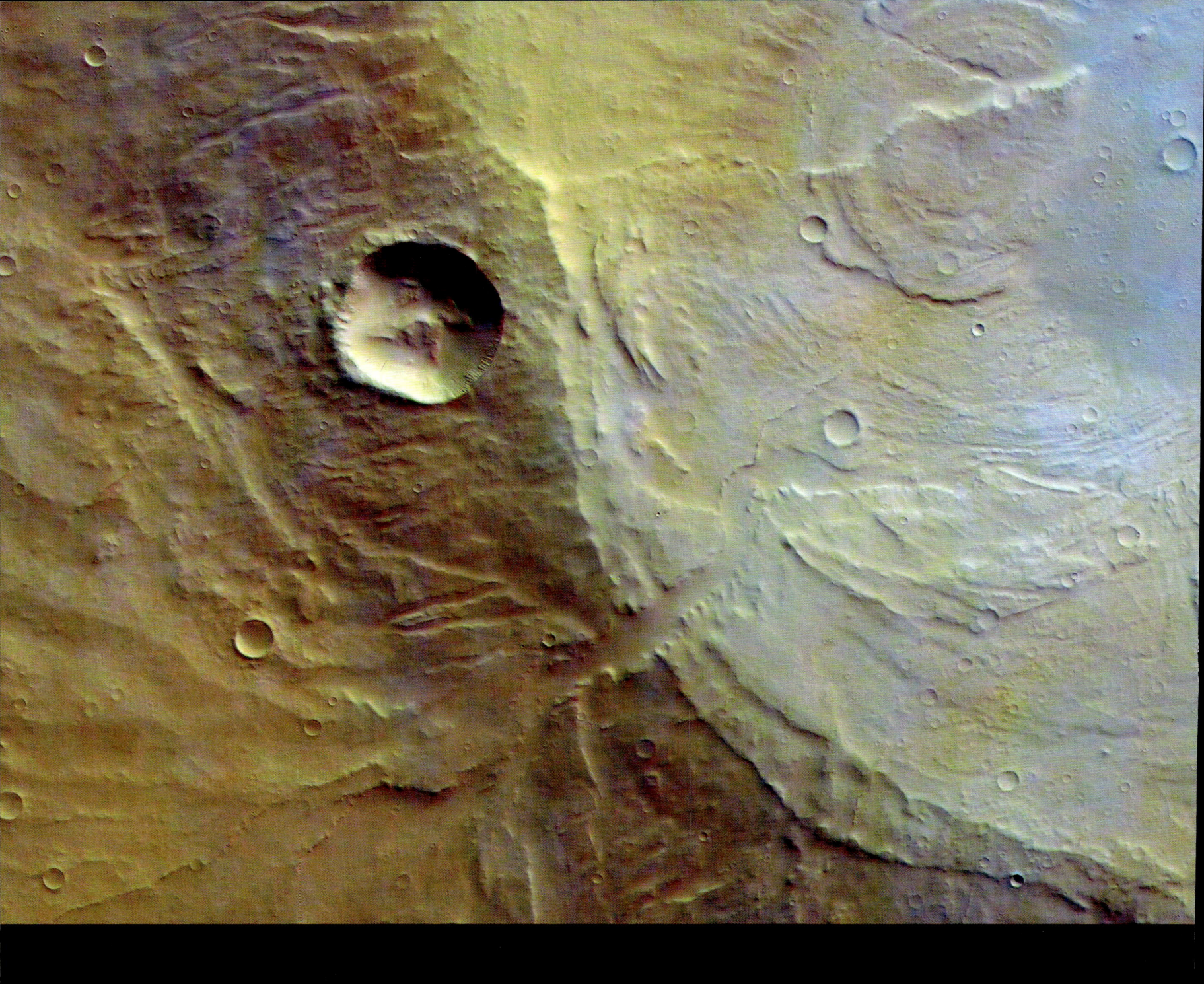

EXPLOSION IN ELYSIUM

Zur Elysium-Region gehört eine auffällige Struktur namens Cerberus Fossae. Aus der Ferne betrachtet, scheint es sich um zwei fast parallel verlaufende Gräben zu handeln, die sich über 1200 Kilometer von Nordwesten nach Südosten erstrecken. Tatsächlich bestehen sie aber aus vielen kürzeren, ineinander übergehenden Dehnungsbrüchen. Auffällig ist: Die Wände der Gräben sind überall sehr steil, stellenweise geht es nahezu senkrecht in die Tiefe. Weil die Erosion dafür sorgt, dass von Geländekanten immer wieder Brocken abbrechen und deshalb steile Abhänge mit der Zeit schräger werden, ist dies ein Hinweis, dass die Cerberus Fossae noch jung sind. Tatsächlich deuten Geologen die Cerberus Fossae sogar als eine der jüngsten Strukturen auf dem Mars, da die wenigen Einschlagkrater ebenfalls ein jugendliches Alter belegen. Einst überschwemmte dünnflüssige Lava dort die Landschaft, auch aus den beiden Gräben drängte sie zu Tage. Womöglich geschah dies erst vor weniger als hundert Millionen Jahren. Jüngst veröffentlichte Analysen von Marsbeben haben das Interesse der Forscher zusätzlich befeuert: Mindestens zwei Bebenherde liegen nämlich unter den Cerberus Fossae (siehe Seite 67). Deutet dies auf Bewegungen von Magma tief unter den Gräben hin?

Zudem publizierten US-Wissenschaftler im September 2021 im Fachblatt *Icarus* Indizien für eine vulkanische Explosion in der Cerberus-Region. Sie könnte sich als der jüngste bekannte Vulkanausbruch auf dem Mars erweisen, so Autor David Horvath vom Planetary Science Institute in Arizona. Die Forscher studierten ein auffallend dunkles Gelände, etwa so groß wie die Stadt Saarbrücken, das entlang eines der Cerberus-Gräben zentriert ist. „Es ist eine mysteriöse dunkle Ablagerung, ganz untypisch für vom Wind verfrachteten Sand oder Staub", wunderte sich Horvath. Die Stelle ähnele dunklen Flecken auf dem Merkur oder dem Erdmond, die als Spuren explosiver Vulkanausbrüche gedeutet werden. Solche pyroklastischen Eruptionen sind auf der Erde als die gewalttätigste vulkanische Spielart bekannt, etwa von dem verheerenden Ausbruch des Mount St. Helens 1980 im US-Bundesstaat Washington; damals stieg die Aschewolke bis in 24 Kilometer Höhe. Bei der Cerberus-Eruption könnte Asche immerhin bis zu zehn Kilometer hoch in die Atmosphäre geschleudert worden sein, spekuliert Horvath.

↑ **Elysium-Vulkan Apollinaris Mons**
Das Bild zeigt die Caldera von Apollinaris Mons, einem Schildvulkan am Rande von Elysium Planitia. Der Vulkan umfasst an seiner Basis ungefähr 180 bis 280 Kilometer und erreicht eine maximale Höhe von fünf Kilometern über dem umgebenden Gelände. Die Caldera misst etwa 80 Kilometer und liegt mehrere hundert Meter tief. Über einem Teil der Landschaft erkennt man eine dünne Bewölkung, die sich auf dem Falschfarbenbild der MARS-EXPRESS-Sonde als bläulicher Schleier zeigt.

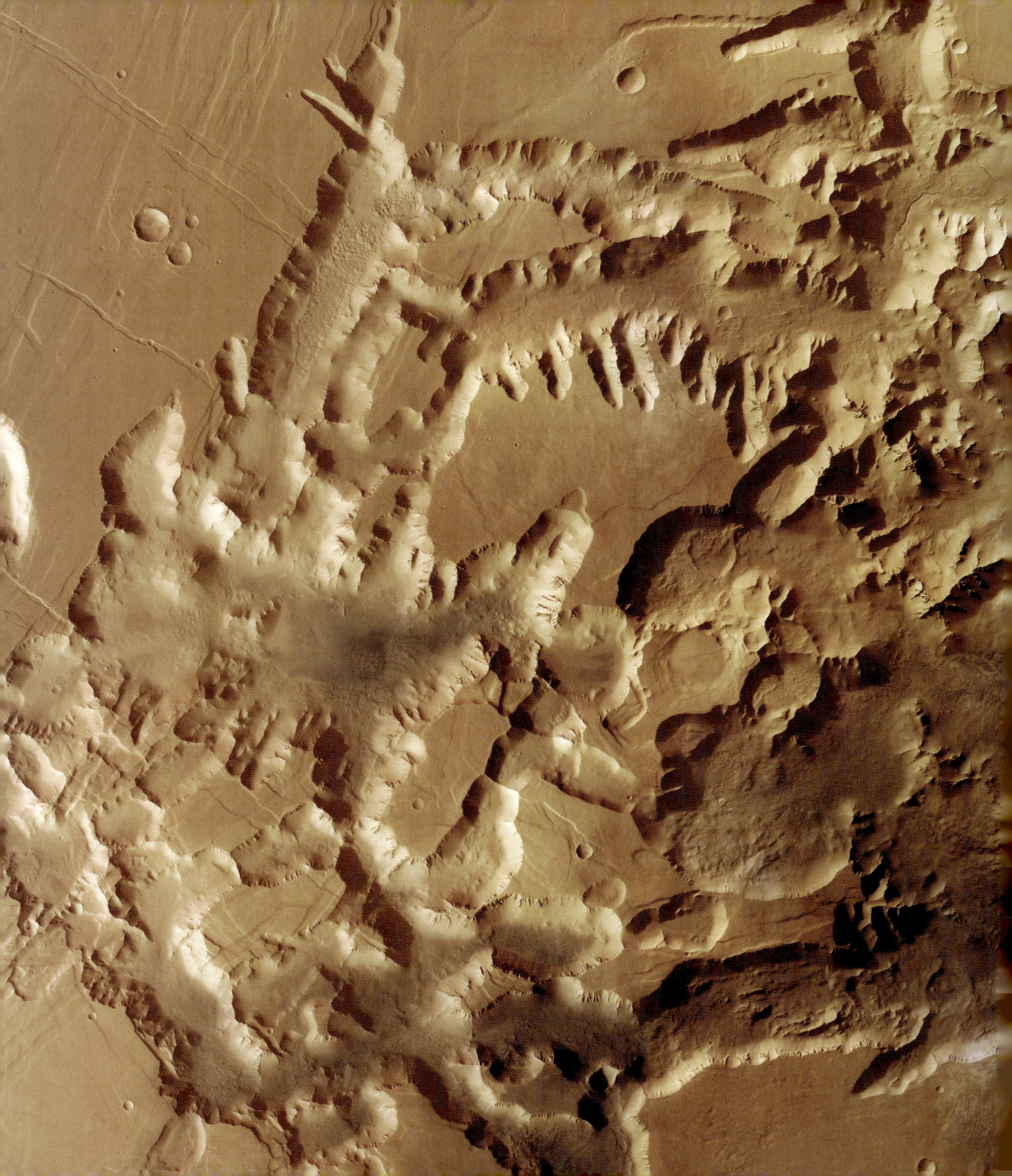

← **Ein Vulkan in Noctis Labyrinthus?**
Im Frühjahr 2024 wurde auf einer Fachkonferenz von einem bislang unbekannten Vulkan nahe des Marsäquators östlich der Tharsis-Provinz berichtet. Zwar war die betreffende Gegend seit 1971 immer wieder von Sonden fotografiert, aber bis dato nicht vulkanisch gedeutet worden. Sie sei bis zur Unkenntlichkeit erodiert, argumentieren die Forscher. Die ominöse Struktur liegt westlich der Canyons der Valles Marineris im Noctis Labyrinthus. Dieses zerklüftete „Labyrinth der Nacht" hat eine Länge von 1190 Kilometern und ist geprägt von steilwandigen Tälern, die durch Verwerfungen entstanden sind. Ob es dort tatsächlich einst einen Marsvulkan gab, müssen weitere Studien zeigen – nicht alle Experten sind davon bisher überzeugt.

→ **Utopische Schlammvulkane?**
Utopia Planitia ist eine weite Ebene auf der nördlichen Marshemisphäre. Dort haben Forscher an mehreren Stellen Felder mit verdächtigen Hügeln ausgemacht. Auf ihren Gipfeln zeigen diese kreisförmige Vertiefungen, was gegen eine Entstehung als Einschlagkrater spricht. Tatsächlich können ganz unterschiedliche Prozesse solche Landformen bilden, meist ist dabei heiße Lava im Spiel. Aber auch kühler Schlamm ist eine Möglichkeit, wenn dieser aus der Tiefe zur Oberfläche drängt. Auffällig sind auch die hellen Dünen, ähnliche Exemplare hat der chinesische ZHURONG-Rover vom Boden aus aufgenommen. Dieses Foto entstand am 21. Dezember 2022, geschossen hat es der MARS RECONNAISANCE ORBITER der NASA.

AUSBRUCH IN LETZTER SEKUNDE

Geologisch betrachtet ist die verdächtige Dunkelstelle extrem jung, nämlich 53.000 bis 210.000 Jahre, so haben es die Autoren mit der Kraterstatistik ermittelt. Horvath: „Wenn man die geologische Geschichte des Mars auf einen einzigen Tag komprimieren würden, wäre dies in der allerletzten Sekunde passiert."

Adrien Broquet von der University of Arizona vermutet, dass das Gebiet von Cerberus Fossae über einem aktiven Mantelplume liegt. Dieser sei verantwortlich für die Aufwölbung der Elysium-Region und für die dortigen geologisch jungen, mit Flutbasalten überschwemmten Ebenen. Laut Broquet sei die vulkanisch aktivste Epoche auf dem Mars zwar vorbei, sie fand vor drei bis vier Milliarden Jahren statt. „Damals entstanden die höchsten Vulkane im Sonnensystem." Doch dauere die feurige Aktivität sehr wahrscheinlich immer noch an. Man müsse den Mars ebenso wie Erde und Venus zu denjenigen Körpern im inneren Sonnensystem zählen, bei denen aktive Mantelplumes am Werk sind.

Auf der Erde spricht man von einem aktiven Vulkan, wenn dieser in den vergangenen 10.000 bis 20.000 Jahren noch Feuer spuckte. Diese Dauer lässt sich nicht ohne Weiteres auf den Mars übertragen. So sagt Horvath über die dunklen Ablagerungen bei den Cerberus Fossae: „Das geringe Alter dieser Stelle lässt es absolut möglich erscheinen, dass es noch vulkanische Aktivitäten auf dem Mars geben könnte." Und auch der britische Planetologe Lionel Wilson hält es im Hinblick auf die Langlebigkeit der Marsvulkane für möglich, künftig einen Vulkanausbruch live zu beobachten. Das Innere des Planeten sei bis in jüngere geologische Zeit dynamisch geblieben, so der Experte im Fachmagazin *Nature India* im Jahr 2023.

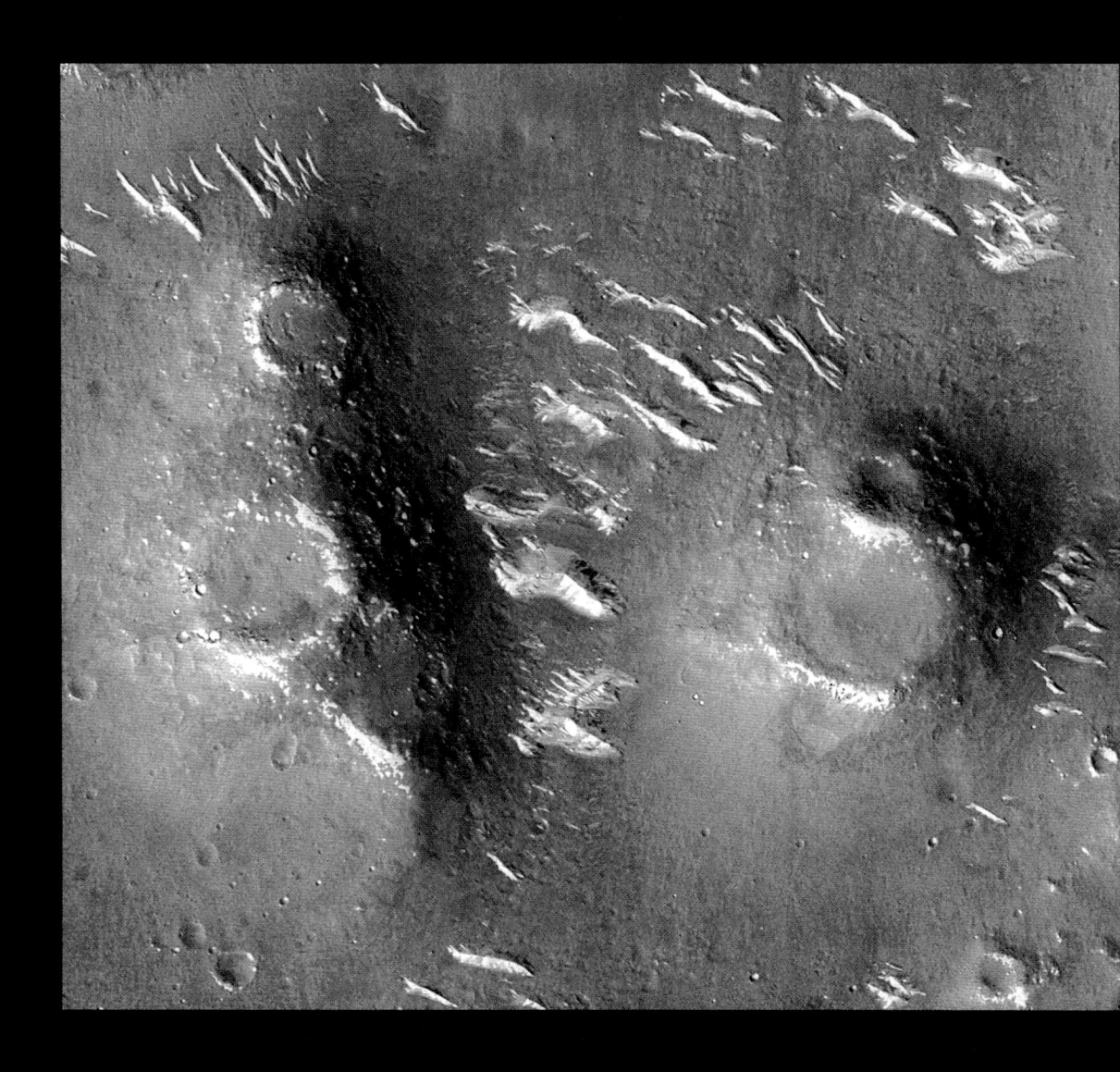

→ **Ceraunius und Uranus Tholus**
In der Tharsis-Provinz liegen die beiden benachbarten Vulkane Ceraunius Tholus (links im Bild) und Uranus Tholus (rechts), die etwa 5,5 und 4,5 Kilometer aufragen. Mit durchschnittlich acht Grad Neigung sind die Hänge von Ceraunius Tholus ungewöhnlich steil. Zudem sind sie von Kanälen zerfurcht, die sich von knapp unter der Caldera bis zur Vulkanbasis erstrecken. Sie entstanden wahrscheinlich durch Wassererosion. Der größte dieser Canyons schneidet sich durch die Nordflanke. Er erreicht bis zu 3,5 Kilometer Breite, ist 300 Meter tief und endet in dem länglichen Krater Rahe, der bei einem schrägen Einschlag entstand und einst wohl einen See enthielt. Die MARS-EXPRESS-Sonde hat für diese Ansicht drei Fotos zu jeweils verschiedenen Zeiten aufgenommen. Nur im zweiten Bild hingen Eiswolken am Ceraunius Tholus, wodurch bei der Montage dort eine künstliche Hell-Dunkel-Grenze entstand.

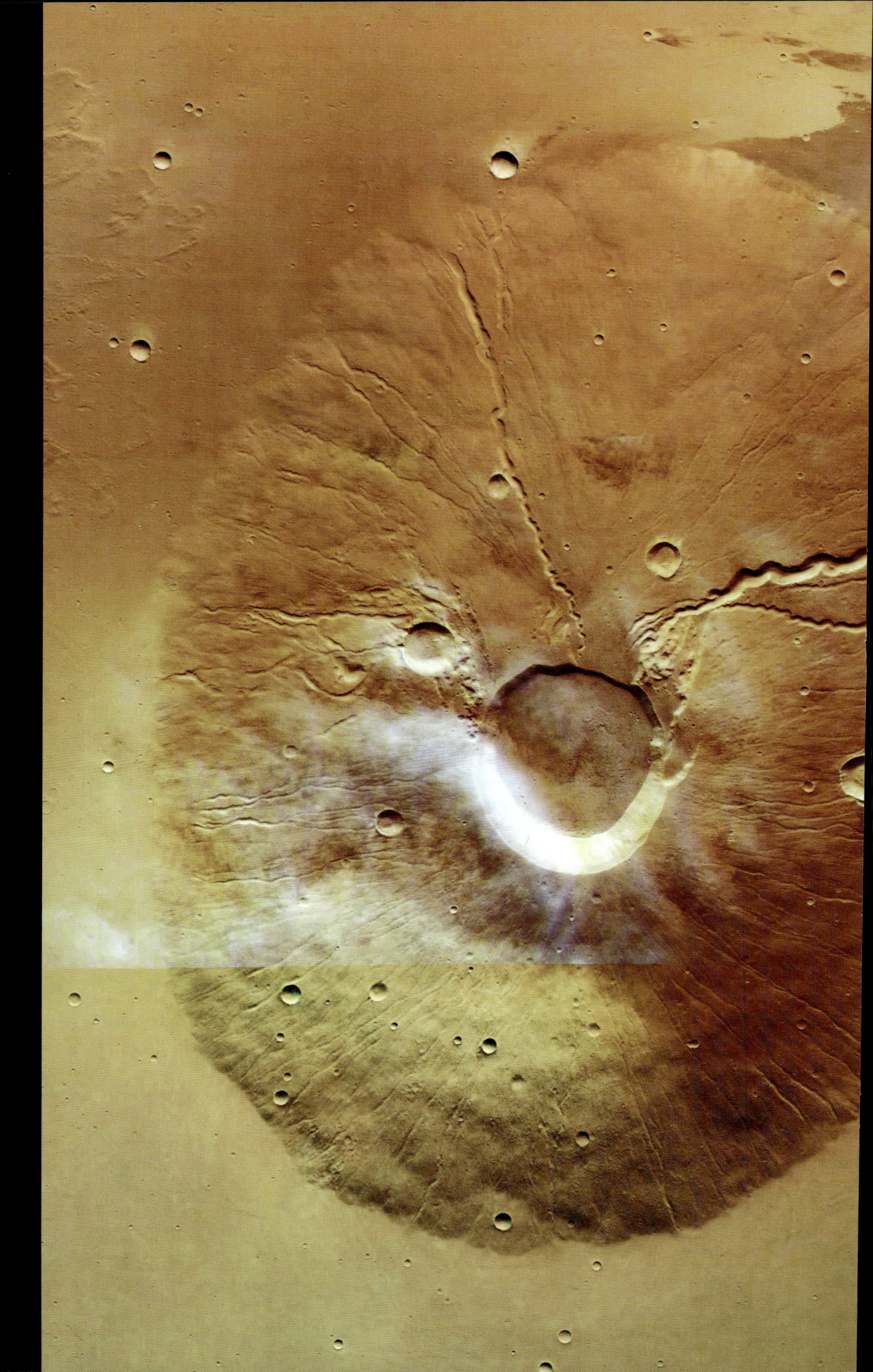

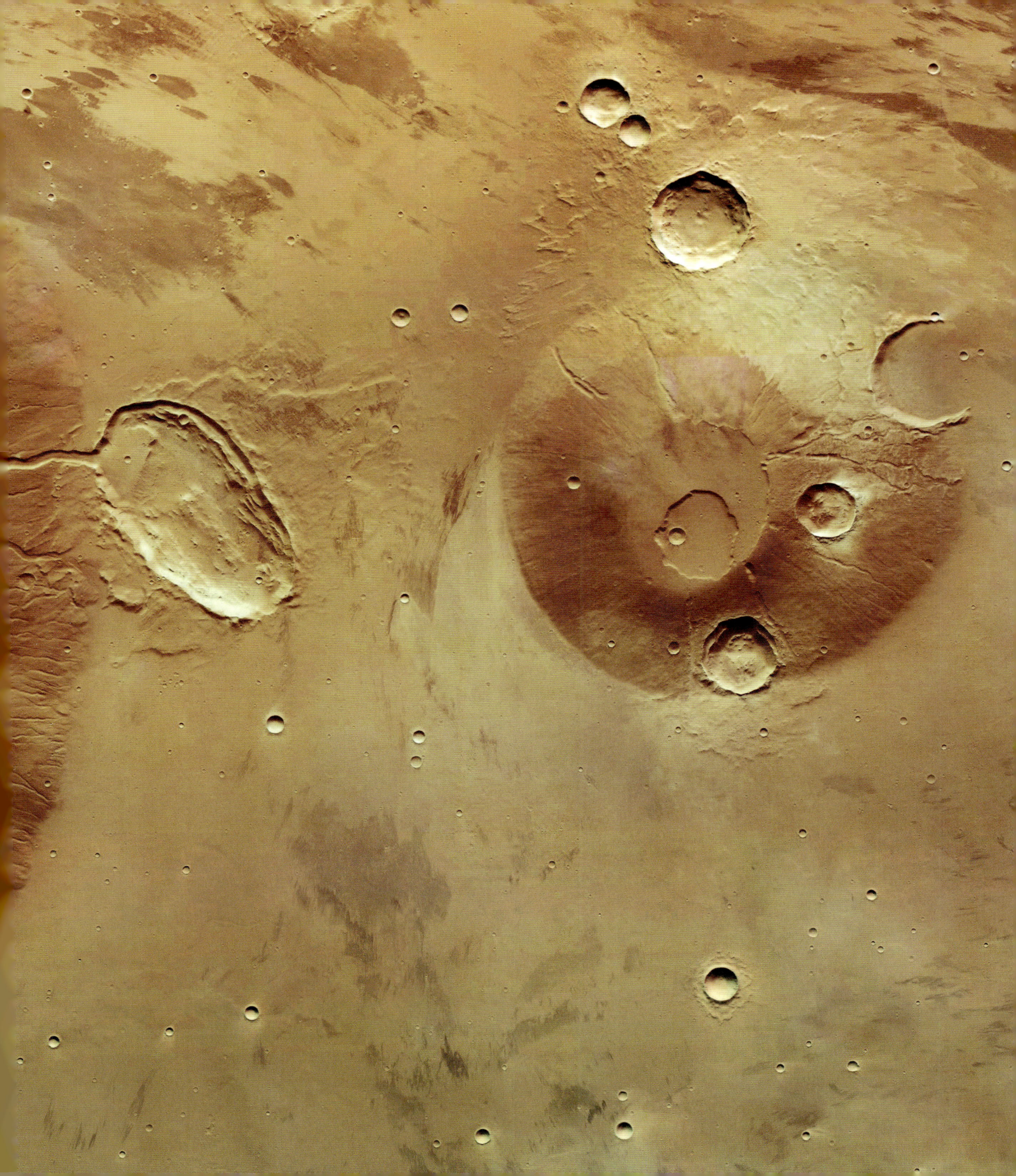

CANYONS DER SUPERLATIVE

Die enormen Schluchten der Valles Marineris sind das größte Talsystem im Sonnensystem. Nahe des Äquators klaffen sie bis zu zehn Kilometer tief in der Marskruste. In einem isolierten Seitental ragt ein geheimnisvoller Tafelberg fast acht Kilometer hoch in den Marshimmel.

Östlich der vulkanischen Tharsis-Region erstrecken sich die Täler von Mariner. Ihren Namen, üblicherweise in lateinischer Form, erhielt sie nach der NASA-Sonde MARINER 9, die 1971 als erste in eine Umlaufbahn um den Planeten einschwenkte. Nachdem sich damals ein globaler Staubsturm gelegt hatte, begann MARINER systematisch die Marsoberfläche zu kartieren. In der Äquatorregion entdeckte sie eines der heutigen Wahrzeichen des Mars: die Valles Marineris (siehe Bild unten). Mit einer Länge von über 4000 und einer Breite von 200 Kilometern sind die Marinertäler nicht nur der größte Canyon auf dem Mars, sondern im gesamten bekannten Sonnensystem. Er schließt sich an der Ostseite der Tharsis-Region an und erstreckt sich über ein Viertel des Planetenumfangs. An manchen Stellen beträgt die Tiefe der Valles bis zu zehn Kilometer – dagegen wirken die 1,6 Kilometer des Grand Canyon in Arizona eher bescheiden. Als Ziel für dramatisches Sightseeing ist dieser allerdings weit besser geeignet, denn die Valles Marineris sind so breit, dass ein Tourist in ihrer Mitte seine Kamera gar nicht erst zücken müsste: Beide Canyonwände wären unsichtbar jenseits des Horizontes.

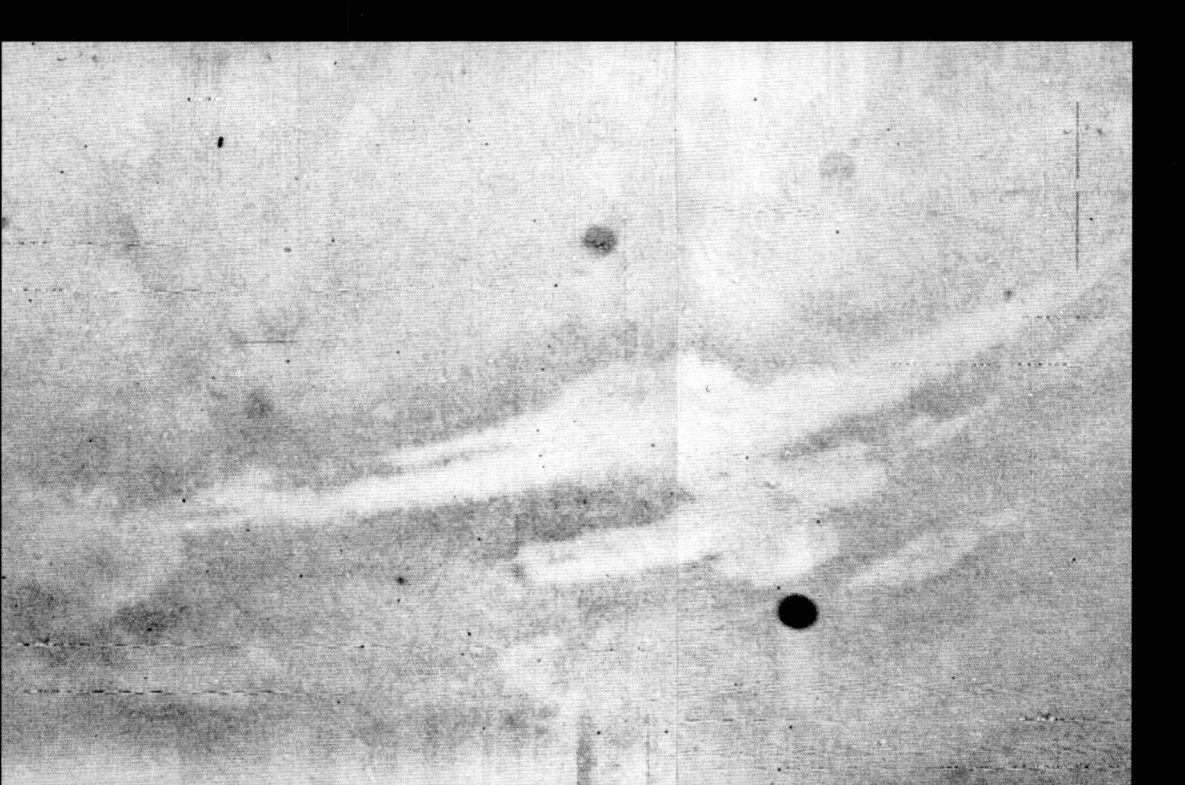

← **Die Täler von Mariner**
Im November 1971 erreichte MARINER 9 als erste Sonde wohlbehalten die Umlaufbahn von Mars. Die Sicht auf die Marsoberfläche war allerdings stark getrübt, da der gesamte Planet in einen Staubsturm gehüllt war. Als der Sturm später abflaute, erspähte MARINER ein enormes Canyonsystem. Auf dieser historischen Aufnahme tritt es schemenhaft hervor. Die Canyons erhielten den Namen Valles Marineris – die „Täler von Mariner".

↑ **Die Narbe der Südhalbkugel**
Selbst aus 12.000 Kilometern Höhe zeichnen sich die Canyons der Valles Marineris als klaffende Narbe ab.

Hier wurden sie von der Kamera der arabischen HOPE-Sonde knapp südlich des Marsäquators eingefangen. Das Bild entstand am 16. März 2021.

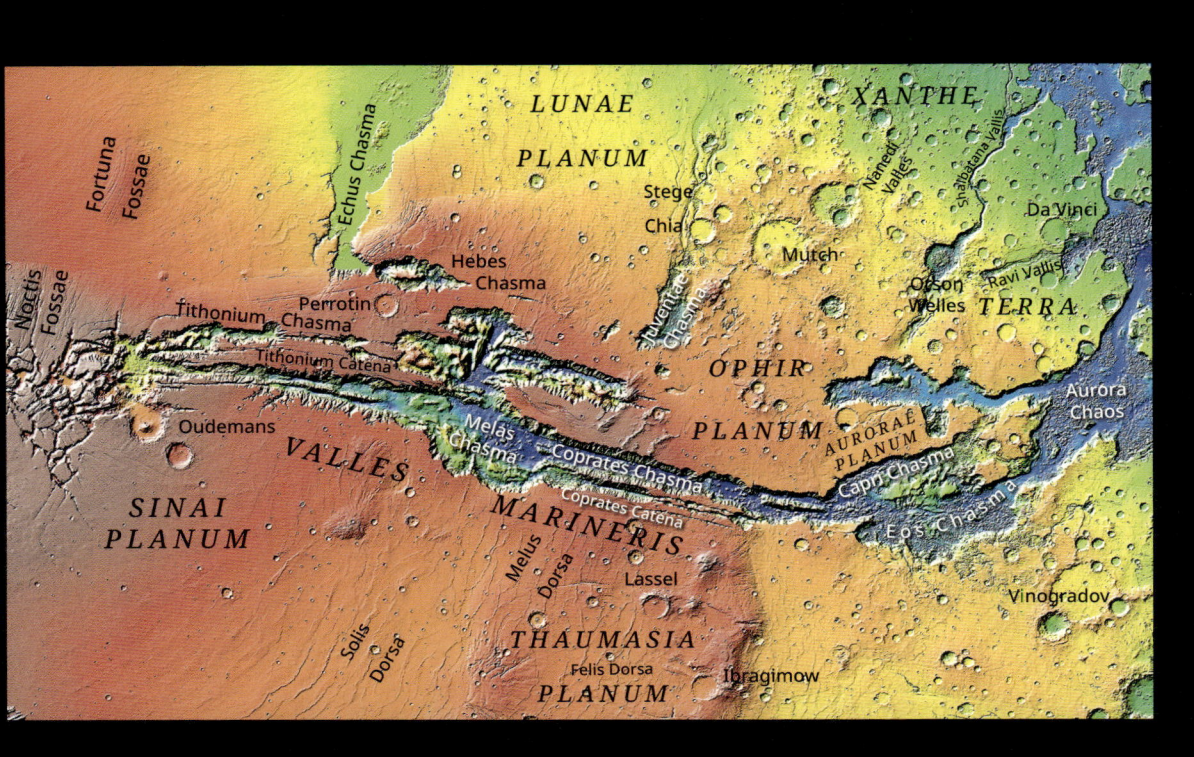

↙ **Karte der Valles Marineris**
Die Marssonden haben auch den Landvermessern zugearbeitet. So zeigt diese topographische Karte die Valles Marineris, wobei rot hoch gelegene Landschaften, grün-gelb mittlere Lagen und blau besonders tief gelegene Gebiete anzeigen. Das komplexe Schluchtensystem erstreckt sich insgesamt 4000 Kilometer entlang des Äquators. Seinen Anfang nimmt es im Westen mit Tithonium Chasma. Solche Schluchten werden auf dem roten Planeten mit „Chasma" bezeichnet. In der irdischen Geologie ist der Ausdruck kaum gebräuchlich, bei der Nomenklatur auf Venus und Mars hingegen häufig. Der östliche Ausläufer der Valles Marineris heißt Coprates Chasma. Er öffnet sich in Richtung der großen Ausflusstäler, wo einst enorme Wasserfluten in die nördlichen Tiefebenen abflossen. Auf der Erde würden die Valles Marineris eine Strecke von der Nordspitze Norwegens bis zur Südspitze Siziliens abdecken.

VULKANISCHE GESCHICHTE

Der westlichste Teil der Valles ist das Noctis Labyrinthus, das „Labyrinth der Nacht", wo Mars-Geologen eine Vielzahl verschiedener Minerale aufgespürt haben. Weiter östlich folgen diverse „Chasma" genannte Strukturen. Die Bezeichnung stammt aus dem Altgriechischen und bedeutete ursprünglich Schlund. Auf dem Mars versteht man darunter steilwandige, canyonartige Erdspalten. Wie ist die gewaltige Struktur der Valles Marineris entstanden? Man muss von dort aus den Blick nach Westen richten, denn wahrscheinlich hing es mit der ausgedehnten, mehrere tausend Kilometer messenden Tharsis-Region und deren kilometerhohen Aufwölbung zusammen. Hier befinden sich die höchsten Vulkane des roten Planeten. Auch in den Valles Marineris finden sich zahlreiche Spuren von Vulkanismus. An den Hängen lassen sich Schichten erkennen, die von einstmals dünnflüssiger, basaltischer Lava gebildet wurden. Diese hat sich immer wieder über den Mars ergossen. Auch die Hochflächen der Umgebung der Valles Marineris bestehen aus solchen Basaltdecken.

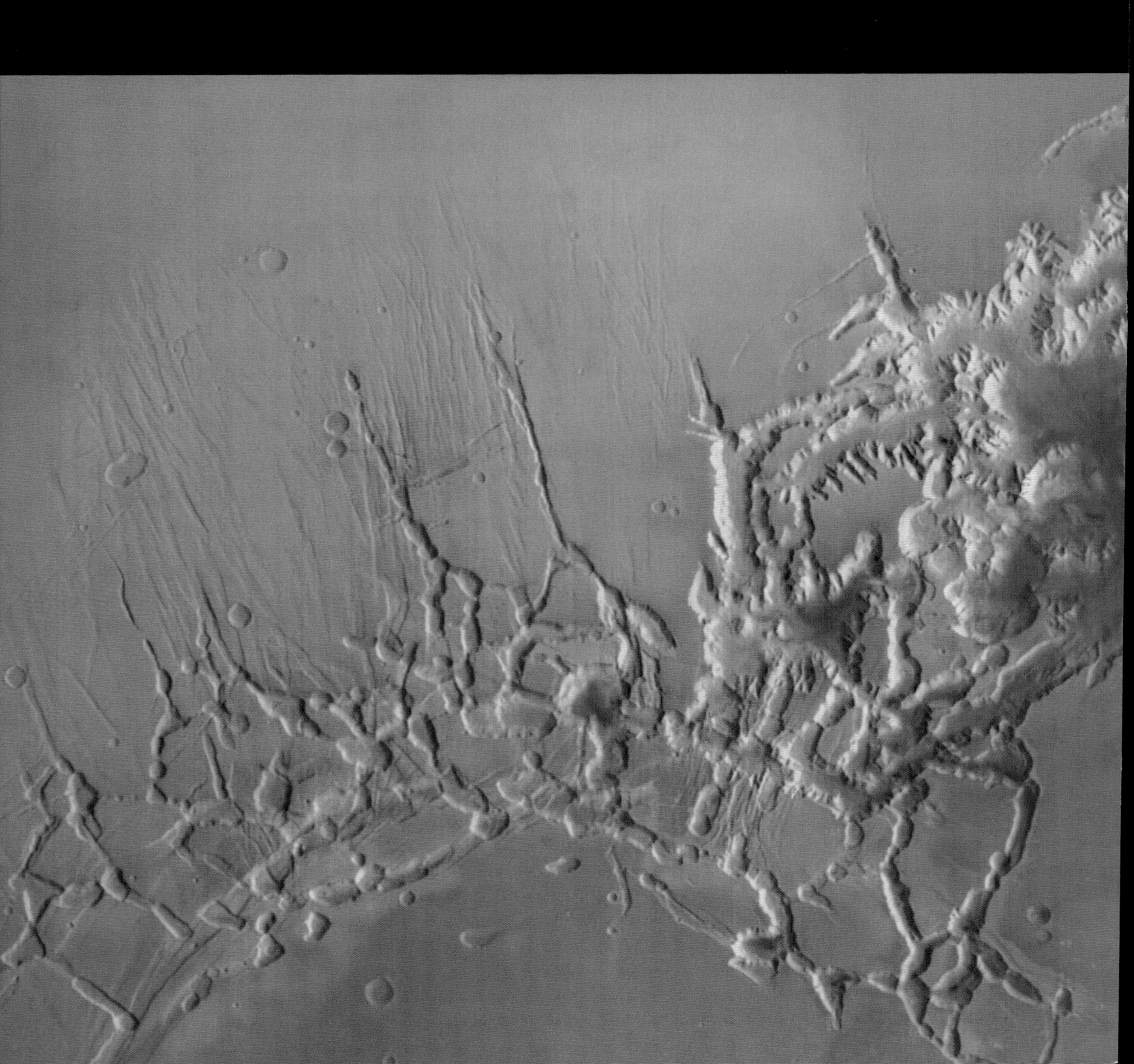

Durch Druck von unten, vermutlich hervorgerufen von riesigen Magma-Blasen, die tief im Untergrund entstanden und wegen ihrer geringeren Dichte durch den plastischen Marsmantel bis unter die Kruste aufstiegen, bauten sich in der Phase der Aufwölbung von Tharsis vor drei bis vier Milliarden Jahren Spannungen auf. Diese führten zur Überdehnung des Krustengesteins, bis es nachgab und brach. Riesige Blöcke sanken dabei zwischen den Flanken der aufgebrochenen Kruste mehrere tausend Meter ab. Auch auf der Erde gibt es ähnliche Strukturen, allerdings sind sie viel kleiner. So sind beispielsweise der Oberrheingraben zwischen Basel und Frankfurt/Main oder der ostafrikanische Graben als solche Grabenbrüche entstanden.

Auf der Marsoberfläche haben sich als Folge dieser Dehnungsspannungen die charakteristischen Muster tektonischer Brüche ausgebildet. Immer wieder kam es durch das Aufbrechen der Kruste entlang der Geländekanten zu gewaltigen Abbrüchen und Hangrutschungen. Spuren davon sind entlang der südlichen und nördlichen Begrenzung der Valles Marineris zu sehen.

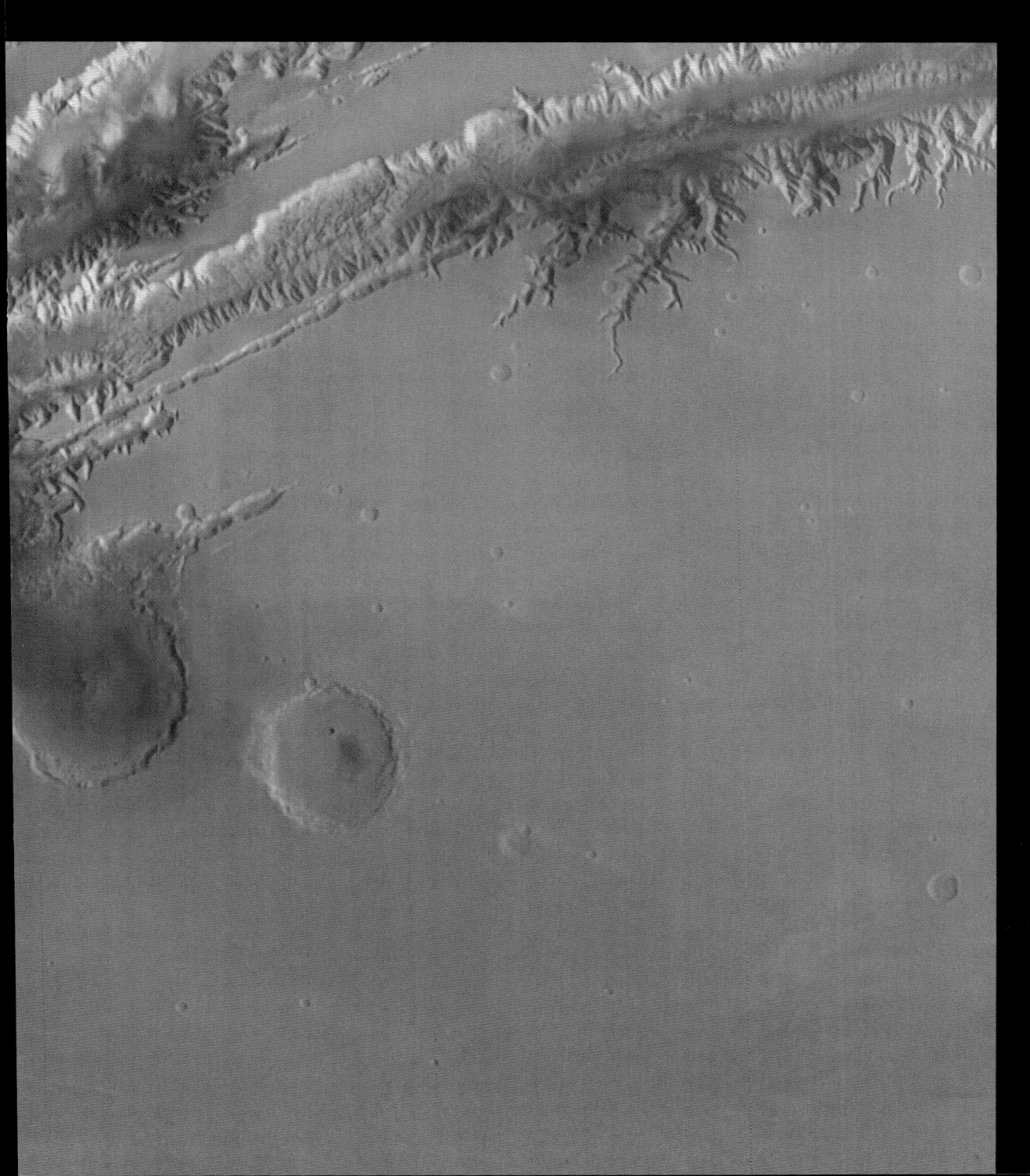

← **Das Labyrinth der Nacht**
Links im Bild ist die Region Noctis Labyrinthus zu sehen. Dieses „Labyrinth" besteht aus sich kreuzenden Tälern und bis zu sechs Kilometer tiefen Schluchten. Mit seiner Ost-West-Ausdehnung von fast 1200 Kilometern entspricht seine Länge etwa derjenigen des Rheins. Die Entstehung von Noctis Labyrinthus hängt mit der Aufwölbung der Marskruste in der weiter westlich gelegenen Tharsis-Provinz zusammen. Der intensive Vulkanismus dort führte zu tektonischen Spannungen der Kruste und somit zum Aufreißen großer Gebiete. Rechts oben im Bild sieht man die westlichen Ausläufer der Valles Marineris. Etwa in der Bildmitte, zwischen dem Labyrinthus und den Valles, sollen die Überbleibsel des stark erodierten Vulkans „Noctis Mons" liegen – eine Hypothese, die Forscher 2024 zur Debatte gestellt haben. Das Mosaik besteht aus vier Einzelbildern, welche die Marssonde der indischen Weltraumbehörde im Januar 2015 schoss, als sie tagsüber in 10.392 Kilometern Höhe das Labyrinth der Nacht passierte.

↑ Juventae Chasma
Der nach einer römischen Göttin benannte Canyon liegt nordöstlich der Valles Marineris und schneidet sich mehr als fünf Kilometer tief in die umliegende Ebene ein. In ihm befindet sich ein 2500 Meter hoher und knapp 60 Kilometer langer Bergrücken aus hellem, geschichtetem Material. Mehrere Sonden entdeckten dort erhebliche Mengen an Sulfaten, was auf eine wässrige Vergangenheit deutet. Hier sieht man die Sedimentschichten, die damals entstanden. Das Falschfarbenbild kann zum Verständnis beitragen, wie genau die Mineralien abgelagert wurden. Es wurde am 2. Oktober 2018 von der CaSSIS-Kamera des europäischen EXOMARS-ORBITERS aufgenommen und deckt eine Fläche von 25 mal 7 Kilometern ab.

FLUTEN IN DEN CANYONS

Zudem strömten später wohl auch mächtige Wassermassen durch die Täler und haben die Talsohle weiter vertieft. Das Wasser floss in Richtung Osten und ergoss sich in ein nach Norden führendes System von Ausflusskanälen, die in den Tiefebenen der Nordhalbkugel des Mars enden. Aufnahmen und Messungen mit dem Spektrometer OMEGA (**O**bservatoire pour la **M**inéralogie, l'**E**au, les **G**laces et l'**A**ctivité) der europäischen MARS-EXPRESS-Sonde zeigen, dass die Mineralien der Gesteine in den Valles durch die Fluten verändert wurden. So trifft man an vielen Stellen auf Sulfat-Ablagerungen, beispielsweise Magnesiumsulfat und Kalziumsulfat, das Letztere ist nichts anderes als Gips. Diese Minerale entstehen auch in irdischen Gewässern, sie enthalten in ihrem Kristallgitter Wasser, sogenanntes Kristallwasser. Die Ablagerungen entstanden vor vielen hundert Millionen oder sogar mehreren Milliarden Jahren. Heute sind die Valles Marineris längst trockengefallen. Gleichwohl sind die Folgen der Überflutungen auch heute noch messbar: So berichtete im Jahr 2021 ein internationales Team über Wassereis im Boden von Candor Chasma, einem der Hauptcanyons im Norden der Valles Marineris. Die Forscher stützten sich auf Messungen des Neutronendetektors auf dem TRACE GAS ORBITER der ESA. Schon länger ist bekannt, dass unterirdisches Wassereis auf dem Mars in polnahen Breiten jenseits von 60 Grad nördlicher und südlicher Breite existiert. Es füllt dort die Zwischenräume im porösen Marsboden. Anhand der Neutronenmessungen konnte das Team nun einen bemerkenswert hohen Wert für den H_2O-Anteil in Candor Chasma feststellen, nämlich 40,3 Gewichtsprozent. Die Messungen geben Auskunft bis zu einer Tiefe von einem Meter. Die Autoren schreiben, dass sie mit der Neutronenmethode zwar auch Kristallwasser detektieren, ein Anteil von deutlich über 30 Prozent lasse sich aber so kaum erklären und spreche für Eis im Marsboden. Für die untersuchte Region, unmittelbar am Marsäquator, sei der hohe Eisanteil sehr ungewöhnlich – wohl eine Besonderheit der Valles Marineris

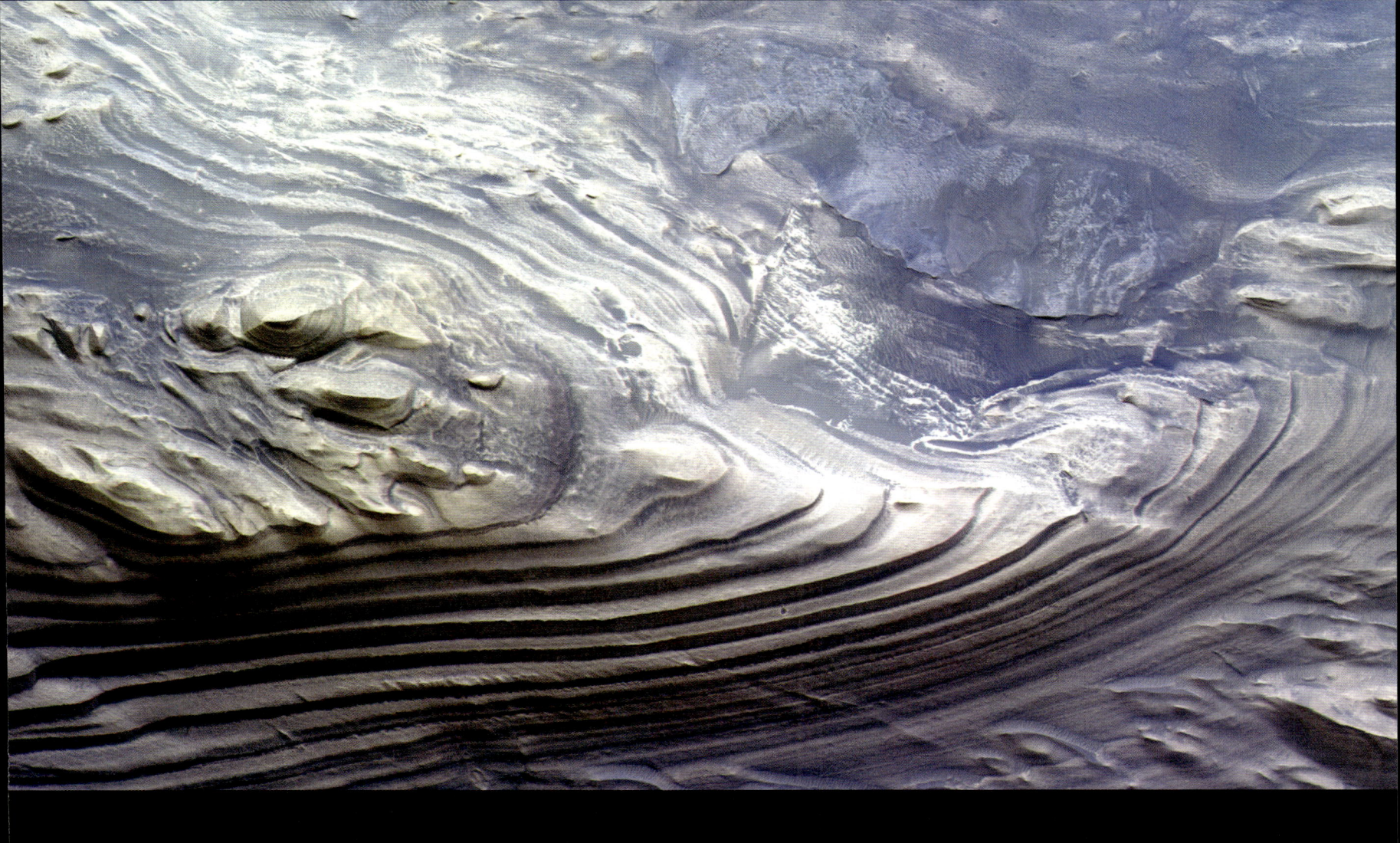

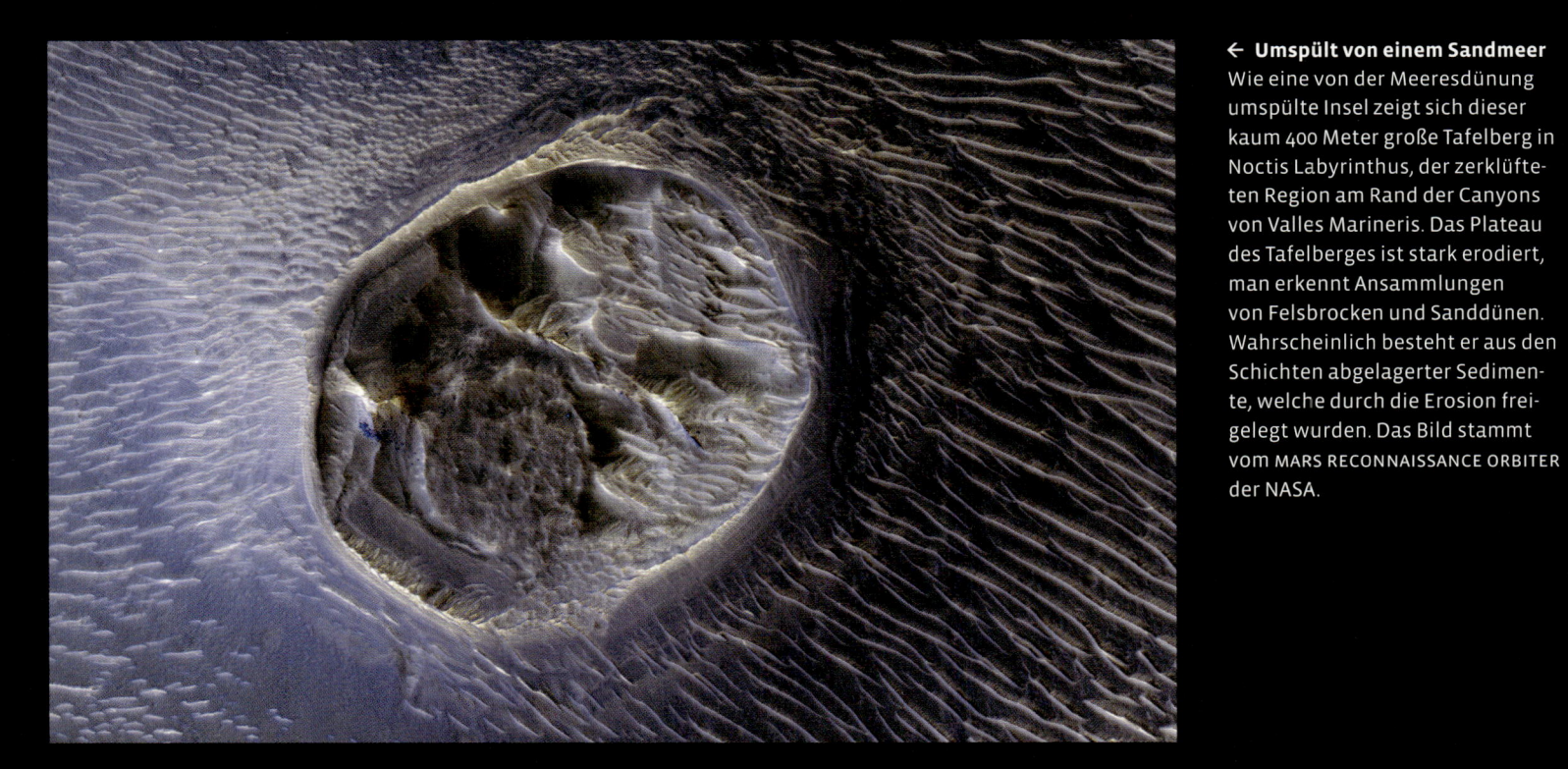

← **Umspült von einem Sandmeer**
Wie eine von der Meeresdünung umspülte Insel zeigt sich dieser kaum 400 Meter große Tafelberg in Noctis Labyrinthus, der zerklüfteten Region am Rand der Canyons von Valles Marineris. Das Plateau des Tafelberges ist stark erodiert, man erkennt Ansammlungen von Felsbrocken und Sanddünen. Wahrscheinlich besteht er aus den Schichten abgelagerter Sedimente, welche durch die Erosion freigelegt wurden. Das Bild stammt vom MARS RECONNAISSANCE ORBITER der NASA.

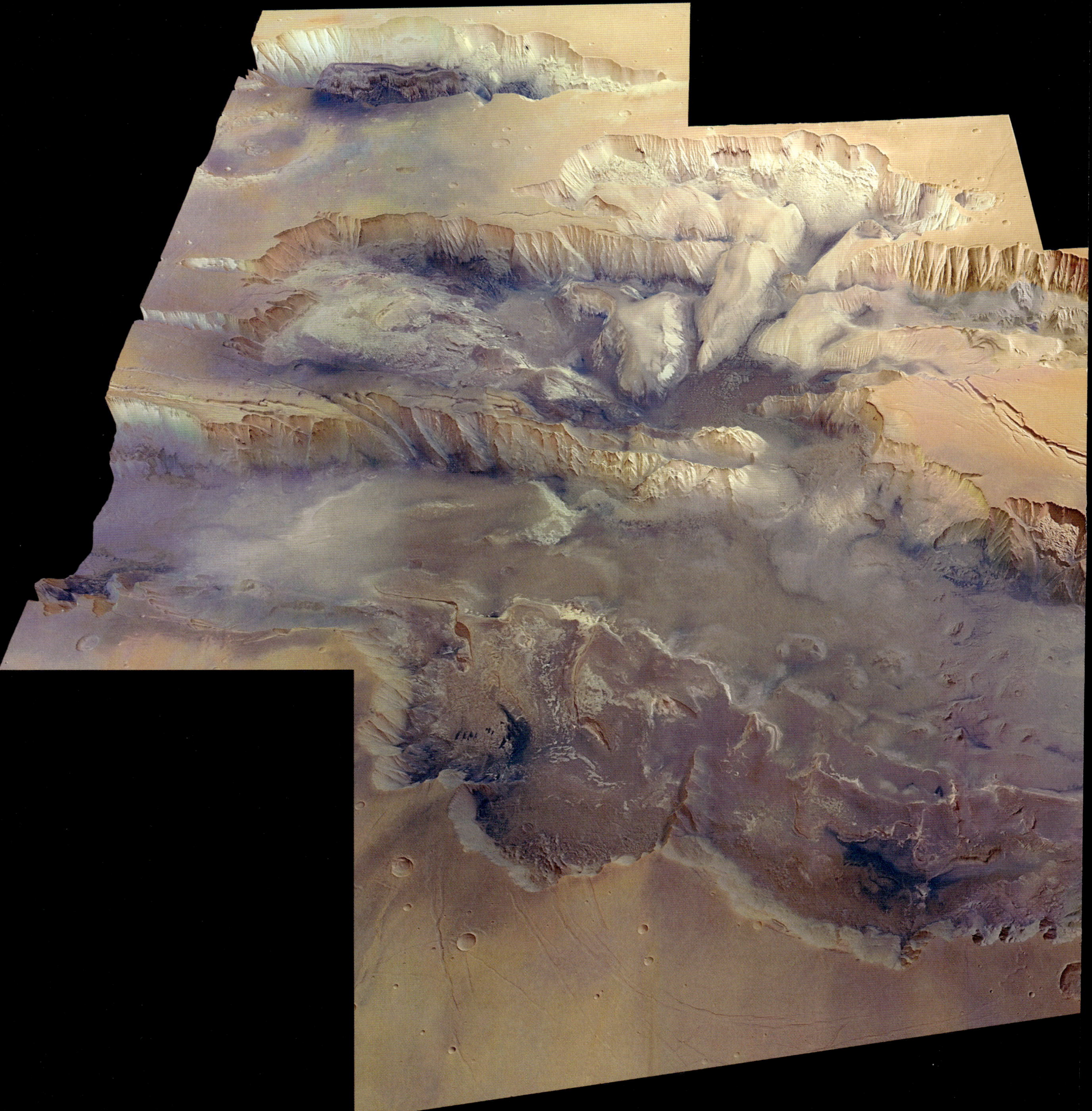

← **Im Anflug auf Valles Marineris**
Aus Aufnahmen der MARS-EXPRESS-Stereokamera können perspektivische Ansichten erstellt werden. Dieses Bild zeigt die Valles Marineris unter einem Winkel von 45 Grad. Dafür wurde ein digitales Geländemodell der Region errechnet, was 20 Überflüge der Sonde erforderte. Die dargestellte Fläche deckt 630.000 Quadratkilometer ab, das entspricht der Fläche Frankreichs. Fast die gesamte Bildlänge nimmt Melas Chasma ein, die breiteste Schlucht der Valles Marineris. Weiter nördlich erstreckt sich Candor Chasma, dahinter liegt das viel kleinere Ophir Chasma, links oben am Bildrand sieht man gerade noch Hebes Chasma, in dessen Mitte ein dunkler Berg emporragt. Das Relief in dieser Darstellung wurde vierfach überhöht.

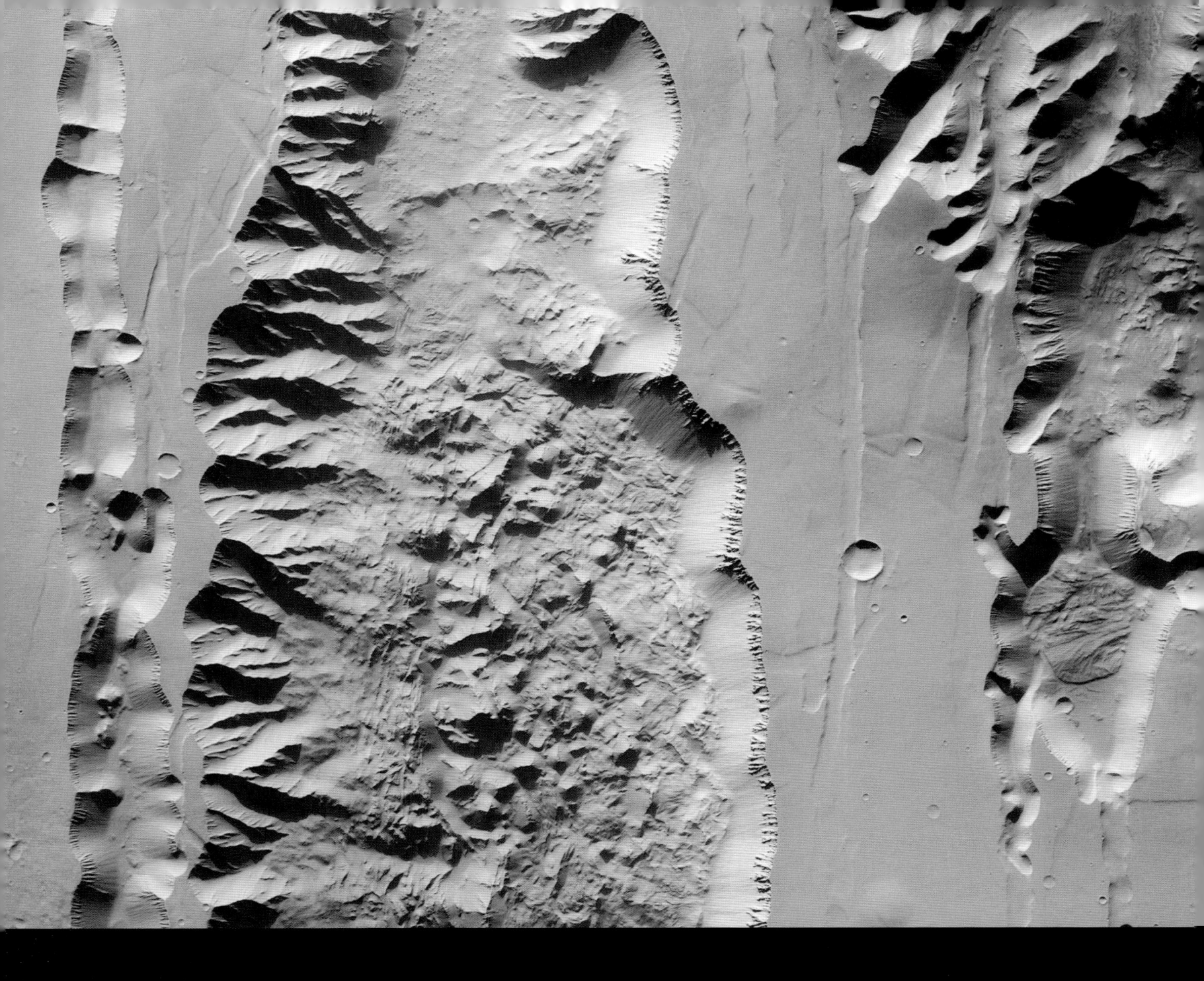

DER ACHTTAUSENDER DER JUGENDGÖTTIN

Noch weiter nördlich liegt Hebes Chasma; der Name kommt von Hebe, der griechischen Göttin der Jugend. Die große Senke misst in Ost-West-Ausdehnung 315 Kilometer, senkrecht dazu sind es 125 Kilometer. In ihrem Zentrum befindet sich ein längliches Bergmassiv. Es besteht aus geschichteten Ablagerungen, die Gips und andere Sulfate enthalten. Dieser Tafelberg erstreckt sich über rund 100 Kilometer und ist zwischen zehn und 20 Kilometern breit. Sein Gipfelplateau überragt die tiefsten Stellen von Hebes Chasma um rund 8000 Meter und erreicht somit fast die Ausmaße der höchsten Gebirge auf der Erde. Seit Äonen nagt die Erosion an diesem Berg. Die steilen Talhänge sind durch viele Rinnen zerfurcht, die aus dem Gestein geschürft wurden. Am Fuß der Abhänge sind Reste von Bergstürzen zu sehen, die sich an den Flanken gelöst haben. Selbst diese, teils erodierten Überreste der Rutschungen, bilden inmitten des Talkessels immer noch 1000 bis 2000 Meter hohe „Mittelgebirge".

Hebes Tafelberg besteht aus zahlreichen Lagen unterschiedlicher Gesteinsschichten, wie an den gebänderten Flanken gut erkennbar ist. Es sind

← Ius und Tithonium Chasma

Hier sieht man zwei tiefe Schluchten aus dem Canyonsystem der Valles Marineris, links Ius Chasma, rechts Tithonium Chasma. Sie sind jeweils 840 und 805 Kilometer lang. Oben im Bild fallen dunkle Farbtöne auf, sie stammen von Dünen in Tithonium Chasma, deren Sand wohl aus der benachbarten Vulkanregion Tharsis herbeigeweht wurde. Neben den Dünen befinden sich zwei helle Erhebungen, wobei die Hälfte des einen Berges durch den Bildrand abgeschnitten ist; sie sind über 3000 Meter hoch! Ihre Oberflächen sind stark vom Wind erodiert. Weiter unten, rechts des vollständig abgebildeten Berges, sieht man einen kürzlich stattgefundenen Bergrutsch, er wurde wohl durch den Einsturz an der Canyonwand (rechts davon) ausgelöst. Andernorts, beispielsweise in der Bildmitte, sind weitere kleine Hangrutsche erkennbar. Bei Ius Chasma fällt der zerklüftete Canyonboden auf. Die durch die fortdauernde Hebung von Tharsis gedehnte und immer weiter zerrissene Kruste hat sich dort zu gezackten Felsdreiecken geformt, die an Haifischzähne erinnern. Die Fotos für diese Ansicht stammen vom 21. April 2022, aufgenommen hat sie die europäische MARS-EXPRESS-Sonde.

Sedimentschichten, die womöglich in einem fließenden oder stehenden Gewässer abgelagert wurden. Marsforscher nennen diese Sedimentlagen „Equatorial Layered Deposits", was übersetzt „äquatornahe geschichtete Ablagerungen" bedeutet. Sie werden auch in anderen geologischen Umgebungen des Mars angetroffen, so etwa in stark verkraterten Gebieten wie Meridiani Planum oder großen Einschlagkratern wie beispielsweise Gale, dem Landegebiet des CURIOSITY-Rovers.

Zur Entstehung von Hebes geheimnisvollem Achttausender gibt es noch andere Ideen. Demnach könnte es sich auch um die Reste eines älteren Plateaus handeln, womöglich hat sogar der Wind die Ablagerungen in die Depression hineingeweht. Klar ist, dass zumindest zeitweise Wasser in Hebes Chasma vorhanden gewesen sein muss. Nachdem später das Chasma trockengefallen war, wurden seine eindrucksvollen Gesteinsschichten durch Erosionsvorgänge freigelegt – so dass sie heute aus dem Orbit und eines Tages vielleicht mit Fluggeräten vor Ort untersucht werden können. Wissenschaftlich wäre dies ein großer Gewinn: Die Schichten sind eine Art Archiv, mit dem man die geologische Entwicklung und das Klima in der Frühzeit des Mars entschlüsseln könnte.

↑ **Der Dreitausender von Tithonium**
Ein heller Berg in der Mitte von Tithonium Chasma ragt mehr als 3000 Meter hoch und zeigt eine stark vom Wind erodierte Oberfläche. Es handelt sich dabei um „Erosionsgassen", auch als Jardangs bezeichnet. Auf der Erde sind diese zum Beispiel aus der Sahara oder der chinesischen Wüste Lop Nor bekannt, wo der schwedische Entdecker Sven Hedin sie 1903 erstmals beschrieb. Jardangs entstehen typischerweise aus einer ursprünglich flachen Oberfläche, die aus Bereichen mit härterem und weicherem Material besteht. Das weichere wird vom Wind erodiert und weggetragen, das härtere Material bleibt übrig. Rechts oben sind zudem die Spuren eines großen Bergsturzes erkennbar.

↓ **Dunkler Sand in Tithonium Chasma**
Das rund 800 Kilometer lange Tithonium Chasma liegt im westlichen Teil der Valles Marineris. Im Osten erreicht es eine Breite von etwa zehn, im Westen bis zu 110 Kilometer. An seinen etlichen Kilometern hohen Steilwänden sind zahlreiche Spuren von Hangrutschen erkennbar. Weite Gebiete in Tithonium sind von einer dünnen Schicht aus dunklem Sand bedeckt, in diesem kontrastverstärkten Bild erscheint er leicht bläulich. An anderen Stellen des Chasmas türmt er sich sogar zu imposanten Dünen auf. Die Quelle dafür dürfte in der benachbarten Tharsis-Region liegen, mineralogische Untersuchungen bestätigten den vulkanischen Ursprung. Die Fotos für diese perspektivische Ansicht stammen von der ESA-Sonde MARS EXPRESS.

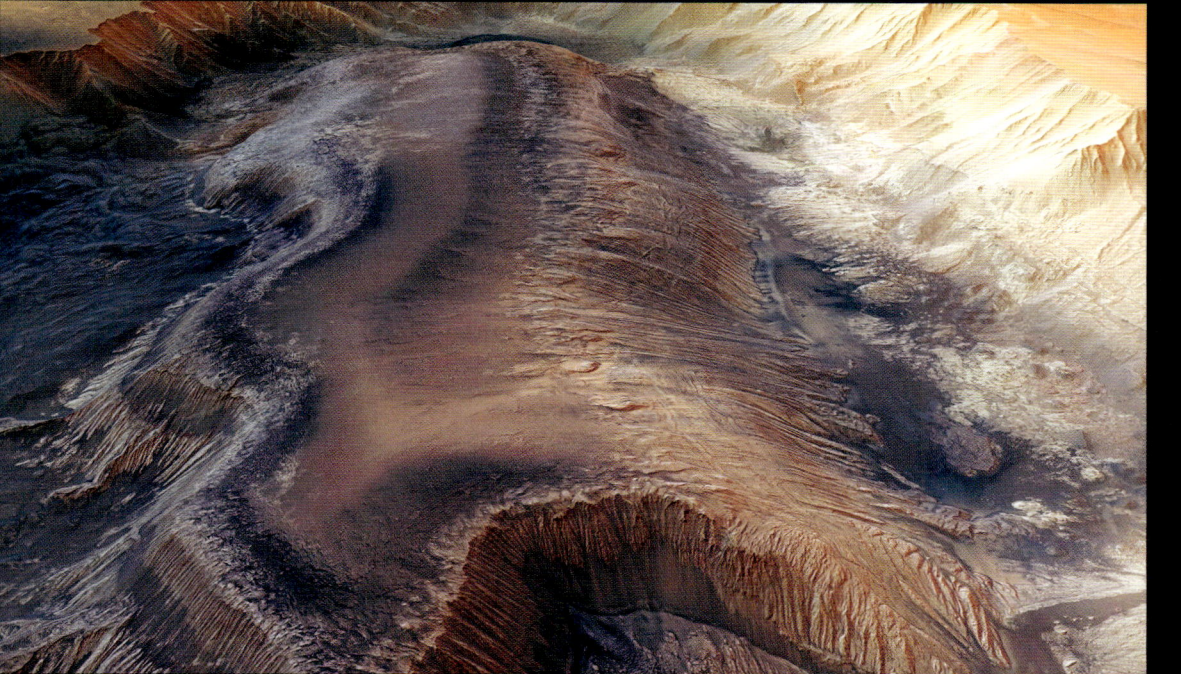

← **Ein Riesenberg in Hebes Chasma**
Hebes Chasma ist ein bis zu acht Kilometer tiefer Kessel ohne Talöffnung. Im Zentrum dieser enormen Senke befindet sich ein fast 8000 Meter hoher Berg, der aus geschichteten Ablagerungen aus Gips und anderen Sulfaten besteht, die sich vermutlich in einem stehenden Gewässer gebildet hatten. Die Erosion hat dem Tafelberg zugesetzt und diese Schichten herauspräpariert, sodass sie in dieser kontrastverstärkten MARS-EXPRESS-Aufnahme markant hervortreten.

← **Das Chasma der Jugend**
Hebe Chasma ist nach der griechischen Göttin benannt, in deren Macht es lag, den Menschen neue Jugend zu schenken. Auf dem Mars ist es ein kilometertiefer Canyon am Nordrand der Valles Marineris. Das Chasma ist komplett geschlossen, hat also keine Verbindung ins umliegende Gelände. Seine maximale Ausdehnung beträgt rund 315 mal 125 Kilometer. Das gezeigte Bild schoss die MARS-EXPRESS-Sonde der ESA mit einer Bodenauflösung von etwa 15 Metern pro Bildpunkt.

IM EWIGEN EIS DES MARS

Die nördlichen und südlichen Polarregionen auf dem Mars sind von kilometerdicken Eisschichten bedeckt. Ihre Ausdehnung schwankt im Takt der marsianischen Jahreszeiten. Dafür sind zwei gefrorene Substanzen verantwortlich: Wasser und Kohlendioxid.

Ähnlich wie die Erde verfügt der Mars über ausgedehnte Polkappen, sie wurden schon vor Jahrhunderten im Fernrohr entdeckt. So sichtete 1672 der niederländische Gelehrte Christiaan Huygens die südliche Eiskappe, also mehr als ein halbes Jahrhundert, nachdem erstmals astronomische Teleskope zum Einsatz kamen. Bald danach wurde auch am Marsnordpol ein heller Fleck im Okular erkannt. Doch erst 1781 vermutete der Astronom William Herschel, die Polkappen des Mars könnten den irdischen Eiskappen ähneln und eine mögliche Wasserquelle darstellen. Zudem fand er, dass die Kappen nicht exakt an den jeweiligen Polen zentriert, sondern leicht dazu versetzt angeordnet sind.

DAUERHAFTER EISBESTAND

Heute ist klar, dass beide Polkappen tatsächlich zu mindestens 90 Prozent aus Wassereis bestehen, hinzu kommt gefrorenes Kohlendioxid, sogenanntes Trockeneis; als Gas ist CO_2 die häufigste Komponente in der Marsluft. Es kann in den kalten Jahreszeiten gleichsam vom Himmel fallen, entweder als Schnee oder sich als Reif direkt am Boden niederschlagen. Denn wie die Erde durchläuft der Mars als Folge seiner zur Bahn geneigten Drehachse Jahreszeiten. Die saisonale Zu- und Abnahme der Sonneneinstrahlung bewirkt dann eine schwankende Ausdehnung der Eiskappen. Zwar

↓ **Terrassierter Nordpol**
Aus den Aufnahmen der MARS-EXPRESS-Sonde wurde diese perspektivische Ansicht erstellt. Darauf ist der terrassenförmige Aufbau der Polkappe des Marsnordpols deutlich erkennbar. Stellenweise ist das Eis über zwei Kilometer mächtig. Durch welchen Prozess es in den Eisflächen zu den spiralförmigen Einkerbungen kommt, ist noch nicht völlig geklärt. Womöglich spielen die dort vorherrschenden Windrichtungen eine entscheidende Rolle.

sind sie im jeweiligen lokalen Sommer besonders klein, aber an beiden Kappen überdauert ein permanenter Eisbestand das Marsjahr.

Auch die kleinen, sommerlichen Polkappen haben noch beträchtliche Ausmaße, so misst die nördliche Kappe rund 1100 Kilometer im Durchmesser. Sie bedeckt eine Fläche von etwa einer Million Quadratkilometern und reicht bis zum 80. Breitengrad. Damit ist sie rund ein Viertel so groß wie die Sommereiskappe am Nordpol der Erde. Die Südpolkappe ist mit 350 Kilometern im Sommer deutlich kleiner als ihr Pendant im Norden. Da der Südpol aber kälter als der Nordpol ist, verbleibt dort auch im Sommer eine mehrere Meter dicke Trockeneisschicht über dem Wassereis. Das Inventar an Eis ist in beiden Polargebieten mit je 1,6 Millionen Kubikkilometern etwa gleich groß, wie Radarmessungen aus dem Orbit belegen. Zum Vergleich: Der grönländische Eisschild umfasst rund 2,85 Millionen Kubikkilometer.

↑ **Tiefe Schlucht am Nordpol**
Am Mars-Nordpol ist die auffälligste Landschaftsform Chasma Boreale. Diese „nördliche Schlucht" erstreckt sich fast 500 Kilometer weit, an ihrer Mündung ist sie etwa 100 Kilometer breit. Stellenweise durchschneiden ihre Steilhänge bis zu zwei Kilometer tief die Eiskappe. Auf noch stärker vergrößerten Fotos können an den Hängen zahllose Schichten unterschieden werden. Sie spiegeln den jahreszeitlichen Wechsel von Eisablagerung und Staubbedeckung durch die Marsstürme wider. Die Forscher erhoffen sich von der Untersuchung dieser Schichten Aufschlüsse über die Entwicklung des Marsklimas.

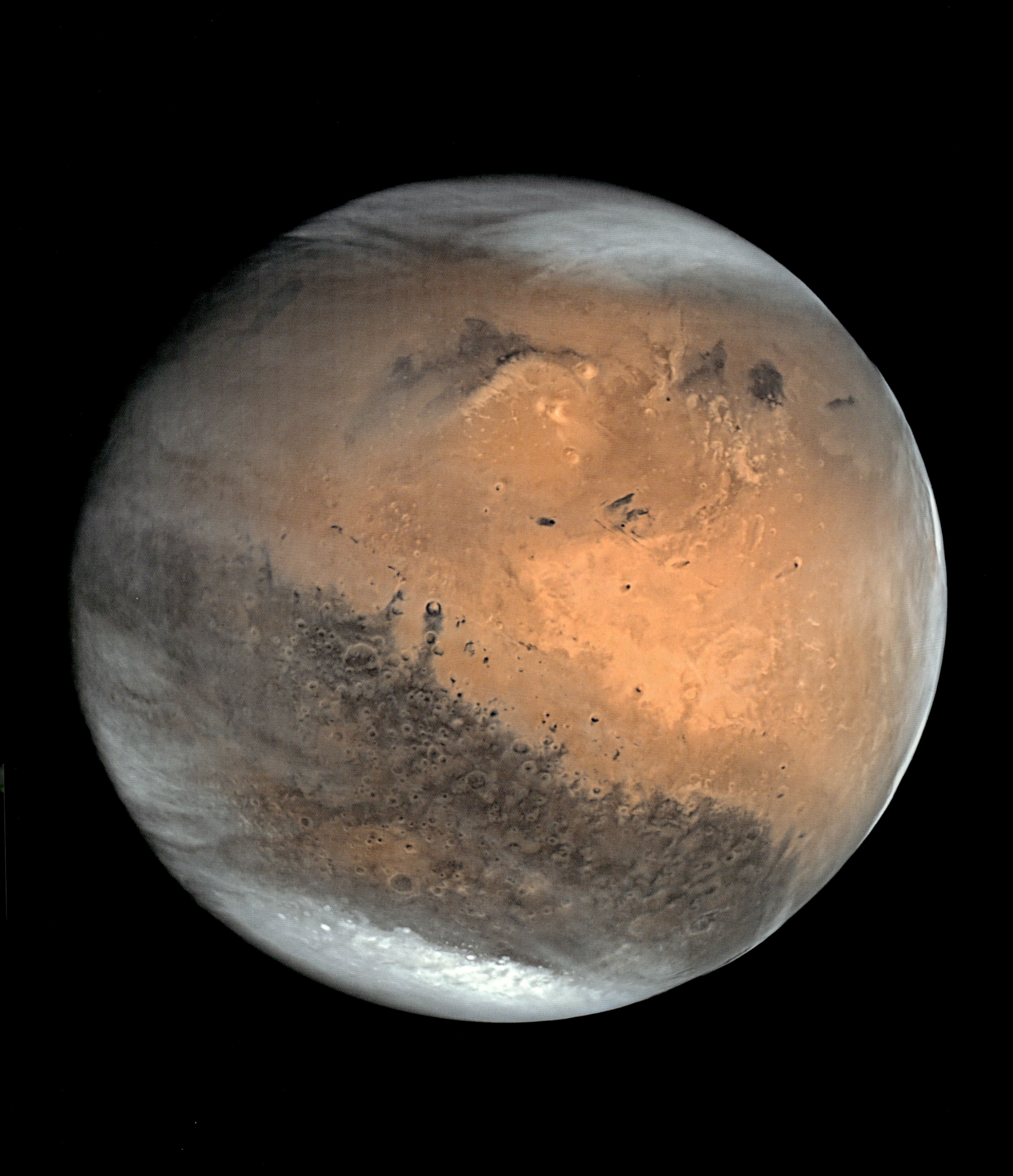

← **Rosetta am Mars**
Auf dem Weg zu ihrem Zielkometen 67P kam die europäische Sonde ROSETTA auch am Mars vorbei. So konnten die Forscher im Februar 2007 die Gelegenheit nutzen, ihre Kameras zu testen. Die Aufnahme zeigt beide Polargebiete, teils in dichte Wolken gehüllt. Um die Wolken stärker hervortreten zu lassen, wurde zu den Farbkanälen Rot, Grün und Blau auch noch etwas UV-Licht hinzuaddiert. Außerdem im Bildzentrum: Der Krater Gale, wo im August 2012 dem CURIOSITY-Rover der NASA die weiche Landung gelang. Das Foto schoss ROSETTA aus 247.000 Kilometern Distanz.

CORIOLISKRAFT AM WERK

Aus der Nähe betrachtet, fallen Unterschiede zwischen den irdischen Polargebieten und den Eiskappen des Mars auf. Dort zeigen sich steile Taleinschnitte, am Nordpol klaffen sie teils zwei Kilometer tief und übertreffen somit den Grand Canyon. Die dunklen Furchen zwischen dem hellen Wassereis gehören zu einem System von Tälern, die sich vom Zentrum wie eine Spirale nach außen winden. Radarmessungen legen nahe, dass Winderosion die treibende Kraft für die spiralförmigen Täler ist. Dieser Theorie zufolge werden sie durch den Einfluss „katabatischer Winde" gebildet. So werden hangabwärts gerichtete Strömungen kalter Luft genannt, die durch Unterschiede in der Luftdichte angetrieben werden. Sie bilden sich beispielsweise, wenn kalte und trockene Luft von höherliegenden Eisflächen zu tieferen Gebieten strömt, wo die Luft wärmer und deshalb weniger dicht ist. Auf der Erde wehen solche Fallwinde oft nachmittags unterhalb von Gletscherzungen.

Und auf dem Mars? Auf dessen Polkappen ist die katabatische Strömung vom Polzentrum nach außen gerichtet. Die Luftmassen werden dabei durch die Corioliskraft beeinflusst. Diese entsteht durch die Rotation des Planeten, bei der die Drehgeschwindigkeit jedes Punktes auf der Oberfläche vom Äquator zum Pol hin ständig abnimmt. Strömt also die langsamere Luft vom Marspol weg, so wird sie von der schnelleren Oberfläche quasi überholt und abgelenkt. Das Ergebnis ist ein spiralförmiges Muster in den atmosphärischen Strömungen. Wenn solche Winde dann mit der Marsoberfläche wechselwirken, ergibt sich das markante Spiralmuster von Tälern und Bergrücken.

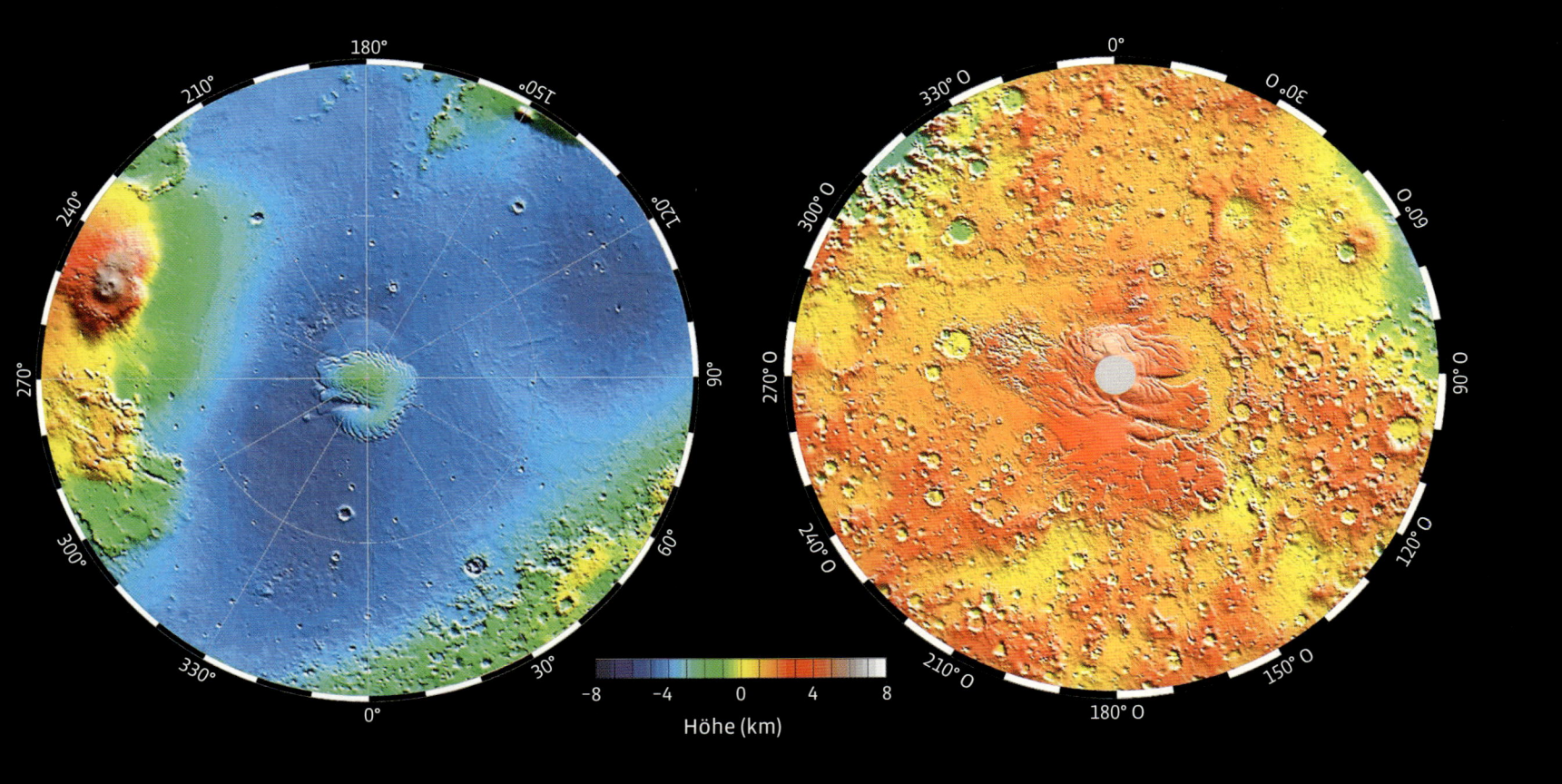

↑ **Topographie der Marspole**
Zwischen Süd- und Nordpol liegen auf dem Mars beträchtliche Höhenunterschiede. Hier sind links der Nord- und rechts der Südpol dargestellt, das jeweilige Höhenniveau ist farbcodiert. Man erkennt, dass sich der Südpol kaum über das umgebende Hochland (orange) erhebt. Er liegt aber etwa sieben Kilometer höher als die nördliche Tiefebene Vastitas Borealis (blau), aus der wiederum die Nordpolkappe zwei bis drei Kilometer herausragt. Das Volumen der beiden permanenten Eiskappen beträgt gleichermaßen je etwa 1,6 Millionen Kubikkilometer – zusammen ist das mehr als das Eisvolumen Grönlands. Die topographische Karte wurde aus Millionen von Laserreflexen berechnet, welche die NASA-Sonde MARS GLOBAL SURVEYOR gemessen hatte.

LASERBLITZE IN DER POLARNACHT

Generell ist der Mars viel kälter als die Erde – so auch die Marspole. Dort erreichen die Temperaturen negative Rekordwerte, im Winter wurden bis zu minus 153 Grad Celsius gemessen. In der jahreszeitlichen Kälte wachsen folglich die Eiskappen. Sie dehnen sich bis zum Beginn des Frühlings weit über die Polarkreise in Richtung Äquator aus – deutlich weiter als von der Erde gewohnt. Ebenso wie in der Arktis bzw. der Antarktis gibt es auch auf dem Mars die Polarnacht. Wegen des rund zweijährigen Umlaufs des Planeten um die Sonne ist die eisige Dunkelphase aber etwa doppelt so lang.

Im Prinzip können Marssonden aus der Umlaufbahn die Größe der Eiskappen gut dokumentieren. Allerdings ist die optische Vermessung nur dann möglich, wenn sich die Eis- bzw. Schneeflächen nicht im Dunkel der Polarnacht verbergen, also vor allem am Ende des Winters und im beginnenden Frühjahr. Trotzdem konnten die Details des winterlichen Wachstums ganzjährig enthüllt werden, beispielsweise in Studien aus dem Jahr 2022. Das Team um Haifeng Xiao, mittlerweile am Institut für Astrophysik in Andalusien, wertete dafür bereits lange verfügbare Messdaten neu aus. Sie stammen von der NASA-Sonde MARS GLOBAL SURVEYOR, die den Planeten bis 2006 aus der Umlaufbahn erforschte, unter anderem mit einem Laser-Höhenmesser. Indem das Instrument pro Sekunde zehn Laserblitze auf den Mars abfeuerte, entstand aus insgesamt fast 700 Millionen individuellen Laserschüssen nach und nach eine topografische Karte der Marsoberfläche. Denn aus der Laufzeit der reflektierten Blitze kann man das Höhenprofil der Oberfläche errechnen. Der große Vorteil für die Erforschung der Polkappen: Die Lasermessungen funktionierten auch in der Polarnacht.

← Galaktische Anmutung
57 Einzelbilder trugen zu diesem Mosaik des Nordpols bei, das an eine Spiralgalaxie erinnert. Die Fotos entstanden, als die MARS-EXPRESS-Sonde auf ihrem Orbit in etwa 300 bis 500 Kilometern dem Mars am nächsten war. Die Eiskappe hat einen Durchmesser von etwa 1100 Kilometern und dank des Radarinstruments der ESA-Sonde weiß man, dass sich das Wassereis bis etwa zwei Kilometer tief erstreckt. Das Eis ist von einer dünnen Schicht aus gefrorenem Kohlendioxid bedeckt. Im Sommer sublimiert sie fast vollständig, im bitterkalten Polarwinter wächst sie bis auf etwa 1,6 Meter Dicke an. Unten links ist die rund 500 Kilometer lange Schlucht Chasma Boreale zu erkennen.

MAXIMALE GRÖSSE ZUR SONNENWENDE

So konnten die Forscher den zeitlichen Verlauf der Eis- und Schneebedeckung bis fast zu beiden Polen hin ermitteln. Sie fanden – kaum überraschend –, dass auch auf dem Mars die weiße Pracht eigenwillig ist, also die Eis- und Schneemengen von Jahr zu Jahr variieren. Gleichwohl geht es um ein enormes Volumen, das in jedem Marswinter zum permanenten Bestand der jeweiligen Pole hinzukommt. Alexander Stark vom Deutschen Zentrum für Luft und Raumfahrt (DLR) war an der Untersuchung beteiligt: „Es dürften fast zehntausend Kubikkilometer vor allem an gefrorenem Kohlendioxid sein. Das entspricht mehr als zweihundert Mal dem Volumen des Bodensees." Laut Stark enthalte der frostige Zuwachs aber auch Schneeflocken und Kristalle aus Wassereis. Letztere können in der Marsluft als Kondensationskeime fungieren, um die sich wiederum CO_2-Moleküle zu Trockeneisschnee formieren.

Ein Teilresultat kam für die Marsforscher unerwartet: Die Fläche der Eiskappen ist bereits zur winterlichen Sonnenwende am größten, ihr jeweiliges Volumen aber erst sechs irdische Monate später. Womöglich kann man diese Diskrepanz damit deuten, dass Trockeneis am Rand der Polkappen bereits früher im Winter sublimiert, also vom festen in den gasförmigen Zustand wechselt, und so wieder zum Bestandteil der Marsluft wird. Im Gegenzug kondensiert außerhalb der Polkappen CO_2-Eis aus der Atmosphäre und wird dann zur saisonalen Eiskappe verfrachtet. Offenbar geschieht dies bis zum Winterende, was zu einem fortdauernden Anwachsen des Eisvolumens führt.

Der winterliche Zuwachs beträgt am Südpol 2,0 bis 2,5 Meter, am höchsten ist er über den dicken Schichten aus permanentem Trockeneis. Diese wurden im Jahr 2011 mit dem Radargerät des MARS RECONNAISSANCE ORBITER (MRO) entdeckt. Sie bilden ein beträchtliches und immer noch rätselhaftes Reservoir von CO_2-Eis. Nachfolgende Arbeiten ergaben, dass die bis zu 1500 Meter mächtigen Ablagerungen aus drei Schichten bestehen, die durch Wassereis getrennt sind. Dies könnte auf die Entstehung durch zyklische Klimavariationen hindeuten. Jüngere Untersuchungen ergaben, dass das Volumen des Trockeneises, hochgerechnet auf die gesamte Südpolkappe, etwa 16.500 Kubikkilometern entspricht und somit mehr Masse auf die Waage bringt als die gesamte Marsatmosphäre. Sollte sich dies erhärten, wäre am Südpol rechnerisch genug Kohlendioxid auf Eis gelegt, um den Luftdruck des Mars zu verdoppeln.

← Ende der Polarnacht
Die marsianische Polarnacht ist lang, doch nach 343 Tagen ist sie zu Ende. Hier erstrahlt der Marssüdpol im Licht der Frühlingssonne. In dieser Szene misst die Eiskappe noch rund 600 Kilometer, doch sie wird saisonbedingt schrumpfen, denn bei den steigenden Temperaturen wird dort der CO_2-Schnee sublimieren. Die Farbunterschiede rühren vom variierenden Staubanteil der Eislagen her. Die MARS-EXPRESS-Sonde zog zwischen 1330 und 1700 Kilometern über dem Südpoleis hinweg, als ihre Kamera am 17. Dezember 2012 das Mosaikfoto aufnahm.

HEFTIGE SCHNEESTÜRME

Auf der Nordpolkappe fällt die winterliche Eiszunahme geringer aus. Doch die 500 bis 800 Kilometer weiter südlich gelegene Polarwüste Olympia Undae konnte die Forscher überraschen: Auf den riesigen Dünen dort ist der Zuwachs bis zu vier Meter mächtig. „Verglichen mit irdischen Schneemengen, etwa in einem Alpental, ist das eine sehr beeindruckende Schneewand", findet DLR-Forscher Stark. Jede bisher auf dem Mars gelandete Sonde würde darin komplett versinken.

Eine weitere Analyse zum Marsnordpol wurde im März 2024 publik. Darin untersuchten Haifeng Xiao und seine Kollegen einen 20 Kilometer langen Steilhang auf dem 85. Breitengrad. Am Fuß des Hanges vermaßen sie die Schattenlängen der dort abgebrochenen Eisblöcke. Daraus konnten sie die Höhe der darauf abgelagerten, variierenden Eis- und Schneemengen ermitteln. Die Forscher nutzten dafür die hochauflösenden Fotos der MRO-Kamera. Es zeigte sich, dass an diesem Ort die saisonale Zunahme am Winterende bis zu 1,6 Meter erreichen kann. Allein der Schneeanteil mache dabei rund einen Meter aus, so die Autoren. Dieser Wert sei viel höher als von Modellen vorhergesagt. Lokale Stürme, die mit großen Mengen CO_2-Schnee einhergehen, seien wohl häufiger und heftiger als bislang vermutet.

Die Polarforschung auf dem Mars wird weitergehen. Denn einerseits sind die vereisten Pole ein wichtiges Puzzlestück zum Verständnis des globalen Klimasystems des Planeten. Andererseits haben Radarmessungen gezeigt, dass die Eiskappen aus vielen einzelnen Eis- und Staublagen aufgebaut sind. Dieser Wechsel dokumentiert – ähnlich wie bei den Jahresringen der Bäume – das Marsklima der vergangenen Jahrmillionen.

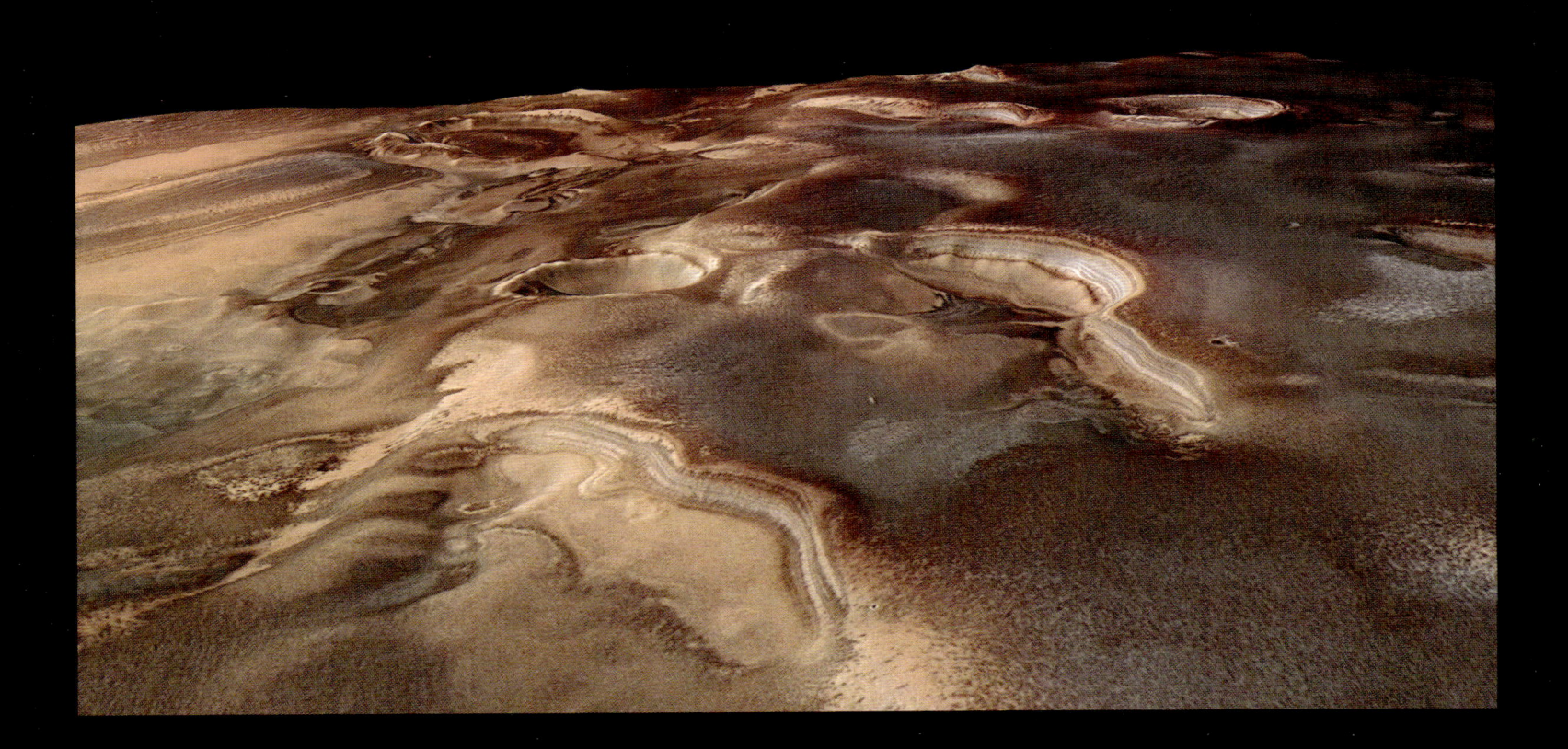

↑ Eis in Ulyxis Rupes
Ulyxis Rupes ist eine lange Geländeklippe in der südlichen Polregion, etwa auf dem 72. Breitengrad. Benannt ist sie nach einem Merkmal, das bereits der französisch-griechische Astronom E. M. Antoniadi 1930 an dieser Stelle beobachtet hatte. Die Klippe ist 390 Kilometer lang und bis zu einem Kilometer hoch, die Schichten darin deuten auf Eisablagerungen. Diese perspektivische Ansicht wurde aus dem digitalen Geländemodell berechnet, das aus den Stereokanälen der Kamera an Bord von MARS EXPRESS abgeleitet wurde. Die europäische Sonde nahm das Bild im Januar 2011 auf.

REISE ZUM MITTELPUNKT DES MARS

Wie unsere Erde besitzt der Mars eine feste Oberfläche. Doch wie ist das Innere des roten Planeten aufgebaut? Mit den Wellen von Marsbeben haben Seismologen in den roten Planeten hineingehorcht und sind auf einen geschmolzenen Metallkern gestoßen.

Es war ein Geschenk des Himmels, das pünktlich abgeliefert wurde: Am Heiligen Abend 2021 schlug in Amazonis Planitia ein Meteorit ein. Die ausgedehnte Tiefebene liegt westlich des riesigen Marsvulkans Olympus Mons, sie gehört zu den topografisch glattesten Regionen des Planeten überhaupt. Zwar ist der neugeformte Meteoritenkrater nur einer unter zahllosen weiteren. Für die Marsforscher bedeutete er jedoch ein unverhofftes Präsent. Denn der Impakt war heftig genug, um noch 3460 Kilometer entfernt Erschütterungen auszulösen. Dort stand der planetenweit einzige funktionsfähige Bebenmesser. Er war unter französischer Leitung gebaut worden und gehört zur NASA-Sonde INSIGHT, die im November 2018 auf dem Mars gelandet war.

DER EINZIGE ZEUGE

Anders als die amerikanischen Marsmobile PERSEVERANCE und CURIOSITY oder das chinesische ZHURONG ist INSIGHT ein stationäres Landegerät. Das Bodenzittern wurde mit dem halbkugelförmigen Detektor SEIS (*Seismic Experiment for Interior Structure*) registriert. Es wurde einen Monat nach der Landung vom Roboterarm der INSIGHT-Sonde direkt auf dem Marsboden platziert. Das empfindliche Instrument erspürt noch Bewegungen des Bodens, die weniger als 0,001 Millimeter ausmachen. Um messbar zu sein, können diese sehr langsam erfolgen, mit 0,001 Hertz, oder schnell mit bis zu 50 Hertz. Mit dieser hohen Bandbreite bemerkt SEIS sogar kleinere lokale Staubstürme, die soge-

↙ **Neuer Krater in Amazonis Planitia**
Am 24. Dezember 2021 registrierte das französische Seismometer SEIS ein Beben der Stärke 4 an der Landestelle der Marssonde INSIGHT. Die Erschütterungen wurden durch den Einschlag eines Meteoriten ausgelöst. Das Epizentrum dieses „Ereignisses S1094b" liegt in der Ebene Amazonis Planitia, nordwestlich des größten Vulkans auf dem Mars, dem Olympus Mons. Bilder des MARS RECONNAISSANCE ORBITERS zeigen den neuen Marskrater etwa 3500 Kilometer von INSIGHT entfernt. Er hat einen Durchmesser von 150 Metern und ist 21 Meter tief. Es war das erste Mal, dass ein Beben durch einen Meteoriteneinschlag auf einem anderen Himmelskörper aufgezeichnet wurde und der Einschlagsort damit gefunden werden konnte.

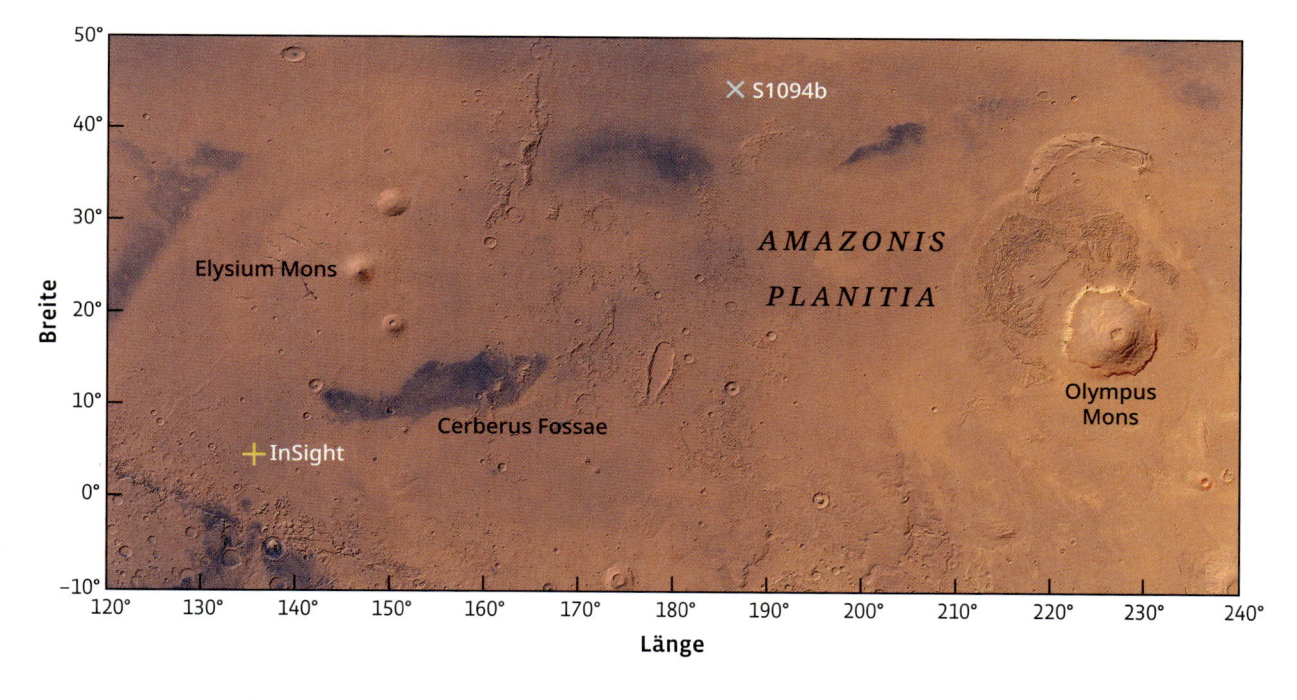

nannten dust devils. Auch die Erschütterungen größerer Erdrutsche und sogar die geringen Deformationen der Marskruste, die durch die Gezeiten des Minimondes Phobos ausgelöst werden – SEIS sollte sie bezeugen können.

Das Gleiche gilt für Meteoriteneinschläge. Dem weihnachtlichen Wackeln an der Landestelle war im September zuvor ein ähnliches Ereignis vorausgegangen, damals lag der Impakt über 7000 Kilometer von INSIGHT entfernt. Beide Einschläge entsprachen etwa Beben der Stärke 4 auf der Momenten-Magnituden-Skala. Ein zusätzlicher Punkt auf dieser logarithmischen Skala bedeutet eine Zunahme um den Faktor 31,6. Somit gehören die von den Meteoriten ausgelösten Beben zu den stärksten seismischen Events, die bisher auf dem Mars gemessen wurden.

Die Auswertung der SEIS-Messungen half, den neuen Krater in der Amazonis-Ebene zu lokalisieren und ihn mit Satelliten ins Visier zu nehmen. Dabei waren die Fotos des MARS RECONNAISSANCE ORBITER der NASA besonders aufschlussreich. Sie zeigen, dass nicht nur ein 150 Meter großer Krater gerissen, sondern dabei auch Eis ausgeworfen wurde. Es muss aus oberflächennahen Schichten stammen, da der Krater nur 21 Meter tief ist. Zwar wurde Wassereis im Umfeld frischer Impaktkrater schon zuvor beobachtet, jedoch nie auf Breiten von nur 35 Grad wie in diesem Fall. Dass relativ nah am Äquator und dicht unter der Oberfläche gefrorenes Wasser existiert, ist für künftige bemannte Marslandungen ermutigend, denn Astronauten sollen es dann als Ressource nutzen: Treibstoff, Trinkwasser und Atemluft lassen sich daraus produzieren.

← **Eis im Untergrund**
Der 150 Meter große Krater entstand erst kürzlich, nämlich am Heiligen Abend 2021. Damals schlug ein großer Meteorit in der Marsregion Amazonis Planitia ein. Am frisch ausgehobenen Kraterrand sind Brocken aus Wassereis zu sehen. Sie wurden beim Impakt aus wenigen Metern Tiefe an die Oberfläche befördert. Das Bild wurde vom MARS RECONNAISSANCE ORBITER der NASA aufgenommen.

Diagram labels

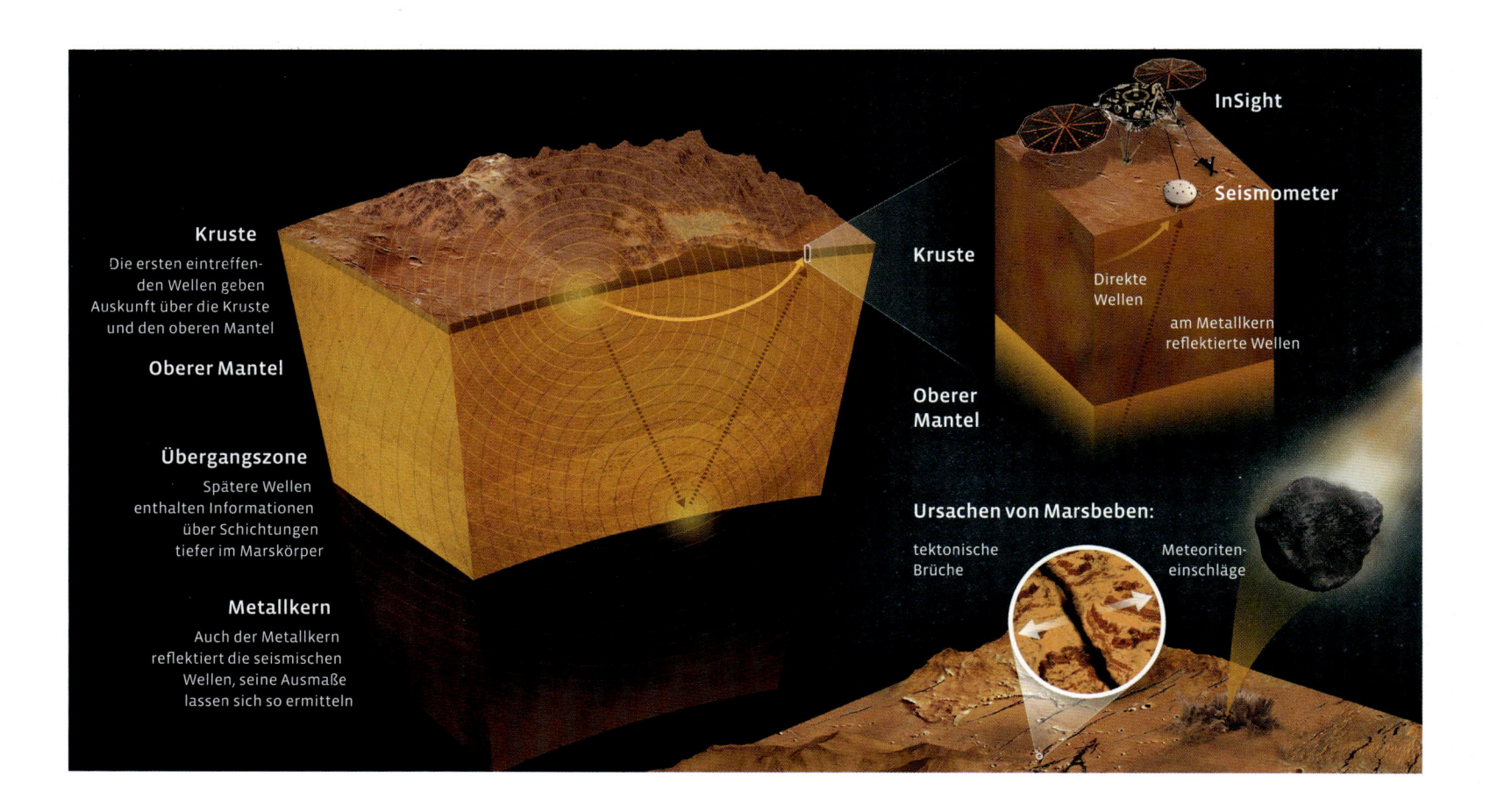

Kruste
Die ersten eintreffenden Wellen geben Auskunft über die Kruste und den oberen Mantel

Oberer Mantel

Übergangszone
Spätere Wellen enthalten Informationen über Schichtungen tiefer im Marskörper

Metallkern
Auch der Metallkern reflektiert die seismischen Wellen, seine Ausmaße lassen sich so ermitteln

InSight
Seismometer
Kruste
Direkte Wellen
am Metallkern reflektierte Wellen
Oberer Mantel

Ursachen von Marsbeben: tektonische Brüche, Meteoriteneinschläge

WELLEN DURCHLEUCHTEN DEN MARS

Die Hauptaufgabe von SEIS war es, Marsbeben aufzuspüren, und dabei waren die Forscher besonders erfolgreich. Innerhalb von zwei Jahren registrierten sie zahlreiche Ereignisse. Genau betrachtet waren es nicht die ersten seismischen Messungen auf dem Mars. Bereits im Jahr 1976 gelang der US-Sonde VIKING 2 eine weiche Landung in der nördlichen Utopia-Region, an Bord war ein technisch einfacher Bebenmesser. Wie eine neue Analyse der damaligen Messungen zeigt, zitterte damals ebenfalls der Boden an der Landestelle. Denn fast ein halbes Jahrhundert später kommt VIKING-Seismologe Andrew Lazarewicz zu dem Schluss, dass 53 und 80 Marstage nach der Landung tatsächlich zwei Beben registriert wurden. Etwas augenzwinkernd tituliert er seine Analyse als „seismische Archäologie". Immerhin kann Lazarewicz, der eigentlich in Florida seinen Ruhestand genießt, aus der Neuauswertung einen Schätzwert für die Dicke von Utopias Krustenschicht angeben.

Mit seismischen Wellen können Planetenforscher ihre Studienobjekte gleichsam durchleuchten. Das geht so: Wenn die Wellen eines Bebens den Planetenkörper durchdringen und in einer bestimmten Tiefe auf Schichtgrenzen stoßen, werden sie dort reflektiert. Das Signal dieser Grenzen wird dann in den Seismogrammen sichtbar. Die Forscher können so von der Oberfläche bis tief in die Marskugel vordringen – eine Reise zum Mittelpunkt des Mars.

Ebenso wie auf der Erde treffen nach einem Marsbeben zuerst die **p**rimären **P**-Wellen ein. Danach werden die sekundären **S**-Wellen registriert. Grund dafür ist die höhere Geschwindigkeit der P-Wellen. Sie schwingen wie Schallwellen in Richtung der Ausbreitung und können im Prinzip den gesamten planetaren Körper durchlaufen – auch geschmolzenes Material wie in einem flüssigen Metallkern. S-Wellen schwingen hingegen senkrecht zu ihrer Ausbreitungsrichtung und können keine Flüssigkeiten durchdringen, sie werden an einem solchen Kern reflektiert. Aus dem Laufzeitunterschied zwischen P- und S-Wellen kann man die Entfernung zum Bebenherd berechnen. Ein Unterschied von 170 Sekunden entspricht etwa 1500 Kilometern. Diese beiden Wellentypen sind übrigens Raumwellen – im Unterschied dazu kennt man die sogenannten Oberflächenwellen, die sich entlang der Planetenoberfläche ausbreiten und die in der Tiefe abnehmen. Auch dieser Typ wurde auf dem Mars beobachtet.

↑ **INSIGHT bei der Arbeit**
Seismologen entschlüsseln mithilfe von Marsbeben den inneren Aufbau des Planeten. Deren seismische Signale verändern sich, wenn sie im Innern des Planeten verschiedene Materialien durchlaufen. So können die Forscher den Untergrund quasi durchleuchten. Die Grafik zeigt, wie die INSIGHT-Sonde die Eigenschaften von Kruste, Mantel und Metallkern des Mars enthüllt. Die meisten Beben werden im Inneren des Planeten ausgelöst, wenn durch Hitze und Druck Gestein bricht. Eine andere Quelle sind Meteorite, die auf die Oberfläche treffen. Oben rechts ist ein Porträt von INSIGHT bei der Arbeit dargestellt.

SIGNALE AUS DEM UNTERGRUND

Über 1300-mal hat SEIS das Erzittern des Untergrundes durch Marsbeben gemessen. Die allermeisten Beben waren eher schwach, Astronauten würden sie wohl nur bemerken, wenn sie sich im Umkreis weniger Kilometer um das Epizentrum aufhalten. Das ist der Punkt auf der Oberfläche, der direkt über dem Bebenherd liegt. Für die Experten waren die Bebenmessungen jedoch eine wissenschaftliche Fundgrube. Im Sommer 2021 schilderten sie in der Fachpresse ihre ersten Schlussfolgerungen. Die Studien behandeln die äußere Kruste, den Mantel und den metallischen Kern – denn ähnlich wie die Erde ist der Mars schalenartig aufgebaut. Laut den Auswertungen des Teams um Brigitte Knapmeyer-Endrun von der Universität Köln und Mark Panning vom Jet Propulsion Laboratory stehen INSIGHTS drei tellerförmige Landefüße auf knapp 40 Kilometer dickem Krustengestein. „Was wir messen können, sind Unterschiede in der Geschwindigkeit der seismischen Wellen in jeweils unterschiedlichen Materialien", so Knapmeyer-Endrun. Anhand dieser Geschwindigkeitssprünge lässt sich die Krustenstruktur ermitteln.

An der Landestelle ist die oberste Krustenschicht etwa acht Kilometer dick. Darunter reicht eine weitere Schicht bis in etwa 20 Kilometer Tiefe, dann folgt als letztes eine dritte Schicht. Die Grenze zum Marsmantel liegt schließlich 39 Kilometer tief. Dieser Wert passt zu den bisherigen Abschätzungen. Das Signal der untersten Krustenschicht war mit den ersten Daten aus dem Jahr 2021 noch nicht klar einzuordnen, habe sich aber inzwischen als robust erwiesen, so Knapmeyer-Endrun. Zum Vergleich: Unterhalb von Köln reicht die Erdkruste rund 30 Kilometer tief. Höhere Werte kennt man von der irdischen kontinentalen Kruste typischerweise unter Gebirgen, für die nördlichen Alpen wurden zum Beispiel 40 Kilometer ermittelt.

Zudem könne man ausschließen, dass die gesamte Kruste am Landeplatz aus dem gleichen Material besteht, das man von den Meteoriten vom Mars kenne. Die Daten belegen, dass die obersten Schichten unerwartet porös sind, so die Forscherin. Womöglich sei dies eine Folge des intensiven Bombardements durch Meteoriteneinschläge, die den Planeten immer wieder heimsuchten, wie es die vielen Krater belegen.

↓ **Das Super-Beben**
Dieses Spektrogramm zeigt das größte je auf einem anderen Planeten gemessene Beben. Aufgezeichnet wurde es vom SEIS-Instrument an Bord der NASA-Sonde INSIGHT am 4. Mai 2022, dem 1222. Marstag nach der Landung. Das Beben hatte eine Stärke von 4,7.

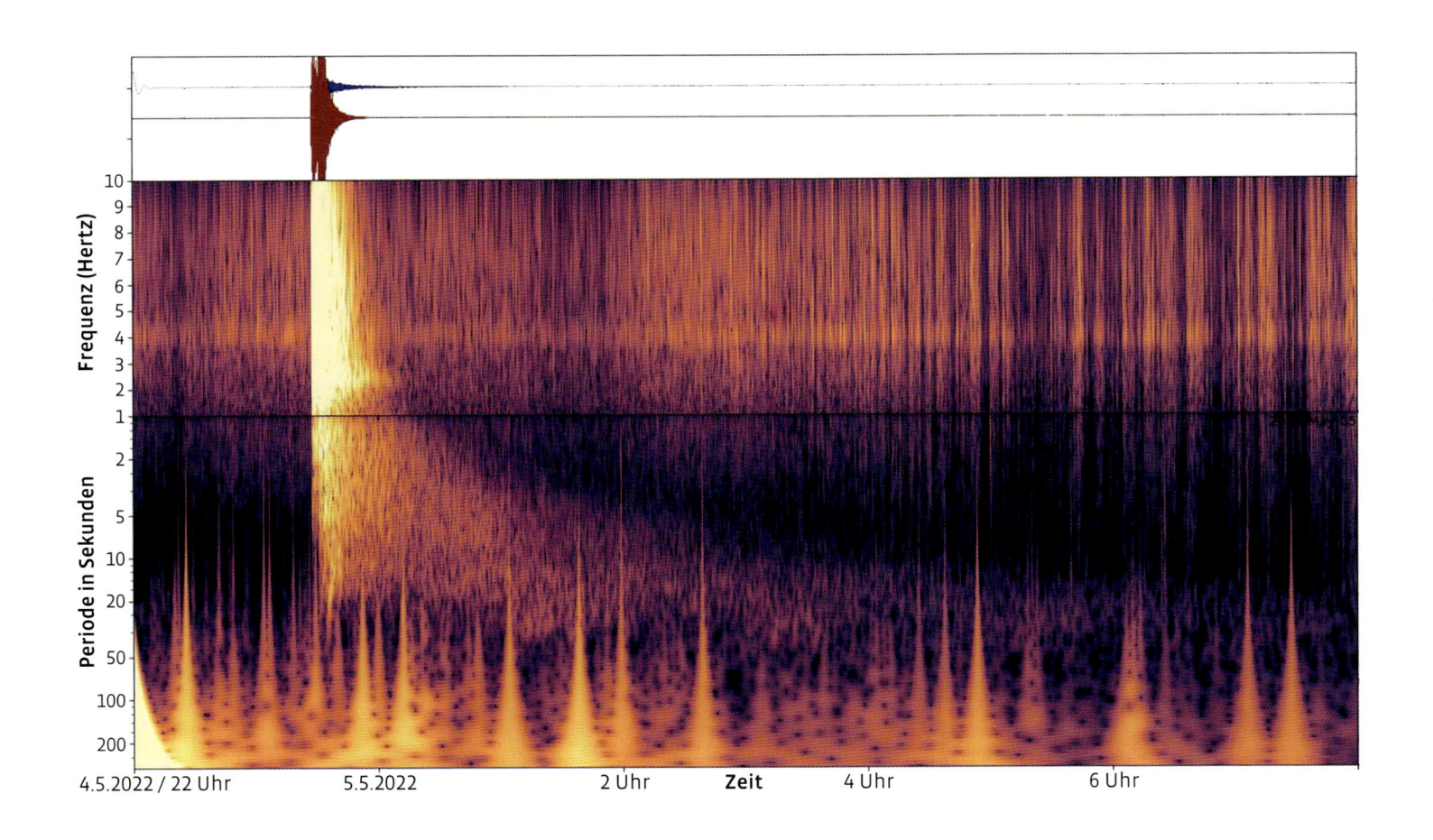

→ **SEIS-Instrument vor Installierung**
Die Aufnahme der am Roboterarm der INSIGHT-Sonde montierten Kamera zeigt im Hintergrund die weite Ebene Elysium Planitia und vorne die Instrumente der Sonde. Die kupferfarbene, sechseckige Abdeckung schützt das darunter liegende Seismometer SEIS. Die graue Kuppel dahinter ist der Windschutz, der später über SEIS angebracht wurde. Links ist ein schwarzes zylindrisches Instrument zu sehen, die HP3-Sonde, mit der der Wärmefluss des Planeten gemessen werden sollte. Rechts ist ein Teil eines der beiden Solarpaneele zu erkennen, die die Sonde mit Strom versorgen. Oben im Bild sieht man den Roboterarm. Das Bild entstand am 4. Dezember 2018, also Sol 8, dem achten Marstag nach der Landung.

DIVERSE MARSKRUSTE

Diese drei Krustenschichten beschreiben die Verhältnisse am Landeplatz. Doch offenbar ist die Marskruste recht unterschiedlich. Das ergibt die Auswertung des heftigsten Bebens überhaupt, das sich am 4. Mai 2022 ereignete und eine Stärke von 4,7 erreichte. Sein Epizentrum lag 2200 Kilometer von INSIGHT entfernt, nördlich des rund fünf Kilometer hohen uralten Vulkans Apollinaris Mons. Das ist eine eher unauffällige Gegend, wo bisher keine jüngeren tektonischen Geländemerkmale aufgespürt wurden. Wahrscheinlich lag der Bebenherd nicht sehr tief, denn die Oberflächenwellen des Rekordbebens liefen mehrfach um den ganzen Planeten herum. Auch daraus lässt sich ablesen, dass die Dicke der marsianischen Kruste zwischen Nord- und Südhalbkugel verschieden ist, wobei die südliche Kruste die dickere von beiden ist. Laut Knapmeyer-Endrun ist im globalen Mittel die marsianische Kruste dicker als bei Erde und Mond.

Auf der Reise zum Zentrum des Mars folgt als mittleres Stockwerk ebenso wie auf der Erde die Mantelzone. Dort steigt mit zunehmender Tiefe der Druck, das folgt aus der wachsenden Last des darüber liegenden Gesteins. Im Erdmantel ist das Gesteinsmaterial nicht starr, sondern plastisch verformbar und somit zu Bewegungen fähig – obwohl es weitgehend fest ist. Bei dieser Konvektion steigt heißes Material wegen seiner geringeren Dichte auf, während etwas kühleres Gestein

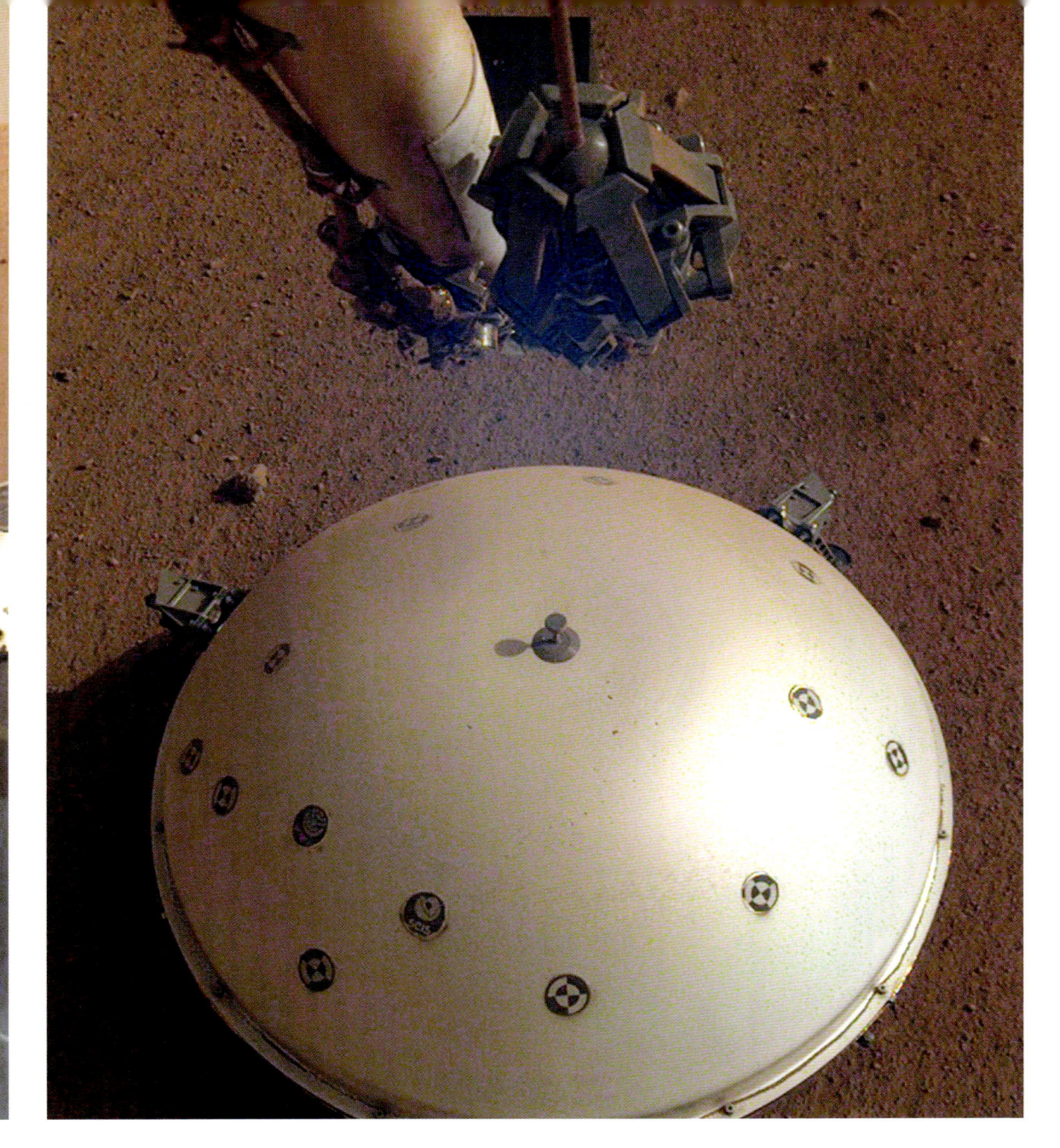

← **Gut geschützt vor Wind und Wärme**
Die kuppelförmige Haube schützt das Seismometer SEIS vor Wind- und Wäremeeinflüssen. Das Bild wurde am 110. Marstag der Mission aufgenommen.

↓ **Unruheprovinz in Elysium**
Ergebnisse des Mars-Seismometers: Mithilfe von Modellen zur Ausbreitung seismischer Wellen im Untergrund des Mars konnte die wahrscheinliche Quelle von zwei größeren Beben (s0235b und s0173a) lokalisiert werden. Von einem weiteren Beben, s0183a, das weniger deutliche Signale erzeugte, mit etwas geringerer Genauigkeit. Die Beben ereigneten sich in der Region Cerberus Fossae, einem geologisch jungen Vulkangebiet etwa 1700 Kilometer östlich des INSIGHT-Landeplatzes. Die farbkodierte Karte basiert auf Laser-Höhenmessungen, die von der NASA-Raumsonde MARS GLOBAL SURVEYOR durchgeführt wurden. Sie zeigt Höhenunterschiede von etwa minus 3000 Metern (blaugrün) bis plus 7000 Metern (Gipfel des Elysium Mons, oben links).

als Folge der höheren Dichte absinkt. Solche Strömungen sind allerdings langsam, sie erreichen lediglich das „Tempo", mit dem Fingernägel wachsen, also wenige Zentimeter im Jahr.

Ab einer Tiefe von 660 Kilometern herrschen im irdischen Mantel die nötigen Bedingungen für die Bildung des Minerals Bridgmanit. Es bildet sich bei Drücken von über 240.000 bar und rund 1800 Grad Celsius, an der Erdoberfläche kommt es ausschließlich in Meteoriten vor. Das Mineral besteht aus Magnesium, Silizium und Sauerstoff. Der Übergang zum Bridgmanit bildet eine Zone, wo der auf- und abwärtsgerichtete Transport gebremst wird, dort ist die Konvektion von Mantelgestein also verlangsamt.

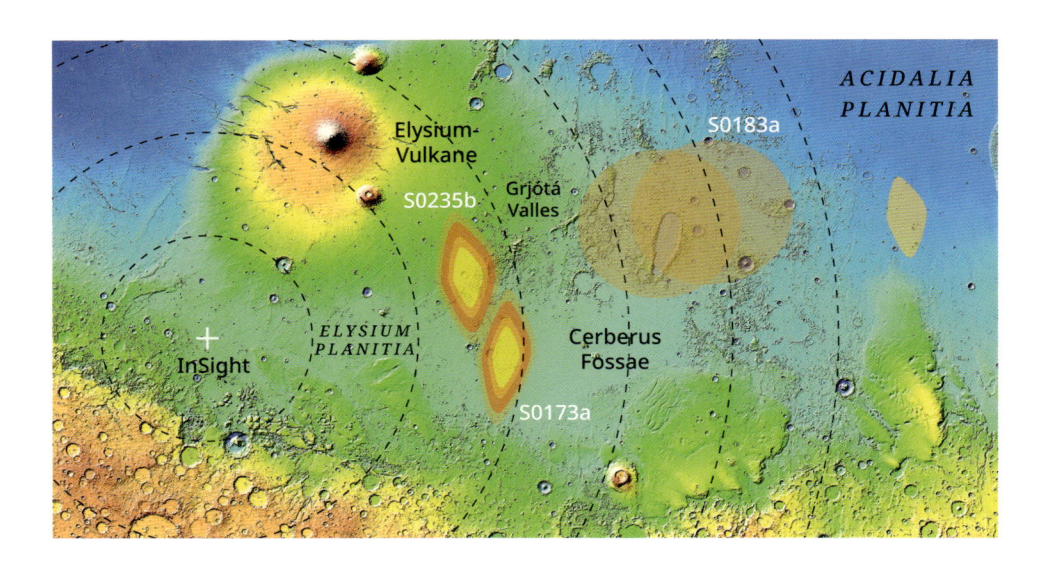

RELIKT EINES STEINERNEN MEERES

Die Bebenmessungen zeigen nun, dass auf dem Mars erst im Eisenkern vergleichbare Druckwerte erreicht werden. Somit existiert keine „Bridgmanit-Bremse", was den Planeten wohl schneller abkühlen ließ. Offenbar ist der Marsmantel in puncto seiner Mineralien simpler als der Erdmantel. Ähnlich wie der obere Erdmantel ist der gesamte Mantel des Mars von dem eisenhaltigen Mineral Olivin dominiert. Der obere, eher starre Teil des Marsmantels, seine Lithosphäre, reicht bis in eine Tiefe von 400 bis 600 Kilometern. Das ist doppelt so tief wie auf der Erde und hat womöglich gravierende Folgen: „Die dicke Lithosphäre passt gut zum Modell vom Mars als One-Plate-Planet", so Amir Khan von der Eidgenössischen Technischen Hochschule (ETH) in Zürich.

Der Fachausdruck besagt, dass es auf dem Mars nur eine einzige global umfassende Kontinentalplatte gibt – ebenso wie bei unserem andern Nachbarplaneten, der Venus. Hingegen vollführen auf der Erde mehrere große kontinentale Platten Driftbewegungen, angetrieben durch die Umwälzungen im plastisch verformbaren Gestein des Erdmantels. Die meisten Forscher gehen davon aus, dass dem Mars eine solche Plattentektonik fremd ist. Etwas weniger eindeutig sieht es der Geologe An Yin von der University of California. Demnach könnte der Mars eine primitive Frühform von Plattentektonik durchgemacht haben, die einst zur Aufwölbung der vulkanischen Tharsis-Region und der Bildung des gewaltigen Canyonsystems Valles Marineris führte. Allerdings wären diese Prozesse im Ansatz stecken geblieben und hätten nie ein globales Niveau wie auf der Erde erreicht, so der Forscher aus Los Angeles. Bei uns driften die Kontinentalplatten bereits seit etwa drei Milliarden Jahren.

Nur ein knappes Dutzend an Beben war geeignet, um aus ihren Messkurven die schwachen „Echos" herauszulesen, die durch Reflexionen der seismischen Wellen am Metallkern des Planeten entstehen. Sie stammen aus 24 bis 30 Kilometern Tiefe und treffen typischerweise 550 Sekunden nach den ersten Wellen ein, die den direkten Weg zur Landestelle genommen haben. Den im Herbst 2023 aktualisierten Analysen zufolge hat der Kern einen Radius von 1675 Kilometern. Dieser verbesserte Wert berücksichtigt zusätzlich den Meteoriteneinschlag vom September 2021. Denn dieser Impakt geschah von INSIGHT aus gesehen auf der entgegengesetzten Halbkugel des Mars. Seine seismischen Wellen, die bis zur Landestelle vorgedrungen waren, hatten auch den Metallkern durchquert. Und deren Auswertung offenbarte eine Überraschung: Ganz unten im Marsmantel, also direkt über dem flüssigen Eisenkern, existiert eine Schicht aus geschmolzenem Fels, die sogenannte Basalschicht. Sie ist etwa 150 Kilometer mächtig.

Geschmolzener Fels in direktem Kontakt mit flüssigem Eisen „erscheint eigentümlich", wunderte sich ETH-Forscher Khan. Und tatsächlich ist eine solche Zone aus flüssigem Gestein von der Erde unbekannt. Womöglich ist sie ein Relikt aus Urzeiten, als der junge Mars mit einem Ozean aus Magma bedeckt war. Als dieser sich abkühlte und verfestigte, könnte an der Basis des Mantels ein Überbleibsel des steinernen Meeres verblieben sein. Bis zum heutigen Tag würde die Zerfallswärme radioaktiver Elemente dort den geschmolzenen Zustand aufrechterhalten, so die Idee.

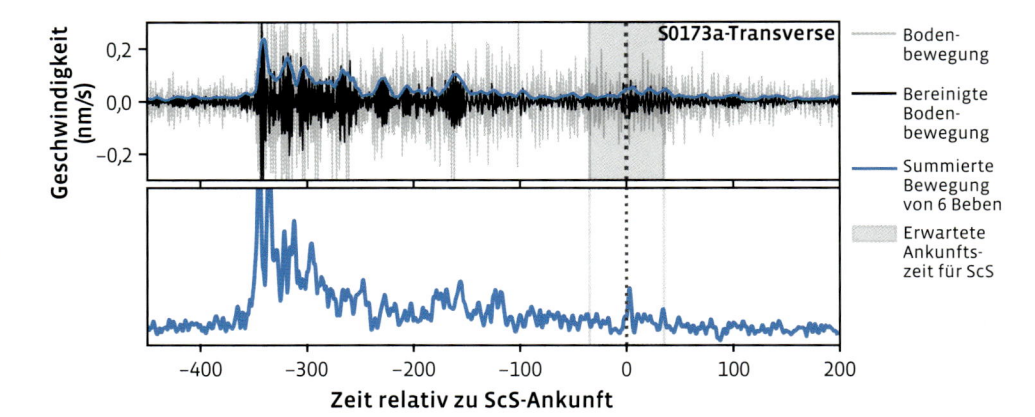

↑ **Dem Marskern auf der Spur**
Die Messkurve oben zeigt das Marsbeben mit der Kennung S0173a vom 23. Mai 2019. Es stammte aus der Region Cerberus Fossae, seine Wellen fanden den Weg zur INSIGHT-Sonde auf direktem Weg und zusätzlich durch Reflexion am flüssigen Metallkern. Unten sieht man die gemeinsame Amplitudenkurve von sechs Marsbeben, die das Signal der am flüssigen Metallkern reflektierten S-Wellen (ScS) besonders hervorhebt.

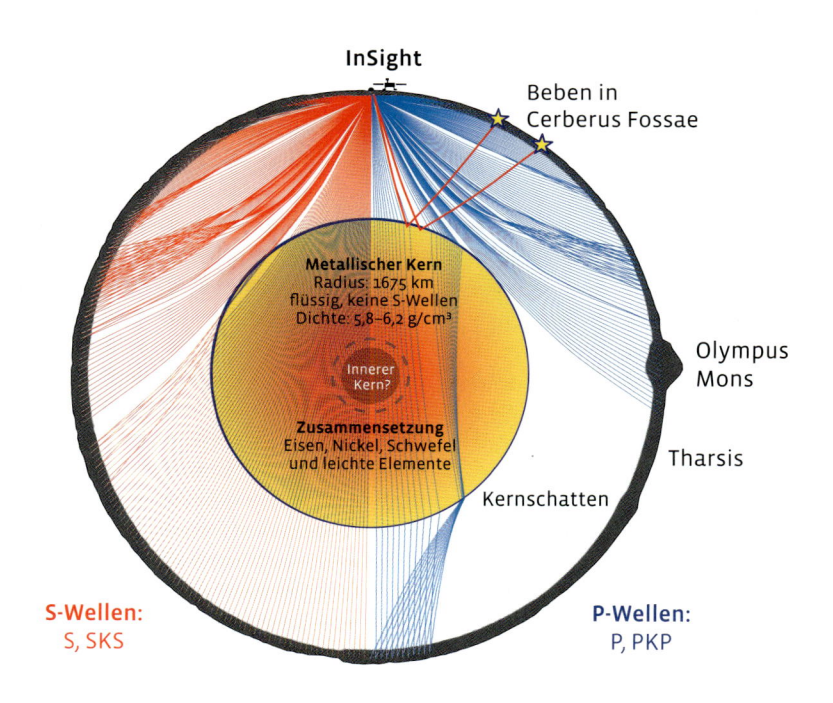

↑ **Unsichtbar im Kernschatten**
Schnitt durch den Roten Planeten: Der Marsvulkan Olympus Mons ist für den Bebenmesser der INSIGHT-Sonde sichtbar. Beben, die sich dort ereignen würden, könnten also prinzipiell gemessen werden. Weite Teile der Tharsis-Vulkanprovinz liegen jedoch quasi unsichtbar im Schatten des großen Marskerns. P-Wellen sind hier blau, S-Wellen rot dargestellt.

UNSICHTBAR IN DER SCHATTENZONE

Die Größe des Marskerns haben die INSIGHT-Forscher mit einer unabhängigen Methode überprüft. Diese nutzt keine Marsbeben, sondern die Eigenschaft der Rotation des Marskörpers. Bei diesem RISE-Experiment *(Rotation and Interior Structure Experiment)* setzte man auf Funkwellen, die immer wieder von den Antennen des Deep Space Network der NASA zur INSIGHT-Sonde und von dort postwendend zur Erde zurück gefunkt wurden. Aus den winzigen Frequenzänderungen der Wellen, die aus dem Dopplereffekt resultieren, konnten die Experten die Ausmaße des Marskerns ableiten. Im Sommer 2023 berichtete das Forscherteam um Sébastien Le Maistre von der Königlich Belgischen Sternwarte die Ergebnisse. Ihre Auswertungen betreffen die ersten 900 Marstage der Mission. Für den Fall eines komplett festen Mantels kamen die Forscher auf einen Kernradius von 1835 Kilometer. Le Maistre: „Marsmodelle mit einer geschmolzenen Basalschicht und einem kleineren Kern, wie sie vorgeschlagen wurden, stimmen ebenfalls gut mit den Beobachtungen überein." Die Voraussetzung: Die flüssige Mantelschicht über dem Eisenkern müsse zusammen mit dem flüssigen Metallkern rotieren.

Dank INSIGHT wurde also ein flüssiger Metallkern tief im Innern des Mars aufgespürt, er nimmt fast 50 Prozent des gesamten Planetenradius ein. Doch wie ist der Mittelpunkt beschaffen? Hat Mars dort einen kleineren, festen Metallkern, ebenso wie die Erde? Das konnte das RISE-Team nicht aus ihren Daten lesen. Bereits die Mars-Seismologen hatten einen solchen festen Metallkern im Zentrum für unwahrscheinlich erachtet.

Der im Vergleich zum Erdmond große Metallkern des Mars hat einerseits dessen Entdeckung erleichtert, andererseits erzeugt er aber eine große „Schattenzone", aus der Bebenwellen nicht zur INSIGHT-Landestelle vordringen konnten. Leider gehören dazu auch weite Teile der Vulkanregion Tharsis. Marsbeben, die dort stattfanden, waren für SEIS weitgehend unsichtbar, was zu einer Unterschätzung der globalen Bebenaktivität des Planeten führen könnte. Gleichwohl spricht alles dafür, dass auf dem Mars die seismische Aktivität auf wenige Zentren beschränkt ist, erklärt Martin Knapmeyer vom Deutschen Zentrum für Luft- und Raumfahrt in Köln. Anders auf der Erde: Hier häuft sich die Aktivität zwar entlang der Plattengrenzen, fällt aber insgesamt viel weiträumiger aus.

↓ **Die Innenansicht des Mars**
Ähnlich wie die Erde ist der Mars schalenförmig aufgebaut. Unter der äußeren Kruste liegt eine ausgedehnte Mantelzone und in der Mitte ein eisenhaltiger Kern. Anders als im Erdinnern, wo der Eisenkern im Zentrum wieder fest ist, ist der Marskern wahrscheinlich komplett geschmolzen. Die Informationen zum inneren Aufbau beider Planeten stammen aus der Analyse von Bebenwellen.

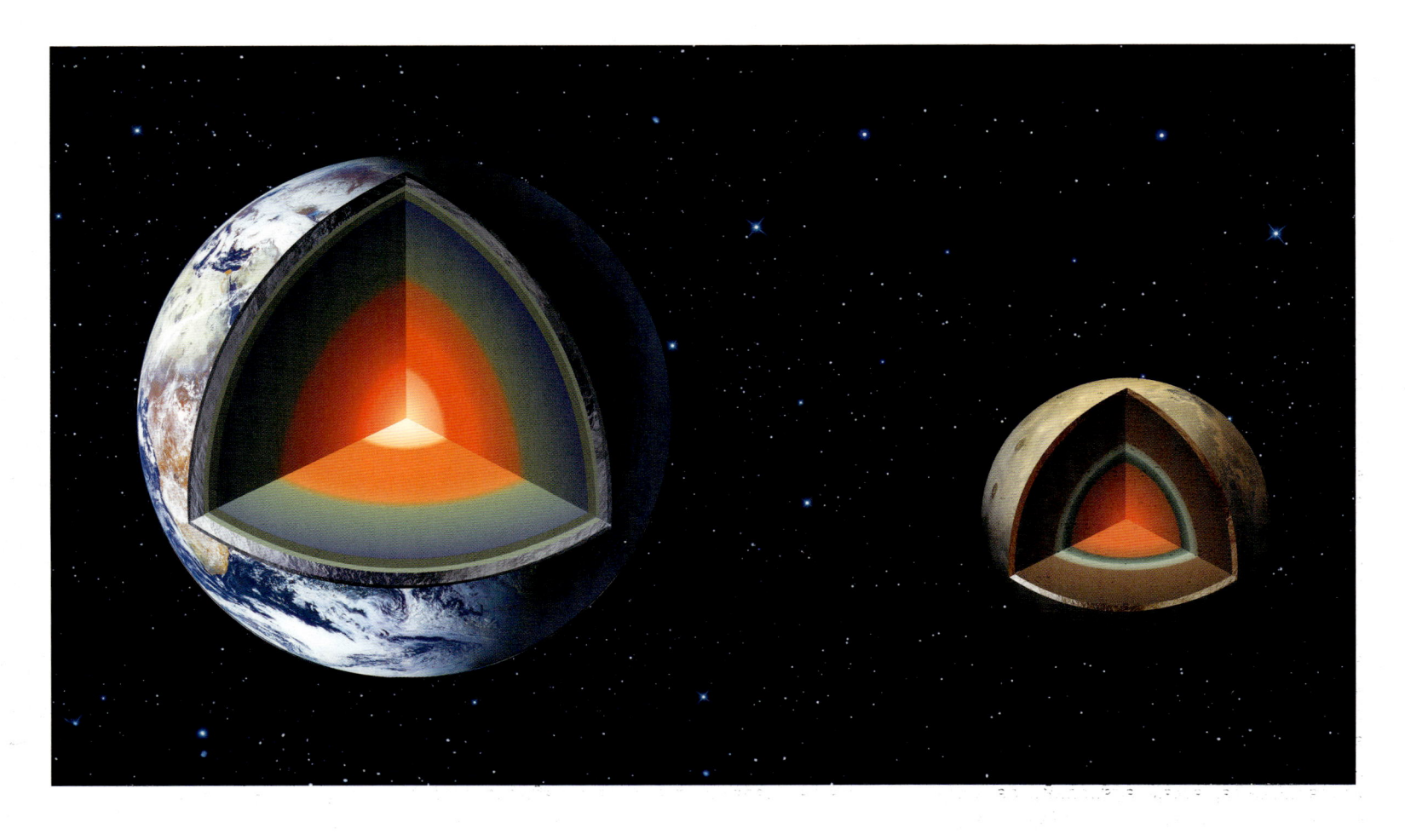

BEBEN WIE IN DER EIFEL

Eines dieser Zentren ist die vulkanische Provinz in der Elysium-Tiefebene, die rund 1700 Kilometer östlich der Landestelle von INSIGHT liegt. Einer Analyse des Teams um ETH-Forscher Simon Stähler zufolge liegen die Bebenherde dort oft in den Cerberus Fossae. In dieser Unruhezone öffnet sich der Boden in parallelen, über tausend Kilometer langen Brüchen. Die Cerberus-Beben haben relativ niedrige Frequenzen, was darauf hindeutet, dass sie in eher weichem, potenziell warmem Gestein ablaufen. Sie ähneln somit den Erdbeben, die in der Eifel gemessen werden.

Zudem liegen die Epizentren dieser Marsbeben bei einer frischen Spalte, um die herum auf Satellitenfotos Ablagerungen von Asche entdeckt worden waren. Stähler: „Der dunkle Farbton dieser Asche weist auf neuere vulkanische Aktivität hin, die womöglich erst vor 50.000 Jahren aufgetreten ist." Geologisch gesehen sei dies extrem jung. Auch zeitlich ist die vermutetete vulkanische Aktivität in Cerberus Fossae in etwa vergleichbar mit dem bislang letzten großen Eifel-Ausbruch. Der schuf vor nur 13.000 Jahren den Laacher See. Die Untersuchung seiner Beben liefert somit Indizien, dass der Mars immer noch vulkanisch aktiv sein könnte.

↑ **Die Gräben des Höllenhundes**
Die Kamera der europäischen Marssonde hat hier die Cerberus Fossae aufgenommen. Die nach einem mythischen Höllenhund benannten Risse durchziehen die Ebene Elysium – dort sind auch kilometerhohe Marsvulkane beheimatet.

→ **Zerrissene Landschaft**
MARS EXPRESS kann auch Stereo-Bilder schießen, auf denen die Topographie der Marslandschaften besonders hervortritt. Hier wurde ein Riss der Cerberus Fossae fotografiert. Die parallelen Risse erstrecken sich fast 1000 Kilometer lang in der Elysium-Ebene.

↑ **Explosion in Cerberus Fossae**
Sind in diesem Bild Belege für die bislang jüngste vulkanische Aktivität auf dem Mars zu erkennen? Einer Analyse aus dem Jahr 2021 zufolge soll es in der Region Cerberus Fossae in geologisch jüngster Vergangenheit zu Ausbrüchen gekommen sein. Dieses Foto des MARS RECONNAISSANCE ORBITER zeigt ein bis dato unbekanntes dunkles Gelände. Den Autoren der Studie zufolge habe ein explosiver Ausbruch die etwa 15 Kilometer lange Ablagerung entlang der Bodenspalte erzeugt, und zwar quasi in letzter Sekunde. Denn wenn man die geologische Geschichte des Mars auf einen Tag komprimiert, entspricht das ermittelte Alter von etwa 53.000 Jahren dem Wimpernschlag einer Sekunde. Rechts der ebenfalls junge 10-Kilometer-Krater Zunil.

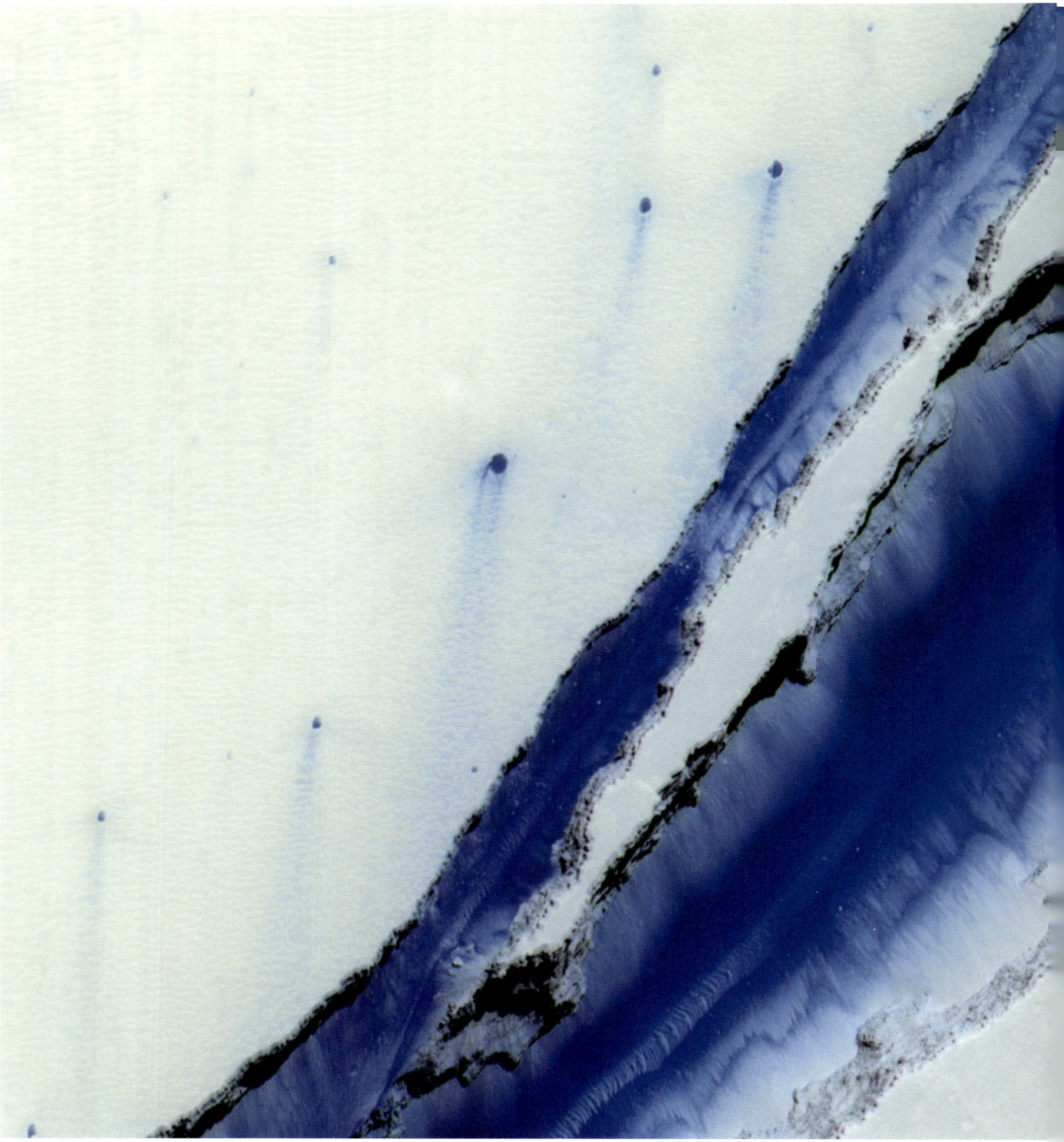

← **Cerberus Fossae in Falschfarben**

Die parallelen Cerberus-Gräben sind wahrscheinlich durch tektonische Prozesse entstanden. Die vulkanische Elysium-Region ist dort über lange Strecken aufgerissen. Hier blickt die Kamera direkt hinab in einen dieser zwei Kilometer breiten Risse. Der Boden liegt einige hundert Meter tiefer und ist mit grobkörnigem Sand gefüllt – wahrscheinlich Basalt. Dieser erscheint auf dem Bild blau. Die benachbarten vulkanischen Ebenen sind von kleinen Einschlagskratern durchbrochen, die möglicherweise das gleiche basaltische Material freilegen, das man auch in den Cerberus Fossae sieht. Das Bild wurde am 14. April 2021 von der CaSSIS-Kamera auf dem EXOMARS-Orbiter aufgenommen.

DIE UNTOTEN MARS-TRABANTEN

Mars wird von zwei Minimonden begleitet. Phobos, der innere der beiden, kreist auf einer instabilen Bahn und nähert sich dabei dem Mars. Der noch kleinere Deimos entfernt sich hingegen langsam von seinem Heimatplaneten. Handelt es sich um eingefangene Asteroiden?

Auf dem Marsmond Phobos fallen seltsame Kraternamen auf. Sie heißen Limtoc, Clustril, Drunlo oder Flimnap. Gulliver, der Name eines mit fast sechs Kilometern größeren Exemplars, klingt hingegen vertrauter. Und er gibt einen Hinweis auf die seltsame Nomenklatur: Die Namen stammen von Bewohnern des fiktiven Zwergenlandes Liliput, wohin es den Helden in *Gullivers Reisen* verschlagen hat. Doch was hat die Astronomen bewogen, sich bei der Story von Jonathan Swift aus dem frühen 18. Jahrhundert zu bedienen?

Es geht um ein seltsames Rätsel: Der irische Autor schrieb, dass Sternkundige auf der Insel Laputa zwei kleine Monde entdeckt hätten, die den Mars auf engen Bahnen umwandern. Die Orbits und Umlaufzeiten der fiktiven Trabanten ähneln denjenigen der tatsächlichen Marsmonde. Diese wurden allerdings erst anderthalb Jahrhunderte später entdeckt, 1877 vom US-Astronomen Asaph Hall. War Swift hellsichtig, wie der französische Astronom Camille Flammarion im 19. Jahrhundert andeutete? Denn wie konnte der Schriftsteller, zumal als astronomischer Laie, solch detaillierte Angaben machen?

ANDERS ALS DER ERDMOND

Hall benannte die Marsmonde nach den Söhnen des Ares, dem griechischen Pendant des römischen Kriegsgottes Mars: Phobos und Deimos, zu deutsch Furcht und Schrecken. Seitdem sind 150 Jahre vergangen. Man weiß heute, dass die beiden Trabanten tatsächlich zwergenhaft sind: Der größte Durchmesser von Phobos beträgt kaum 26 Kilometer, bei Deimos sind es nur 16 Kilometer. Ähnlich wie viele Kleinplaneten sind beide nicht kugel-, sondern kartoffelförmig. Für eine Kugelgestalt wie beim Erdmond (mittlerer Durchmesser: 3475 Kilometer) sind sie viel zu winzig. Auch die Umlaufbahnen wurden genau vermessen. Dabei fällt besonders die extrem kurze Umlaufdauer von Phobos auf, er umkreist Mars in nur 7 Stunden, 39 Minuten und 12 Sekunden. Phobos ist der einzige Mond im Sonnensystem, der seinen Planeten schneller umkreist als dieser um die eigene Achse rotiert. Deimos hingegen lässt sich mehr Zeit. Er zieht weiter außen auf einem größeren Kreis und braucht etwas mehr als 30 Stunden, um diesen zu vollenden. Swift hatte übrigens für Phobos 10 und für Deimos 21,5 Stunden angegeben.

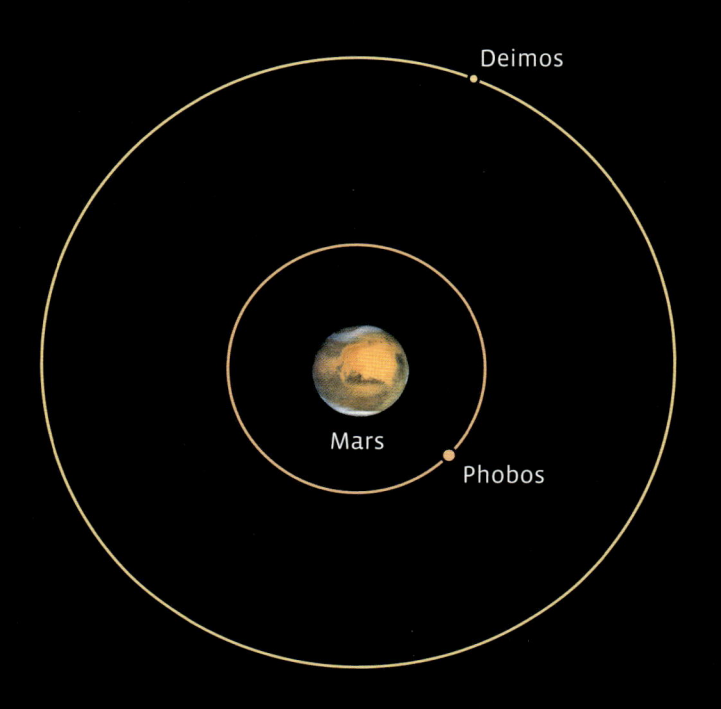

Von der Region nahe des Marsäquators aus betrachtet, erscheint der vollständig beleuchtete Phobos etwa ein Drittel so groß wie der irdische Vollmond. Wegen seiner engen Umlaufbahn würde er von höheren Breiten aus anvisiert noch kleiner wirken. Immerhin reicht es für eine Art ringförmige Sonnenfinsternis, wenn Phobos vor die Sonnenscheibe tritt. An den beiden Marspolen ist er hingegen im-

↑ **Das System des Mars**
Die beiden Minimonde des Mars umrunden ihren Heimatplaneten auf sehr engen Bahnen: Phobos, der innere und größere der beiden, kreist nur rund 6000 Kilometern über den Landschaften der Marsoberfläche. Von dort bis zum kleinen Deimos sind es immerhin 20.000 Kilometer, doch beide Strecken sind sehr gering, verglichen mit der Distanz Erde-Mond, die im Mittel bei 384.400 Kilometern liegt.

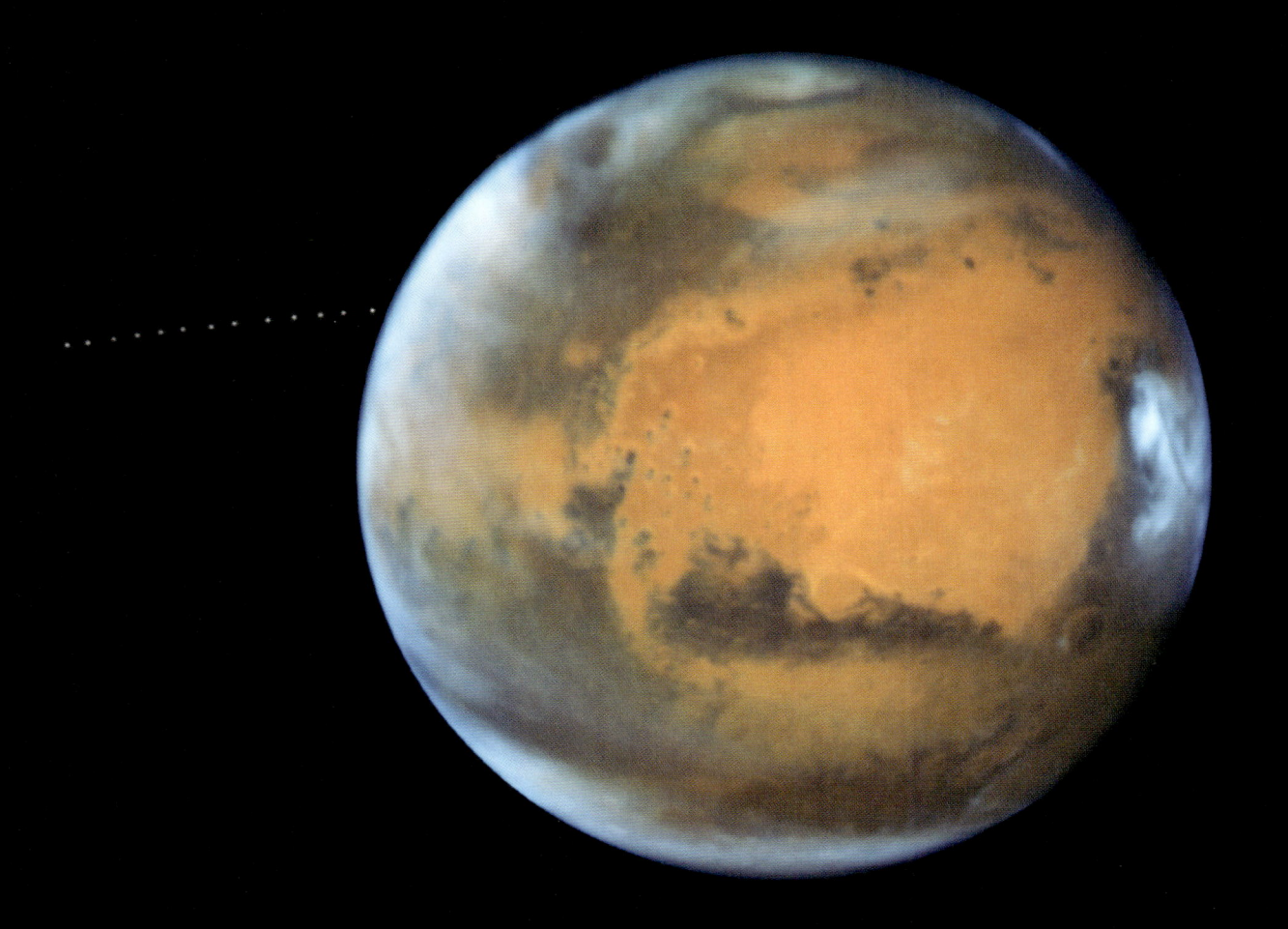

mer unter dem Horizont, also unsichtbar. Der kleinere und weiter entfernte Deimos würde für einen Beobachter auf dem Mars eher wie ein heller Stern oder Planet wirken, nur geringfügig größer als die Venus von der Erde.

Die scheinbaren Bewegungen der beiden am Marshimmel unterscheiden sich deutlich von derjenigen, die wir vom Erdmond gewohnt sind. Denn der schnelle Phobos geht im Westen auf und im Osten unter. Deimos steigt wie gewohnt im Osten über den Horizont, allerdings nur langsam. Trotz seiner rund 30-stündigen Umlaufperiode dauert es 2,7 Tage, bis er am Westhorizont verschwindet. Beide Monde vollführen die sogenannte gebundene Rotation, zeigen dem Mars also immer dieselbe Seite – nur in dieser Hinsicht gleichen sie unserem Mond.

ZIELOBJEKT PHOBOS

Erfolgreiche Landungen auf den beiden Winzlingen hat es bislang noch nicht gegeben, russische Versuche scheiterten in den Jahren 1989 und 2011. Doch womöglich muss man darauf nicht mehr lange warten, denn nun will es die japanische Raumfahrtbehörde versuchen. JAXA hatte in den vergangenen Jahren bereits zweimal Bodenproben von erdnahen Asteroiden zur Erde gebracht, zuletzt im Dezember 2020. Die Erfolgsserie soll im Mars-System fortgesetzt werden, wenn dort nach rund einem Jahr Anreise 2027 die MMX-Sonde eintrifft; das Kürzel steht für MARTIAN MOONS EXPLORATION. Es ist geplant, mit der Sonde auf Phobos zu landen, Bodenproben zu nehmen und diese zur Erde zu bringen.

Andere Raumsonden haben in den vergangenen Jahren die Erforschung der Marsmonde beträchtlich vorangebracht, insbesondere der altgediente europäische MARS EXPRESS. Seit 2008 zog er über 50-mal nahe an Phobos vorbei und kam dabei bis auf 45 Kilometer an dessen dunkle Oberfläche heran. Bei solch engen Passagen kann man mithilfe von Radiowellen den Mond gleichsam auf die Waage legen. Zudem wurde mit den Bildern der Bordkameras mehrerer Sonden das Phobos-Volumen präzise ermittelt. Aus beiden Werten ergibt sich eine mittlere Dichte von 1,861 Gramm pro Kubikzentimeter. Dieser Wert ähnelt denjenigen von sogenannten „Rubble pile"-Asteroiden. Der Fachausdruck bedeutet etwa „zusammengefügter Geröllhaufen". Solche Himmelskörper wurden einst bei einer Kollision zerfetzt, später fügten sich ihre Fragmente durch die gegenseitige Schwerkraft wieder locker zusammen.

↑ **Hubble sieht Phobos**
Im Verlauf von 22 Minuten fotografierte das Weltraumteleskop Hubble 13-mal den Marsmond Phobos – hier als Montage dargestellt. Trotz der kurzen Zeitspanne hat Phobos ein beträchtliches Stück auf seinem Orbit zurückgelegt. Für eine komplette Umkreisung benötigt er 7 Stunden und 39 Minuten. Hubble nahm die Bilder am 12. Mai 2016 auf, als sich Erde und Mars mit rund 80 Millionen Kilometern relativ nahe waren.

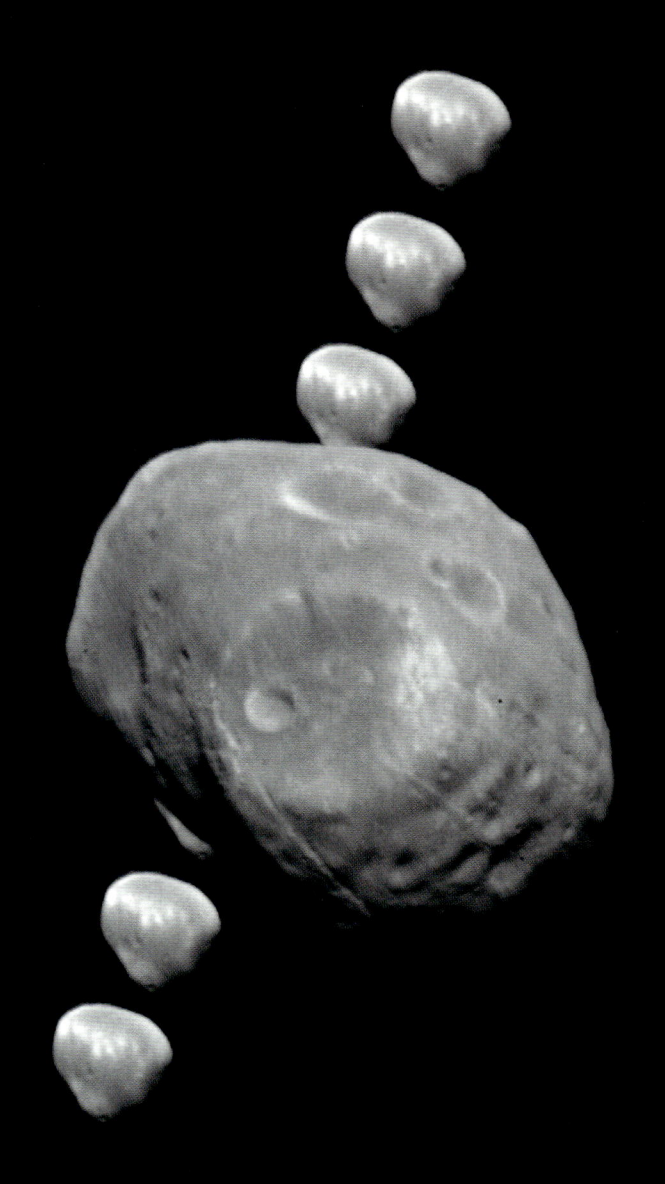

← **Phobos über dem Mars**
Der Marsmond Phobos, wie ihn die europäische MARS-EXPRESS-Sonde am 29.11.2021 sah. Was sofort auffällt: Im Vergleich zur Marsoberfläche ist der größere der beiden kleinen Marsmonde ungewöhnlich dunkel. Seine Rückstrahlung, auch geometrische Albedo genannt, beträgt nur 6,8 Prozent, der geringste Wert unter allen Monden im Sonnensystem. Zum Vergleich: unser Mond liegt immerhin bei zehn Prozent, der Mars selber kommt auf 17 Prozent.

↑ **Phobos bedeckt Deimos**
Aus dem Orbit hat die MARS-EXPRESS-Sonde in dieser Montage eine besondere Begegnung dokumentiert: Der nähere Marsmond Phobos zieht vor dem ferneren Deimos vorüber und bedeckt ihn dabei vollständig. Ähnliche Beobachtungen lassen sich auch von der Marsoberfläche durchführen, dort sind sie aber sehr selten. Phobos umkreist Mars so nah, dass er sich von der Oberfläche aus betrachtet rückwärts zu bewegen scheint. Er geht im Westen auf und im Osten unter.

→ **Ringähnliche Finsternis**
Wenn sich unser Mond vor die Sonne schiebt und außerdem relativ weit von der Erde entfernt ist, entsteht eine ringförmige Sonnenfinsternis. Ähnliches stellt sich ein, wenn der Marsmond Phobos vor die Sonne tritt. Allerdings ist Phobos – anders als unser Mond – zu klein, um kugelförmig zu sein. Und da seine kartoffelförmige Gestalt die Sonne nie komplett abdecken kann, entstehen so „ringähnliche" Finsternisse. Vom Marsboden aus hat die Mastcam-Z-Kamera des PERSEVERANCE-Rovers einen solchen Moment festgehalten.

↗ **Transit von Deimos**
Wenn Deimos vor der Sonne vorüberzieht, verdunkelt er diese nur wenig. Denn der äußere Marsmond ist noch kleiner als der innere Phobos und vor allem auf einem entfernteren Orbit um den Mars unterwegs. Am 19.1.2024 gelang es dem Marsrover PERSEVERANCE, einen solchen Deimos-Transit aufs Bild zu bannen.

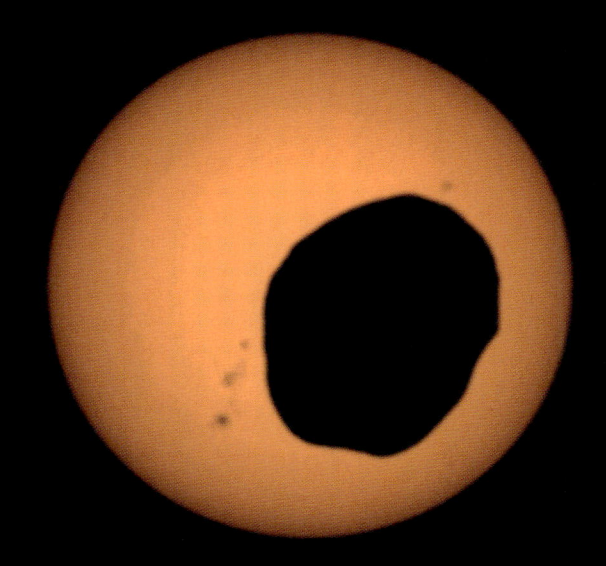

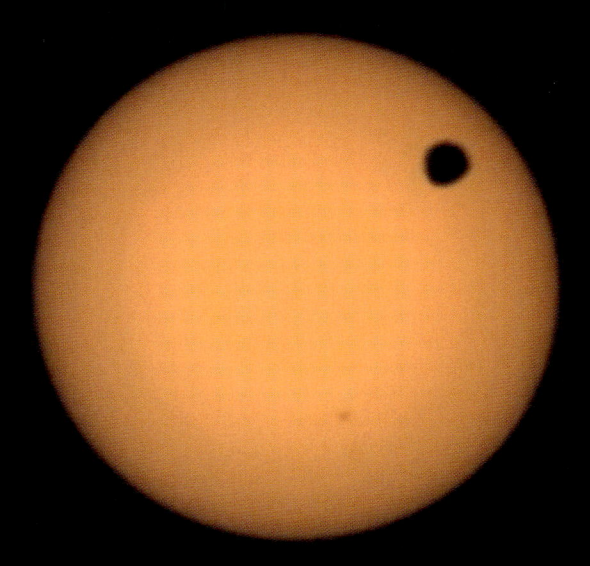

GEFÄHRLICHE ROCHE-ZONE

Der größte Krater auf Phobos wurde nach der amerikanischen Mathematikerin und Frauenrechtlerin Angeline Stickney, der Ehefrau von Asaph Hall, benannt. Auch er belegt, dass Phobos wie eine nur locker gefügte Geröllhalde aufgebaut ist. Denn mit neun Kilometern im Durchmesser zeugt Stickney von einem gewaltigen Einschlag, der Phobos in Stücke gerissen hätte, wenn dieser ein solider Felskörper wäre. Gleichwohl erzeugte der Stickney-Impakt große Mengen an Gesteinstrümmern, die für einige hundert Jahre im Marsorbit kreisen und dann teilweise wieder auf Phobos zurückstürzten, wo sie Sekundärkrater erzeugten. Tatsächlich ist die Mehrheit der Phobos-Krater, die kleiner als 600 Meter sind, auf solche Sekundäreinschläge zurückzuführen.

Lange galt es als astronomische Lehrmeinung, dass Phobos und Deimos eingefangene Asteroiden seien. Beide würden demnach ursprünglich aus dem nahen Kleinplanetengürtel zwischen Mars und Jupiter stammen. Und tatsächlich scheint ihre kartoffelförmige Gestalt dies nahezulegen. Doch heute gibt es erhebliche Zweifel an dieser Theorie. Denn ein Einfang im marsianischen Schwerefeld, bei dem die Monde auf ihren kreisförmigen und nur wenig gegen den Äquator geneigten Bahnen enden, ist Simulationsrechnungen zufolge nur schwer möglich.

Klar ist hingegen, dass Phobos' weiteres Schicksal besiegelt ist, denn er nähert sich mit 1,8 Zentimetern pro Jahr dem Mars. Bereits heute kreist er nahe am sogenannten Roche-Limit und bewegt sich somit zunehmend in einer gefährlichen Zone, wo seine eigene Schwerkraft nicht mehr ausreicht, um als Körper intakt zu bleiben. Anders Deimos: Er ist weit genug entfernt, sodass seine Umlaufbahn langsam größer wird; ähnlich verhält sich übrigens der Erdmond. Auf seiner künftigen Abwärtsspirale wird Phobos wahrscheinlich von den Gezeitenkräften des Mars zerrissen, noch bevor er auf dessen Oberfläche einschlagen kann. Seine Tage sind folglich gezählt: Simulationsrechnungen des Teams um Amirhossein Bagheri von der Eidgenössischen Technischen Hochschule zufolge steht das Drama in weniger als 39 Millionen Jahren an. In derselben Studie kamen die Züricher Forscher 2021 zudem zu dem Fazit, dass Phobos und Deimos einen gemeinsamen Vorläuferkörper hatten.

Auch spektrale Messungen der Deimos-Oberfläche, vorgenommen im Jahr 2023 von der arabischen HOPE-Sonde, haben die Zweifel an der Einfangtheorie verstärkt. Die vorläufige Analyse deutet auf Basaltgestein an der Oberfläche hin. Solche vulkanischen Gesteine kommen auf dem Mars vor, man würde sie aber nicht auf einem Asteroiden erwarten. Die Existenz von Basalt könnte bedeuten, dass Deimos durch einen Einschlag aus der Marsoberfläche abgesprengt wurde.

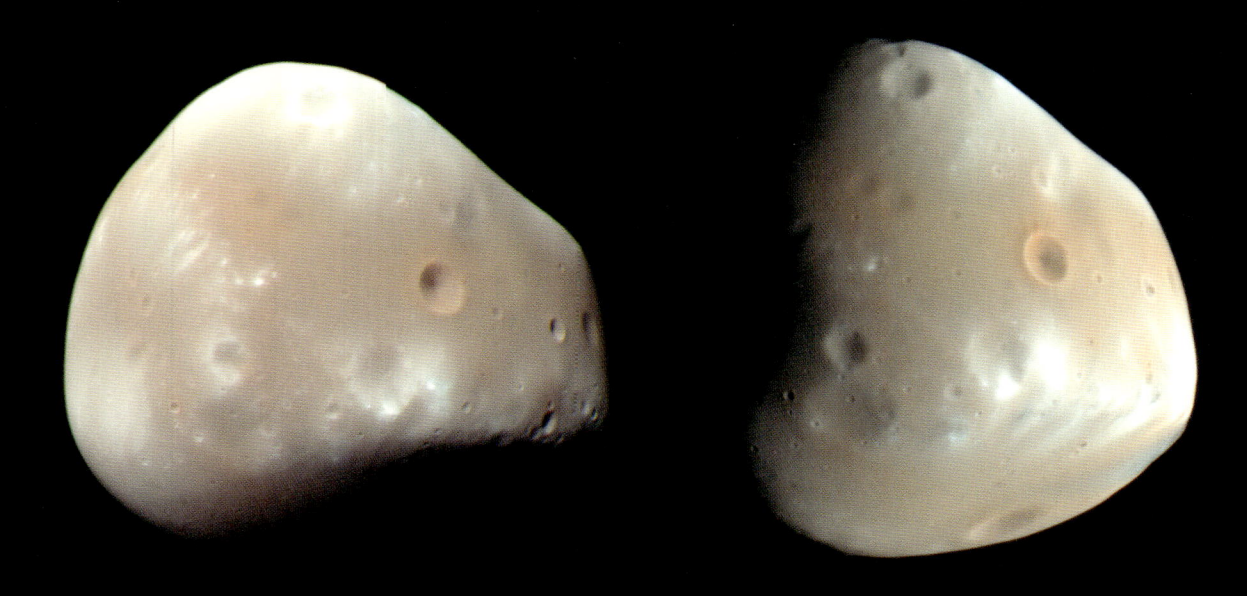

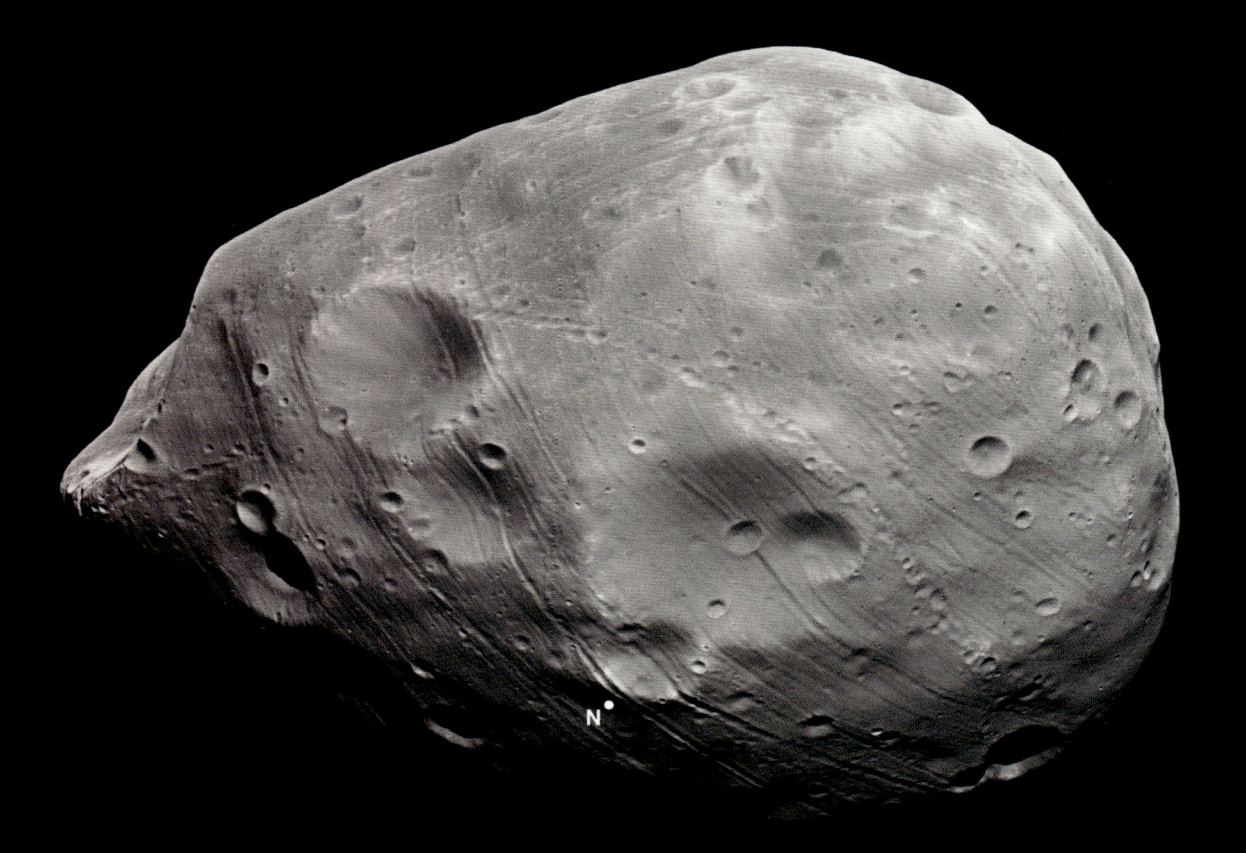

← **Zwei Gesichter des Deimos**
Der kleinere Marsmond Deimos ist insgesamt zwar glatter als sein größerer Bruder, gleichwohl ist er wie Phobos ein dunkles, rötliches Objekt. Die beiden Ansichten in verstärkten Farben machen auch subtile Unterschiede sichtbar. Die glattesten Areale auf Deimos sind rötlicher, in der Nähe junger Krater bzw. über Graten und Erhebungen ist er weniger rötlich. Dies könnte eine Folge davon sein, dass die jeweiligen Areale unterschiedlich lange dem Weltraum ausgesetzt waren. Die Bilder wurden im Abstand von fünfeinhalb Stunden aufgenommen, sodass die Sonne im linken Bild von links und im rechten Bild von rechts die Szenerie beleuchtete. Dadurch erscheinen die Oberflächenmerkmale sehr unterschiedlich. Im rechten Bild ist nahe der Tag-Nacht-Grenze der 3-Kilometer-Krater Swift erkennbar, er wurde nach Jonathan Swift benannt. Der MARS RECONNAISSANCE ORBITER der NASA schoss die Fotos am 21. Februar 2009.

← **Rätselhafter Phobos**
Ein sehr detailliertes Porträt der MARS-EXPRESS-Sonde von dem kartoffelförmigen Marsmond Phobos. Zahlreiche Rillen und Kraterketten durchziehen sein ungewöhnlich dunkles Terrain. Strittig ist der Ursprung von Phobos: Einerseits scheint er der Klasse der kohlenstoffhaltigen C-Typ-Asteroiden zu ähneln und wurde vielleicht aus dieser Kleinplanetengruppe eingefangen. Andererseits ist es schwierig, den Prozess dieses Einfangs und die spätere Entwicklung seiner Umlaufbahn um Mars zu erklären. Auch ist seine Dichte ungewöhnlich gering. Womöglich ist Phobos aus den Trümmern eines zerstörten Vorläuferkörpers entstanden, die sich wieder neu arrangiert haben. Die Aufnahme entstand am 7. März 2010.

IM SCHNECKENTEMPO

Ein allseits akzeptiertes Bild zur Entstehung der Marsmonde fehlt bislang. „Wir fliegen gerade deshalb dorthin, um zu klären, welches der unterschiedlichen Szenarien zutrifft", so Matthias Grott vom Deutschen Zentrum für Luft- und Raumfahrt (DLR) in Berlin, der an der MMX-Mission beteiligt ist. Denn noch bevor die japanische Sonde zur Probennahme schreitet, soll sie an der späteren Landestelle ein vierrädriges Gefährt abwerfen. IDEFIX, so der Name des solarbetriebenen Scouts, ist nach dem Hündchen aus den Asterix-Comics benannt, er wiegt rund 25 Kilogramm. Geplant ist, IDEFIX aus 40 Metern über der Phobos-Oberfläche abzuwerfen. Die geringe Schwerebeschleunigung des Minimondes sorgt dafür, dass er für die Strecke im freien Fall 60 bis 80 Sekunden brauchen und mit weniger als einem Meter pro Sekunde auftreffen wird. Dann soll IDEFIX seine vier Räder entfalten und sich selbständig aufrichten. Kontrollzentren im französischen Toulouse und in Köln werden das Phobos-Mobil steuern. Die Ingenieure betreten dabei technisches Neuland, denn nie zuvor ist ein Fahrzeug über einen Himmelskörper gerollt, wo weniger als ein Tausendstel der Erdanziehung wirkt. Um mit IDEFIX sicher zu manövrieren, gilt deshalb ein strenges Tempolimit: „Wir werden uns ähnlich langsam wie eine Weinbergschnecke bewegen", so Projektleiter Markus Grebenstein vom DLR im bayrischen Oberpfaffenhofen. Mindestens für 100 Tage sollen wissenschaftliche Analysen der Oberfläche erfolgen. Dafür verfügt das Marsmondauto über vier Kameras, ein Spektrometer und ein Radiometer. Eine wichtige Aufgabe des 80 Gramm leichten Instruments ist es laut DLR-Physiker Matthias Grott, die Abkühlung des Oberflächenmaterials zu messen, nachdem die Sonne untergegangen ist. Daraus lassen sich dessen Porosität und Korngröße ableiten. Entwickelt und gebaut wurde IDEFIX gemeinsam vom DLR und der französischen Raumfahrtagentur CNES.

← **Stickney und Limtoc**
Stickney ist der größte Krater auf Phobos, er misst neun Kilometer. Am südwestlichen Kraterrand erscheint sein Oberflächenmaterial deutlich blauer als der Rest des Marsmondes – ein möglicher Hinweis auf eine besonders junge Oberfläche. An Stickneys Wänden sind zudem Spuren von Hangrutschungen erkennbar. Sie entstanden, als dort Material trotz der nur geringen Schwerkraft ins Kraterinnere stürzte. Andernorts fallen Kraterketten auf. Sie könnten sich durch Gestein gebildet haben, das bei Einschlägen auf dem Mars ausgeworfen wurde und später mit Phobos kollidierte. Der Krater Limtoc hat zwei Kilometer Durchmesser und liegt im Inneren von Stickney. Er soll vor rund 109 Millionen Jahren entstanden sein und wäre somit eine der jüngsten Stellen auf dem Marsmond. Sein Auswurfmaterial dürfte zur Blaufärbung am Rand von Stickney beigetragen haben. Der MARS RECONNAISSANCE ORBITER der NASA schoss das Foto am 23. März 2008 aus rund 6800 Kilometern Distanz.

ABSTAMMUNG UNBEKANNT

Solange noch keine neuen Messdaten vorliegen, sind Astronomen auf theoretische Studien angewiesen. Naheliegend war es dabei, einen ähnlichen Prozess zu vermuten, der auch die Geburt unseres Mondes einleitete: Nach der weitläufig akzeptierten Giant-Impact-Theorie kam der Erdmond durch den Zusammenstoß eines hypothetischen Urplaneten namens Theia mit der jungen Erde in die Welt. Sowohl die Fragmente der zerstörten Theia als auch Gestein vom Erdmantel bildeten dabei den Rohstoff, aus dem sich im Erdorbit später der Mond zusammenballte. Hat ein ähnlicher Prozess auch an der Wiege von Phobos und Deimos gestanden? Es wäre denkbar, eine entsprechende Studie haben Robin Canup und Julien Salmon vom Southwest Research Institute im US-Bundesstaat Colorado im Jahr 2018 vorgelegt. In ihrem Szenario hätte ein Einschlagkörper mit nur 0,1 Prozent der Marsmasse ausgereicht, vergleichbar den Kleinkörpern Vesta und Ceres. Die Voraussetzung: Der Crash hätte schräg erfolgen müssen, also unter einem Winkel von 30 bis 60 Grad.

Hingegen haben Andrew Hesselbrock und David Minton von der amerikanischen Purdue University völlig neue Vorstellungen über das Wesen der Marsmonde entwickelt. Ihre Rechnungen deuten darauf hin, dass insbesondere Phobos in einem bizarren Schicksal gefangen ist. Auch sie prophezeihen dem Marsmond ein absehbares Ende in einigen Dutzend Millionen Jahren, wenn er von den Marsgezeiten zerrissen und dann einen Ring aus Gesteinstrümmern im Marsorbit bilden wird. Der Löwenanteil, rund 80 Prozent der Trümmer, werde dann auf den Planeten stürzen. Das im Orbit verbleibende Material würde jedoch zu einer neuen Generation von Marsmonden verklumpen – also gleichsam wiederauferstehen.

Mehr noch: Im Laufe der Marsgeschichte habe dieser Prozess aus Tod und Wiedergeburt bis zu sieben Mal neue Monde erschaffen, spekulieren die beiden Astronomen. Demnach wäre Phobos quasi ein untoter, wiederauferstandener Himmelskörper. Als Beleg führen die Forscher auch mehrere Kraterketten auf dem Mars an, die darauf hindeuten, dass es andere Kleinmonde gegeben habe, die schon vor Äonen das für Phobos erwartete Schicksal erlitten hätten.

Eine Studie aus dem Jahr 2020, geleitet von Matija Ćuk vom kalifornischen SETI-Institut, unterstützt dieses Szenario. Die heutige Umlaufbahn von Deimos, insbesondere dessen merkwürdige Bahnneigung von 1,8 Grad, erkläre sich demnach durch den Einfluss eines längst zerstörten inneren Mondes. Dieser sei rund 20-mal massereicher gewesen als der heutige Phobos. Den Autoren zufolge trat diese sogenannte Resonanz deshalb ein, weil der vergangene Ur-Mond durch Wechselwirkung mit

↑ ↗ Reiseziel Marsmonde
An Bord der japanischen MMX-Sonde (oben), die 2026 zu den den Marsmonden Phobos und Deimos fliegen soll, wird auch der deutsch-französische IDEFIX (rechts oben) sein. Die Aufgabe des 25 Kilogramm leichten Rovers wird es sein, weich auf Phobos aufzusetzen und diesen im Schneckentempo zu erkunden. Später soll am gleichen Landeplatz die MMX-Sonde Bodenproben nehmen, die daraufhin zur Erde transportiert werden. Zudem ist geplant, auch den Mond Deimos bei mehreren Vorbeiflügen erkunden.

dem Ring nach außen gewandert sei. Demnach wäre Phobos erst vor geologisch kurzer Zeit entstanden, Deimos hingegen ein alter, fast ursprünglicher Trabant. Das Szenario hat aber auch Kritiker auf den Plan gerufen, die bemängeln, dass bislang nicht die geringste Spur eines Marsringes gefunden wurde.

Womöglich wird die MMX-Mission Klarheit bringen. Zwar weiß man heute ungleich mehr über den Mars und dessen Monde als zu Jonathan Swifts Zeiten. Trotzdem klaffen immer noch Wissenslücken. Swifts Volltreffer ist gleichwohl auch ohne Hellsichtigkeit plausibel erklärbar. Denn schon Johannes Kepler (1571–1630) vermutete lange zuvor, dass es zwei Marsmonde geben könnte. Fälschlicherweise hielt er es für die natürliche Anzahl, weil der Mars zwischen der Erde und dem Jupiter kreist. Da wir nur den einen Mond haben, beim Jupiter damals aber schon vier Trabanten bekannt waren, sollte es folglich zwei Marsmonde geben. Als Swift die Abenteuer Gullivers aufschrieb, war diese Idee offenbar immer noch so plausibel, dass er sie aufgriff. Generell war er mit der Wissenschaft seiner Zeit gut vertraut, womöglich kannte er auch Keplers drittes Gesetz, das die Umlaufbahnen und Abstände von Monden ins Verhältnis setzt. Es war wohl eine Kombination aus Belesenheit und Glück, die ihn auf die richtige Fährte führte. Die Astronomen haben Swifts Beitrag jedenfalls gewürdigt: Ein 3-Kilometer-Krater auf Deimos trägt heute seinen Namen.

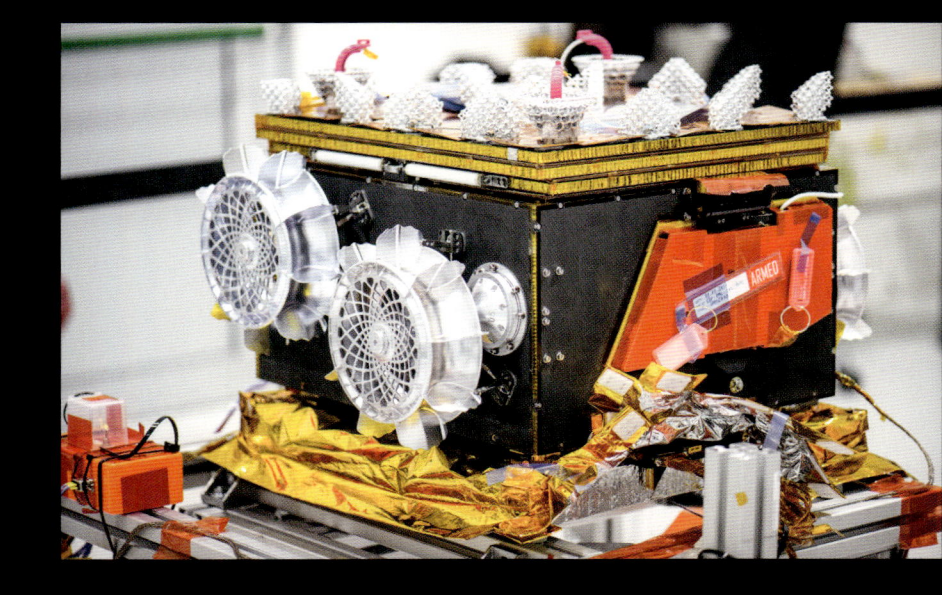

↑ **IDEFIX wird eingepackt**
Hier sieht man das zusammengeklappte vierrädrige Gefährt kurz vor dem Transport nach Japan.

3
DIE MARS-ATMOSPHÄRE

Im Vergleich zur Erde besitzt der Mars nur eine sehr zarte Gashülle. Erst in 35 Kilometern Höhe ist die irdische Luft ebenso dünn wie die Marsluft am Boden. Trotzdem spielen sich auf dem Mars lokale und globale Wetterphänomene ab: Rasante Temperaturwechsel zwischen Tag und Nacht, Wolken aus Wassereis und Kohlendioxid und sogar Schneefall sind nur einige Zutaten, die das Marswetter ausmachen. Hinzu kommen enorme Staubstürme, die den gesamten Planeten einhüllen.

→ **Wolken, Schnee und Raureif**
Schon im 18. Jahrhundert erkannten Astronomen, dass der Mars eine Atmosphäre besitzt. 1879 erspähte Giovanni Schiaparelli weit abseits der Marspole einen hellen Fleck und deutete ihn als einen von Schnee bedeckten Wipfel. Doch der Astronom sah wohl eher Wolken – wie sie in dieser Aufnahme am Olympus Mons und anderen Marsvulkanen vorkommen. Das Foto schoss der Mars-Orbiter der indischen Weltraumagentur am 8. Oktober 2017.

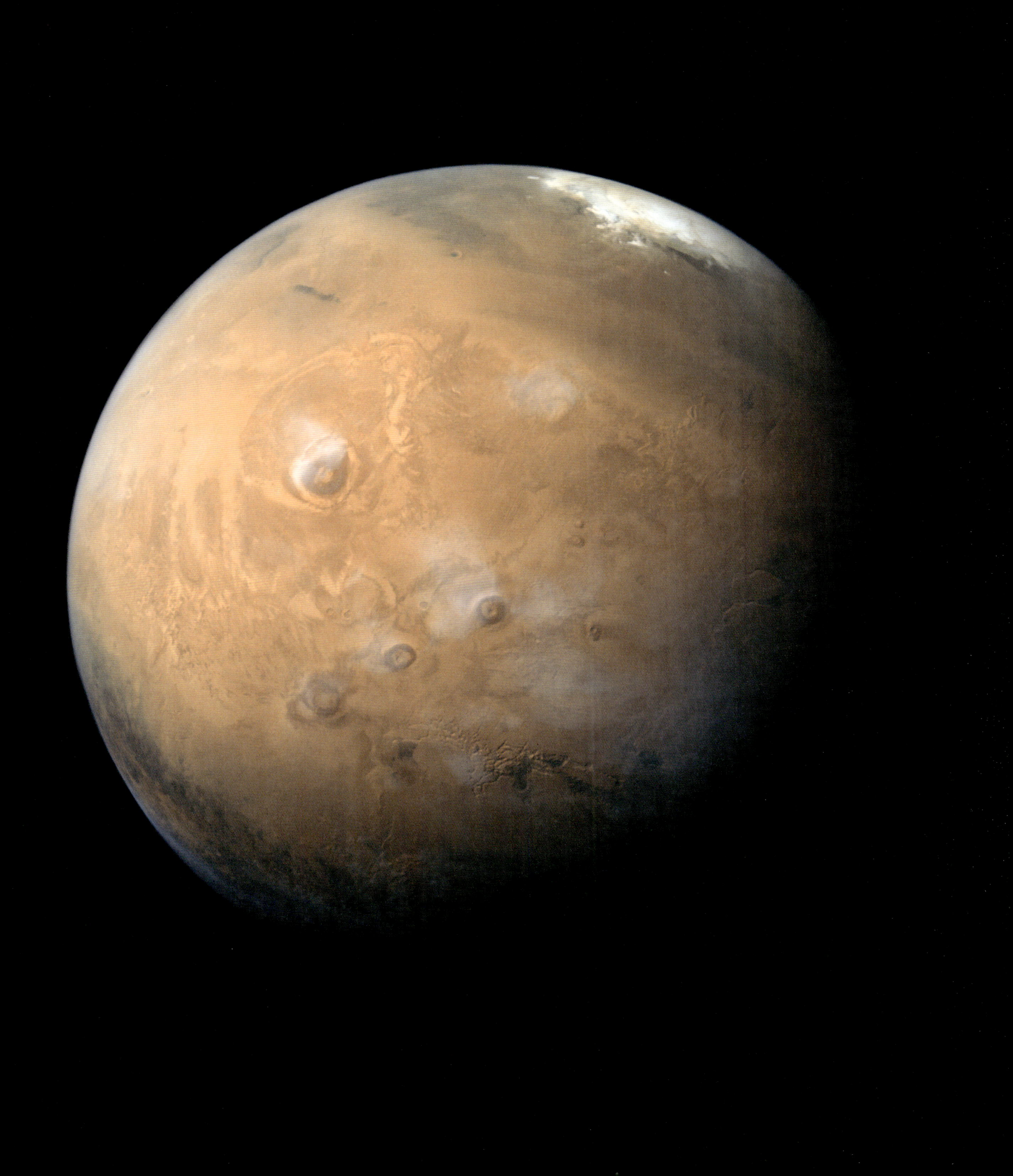

DIE FREMDE WETTERKÜCHE

Die meisten Planeten haben eine Atmosphäre, so auch der Mars. Doch seine fremdartige Gashülle ist für uns Menschen nicht atembar, sondern giftig. Wenn aber Wolken aufziehen oder sich Reif auf dem Boden niederschlägt, spielen sich teils vertraute Wetterphänomene ab.

Hinweise auf eine Atmosphäre bei Mars fanden Astronomen bereits vor Jahrhunderten durch teleskopische Beobachtungen. So berichtete William Herschel 1784, drei Jahre nach seiner Entdeckung des Uranus, dass der Mars bei engen Begegnungen mit Sternen deren Licht etwas dimmt. Er schloss daraus auf eine dünne Gashülle des roten Planeten. Der britisch-deutsche Wissenschaftler spekulierte zudem, dass Marsbewohner „wahrscheinlich ähnliche Bedingungen wie unsereiner genießen." Zu Herschels Zeiten war es nicht unüblich, von Lebewesen auf anderen Planeten auszugehen. Menschen bekämen auf dem Mars allerdings sofort Atemnot. Tatsächlich ist die marsianische Luft viel dünner als unsere. Man müsste auf der Erde bis in etwa 35 Kilometer aufsteigen, um den gleichen geringen Druck wie am Marsboden zu messen – das sind rund sechs Millibar. Der Luftdruck ändert sich mit der Höhe, das gilt gleichermaßen für Erde und Mars. Deshalb können in den Niederungen des roten Planeten bis zu 14 Millibar auftreten, beispielsweise im südlichen Hellas-Becken, wo das Gelände bis über sieben Kilometer unter dem globalen Nullniveau liegt. Hingegen ist die Luft auf dem Gipfel des Riesenbergs Olympus Mons mit nur 0,7 Millibar nochmal erheblich dünner.

→ **Raureif des Olymp**
Im Juni 2024 wurde erstmals frühmorgendlicher Reif aus Wassereis auf dem Gipfel des Olympus Mons entdeckt, dem höchsten Berg des Mars. Das Foto stammt von der Stereo-Kamera der europäischen MARS-EXPRESS-Sonde.

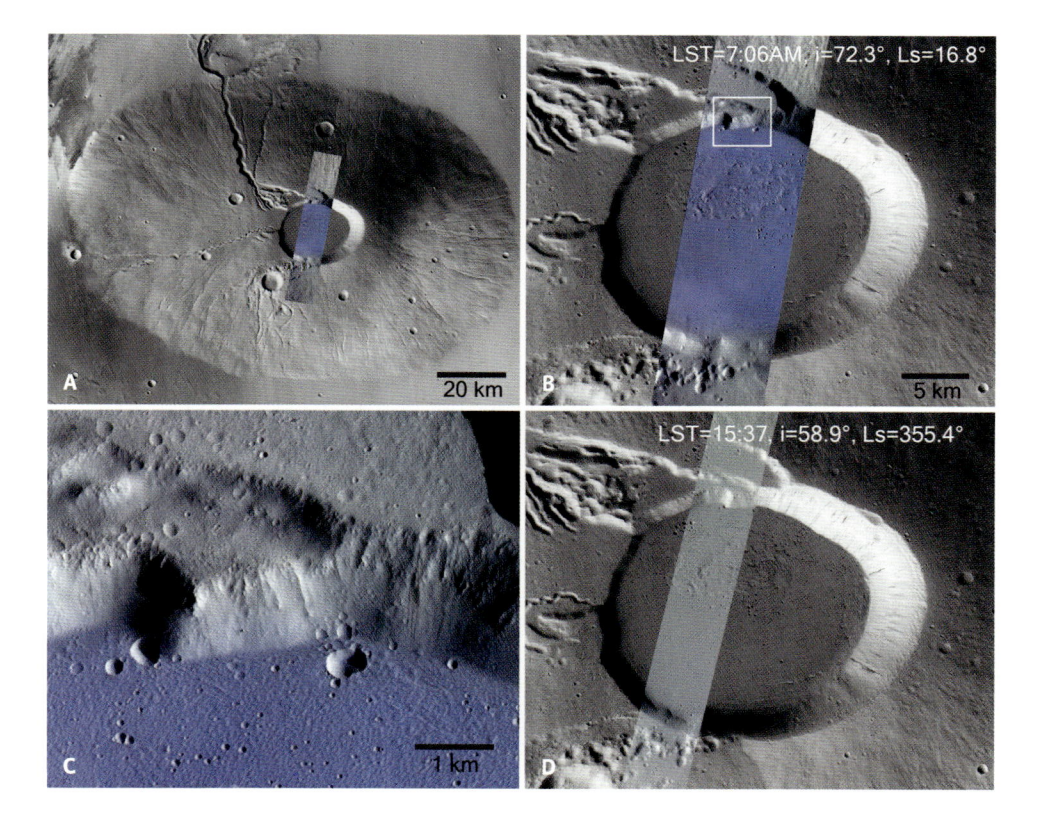

← **Kurzlebige Reifschichten**
Auch auf anderen Vulkanen wurden hauchdünne morgendliche Reifschichten aufgespürt, hier beim 5,5 Kilometer hohen Ceraunius Tholus. Allerdings ist das Wetterphänomen nur kurzlebig. Wenn mit der höheren Sonne die Temperaturen steigen, sublimiert das Wassereis. In den Teilbildern A, B und C ist der Reif in Falschfarben aufgenommen und erscheint deshalb blau. Das Bild D wurde zu einer späteren Tageszeit aufgenommen – der Reif ist verschwunden. In der Abbildung wurden Daten des MARS-RECONNAISSANCE-Orbiters und des europäischen EXOMARS-Orbiters verwendet.

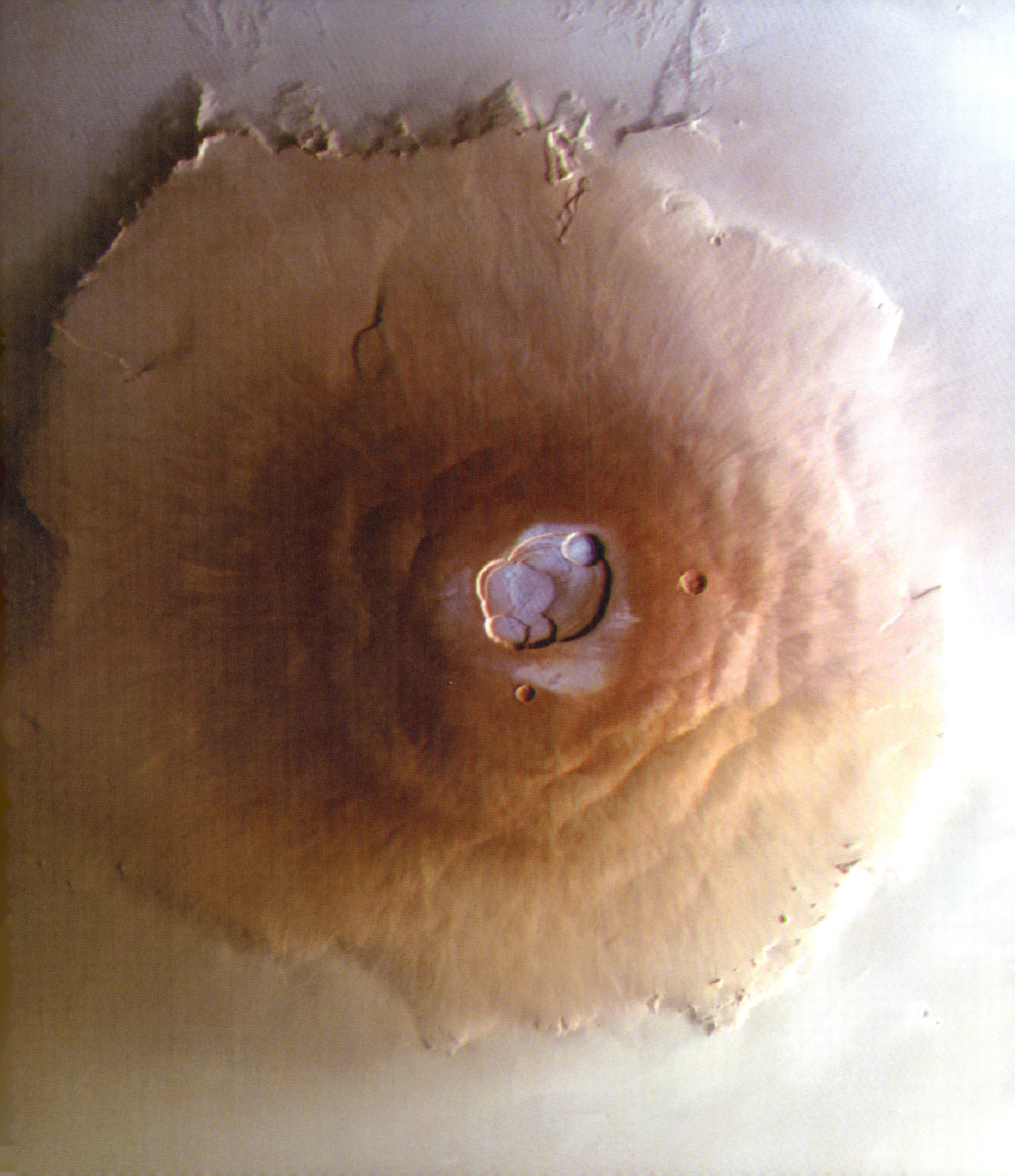

↑ Frost in Utopia

Dieses Bild der Marsoberfläche stammt vom 18. Mai 1979 und wurde vom NASA-Lander VIKING 2 aufgenommen. Zur Mittagszeit schweift der Kamerablick über die Ebene Utopia Planitia. Der längliche Felsbrocken rechts hat einen Durchmesser von etwa einem Meter. So weit das Auge reicht, zeigen sich Raureifschichten aus Wassereis. Sie erscheinen in dieser Region immer zum gleichen Zeitpunkt im Marsjahr und sind dann für etwa 100 Tage sichtbar. Die Forscher glauben, dass der Reif entsteht, wenn Staubpartikel in der Atmosphäre etwas gefrorenes Wasser aufnehmen. Wenn sich dazu dann noch etwas gefrorenes Kohlendioxid gesellt, sind die Partikel schwer genug, um abzusinken. Die von der Sonne erwärmten Partikel lassen das Kohlendioxid später wieder verdampfen, und Reif und Staub bleiben am Boden zurück. Die hellen Eisschichten sind hauchdünn, vielleicht nicht dicker als ein Hundertstel Millimeter.

EISIGE TEMPERATUREN

Den angenehmen Gasmix aus Stickstoff und Sauerstoff, der für uns atembar ist, gibt es auf dem Mars nicht. Seine Luft ist völlig anders zusammengesetzt: Zu 95 Prozent dominiert Kohlendioxid, das bei uns nur 0,04 Prozent ausmacht. CO_2 ist übrigens unter irdischen Bedingungen ab Konzentrationen von einigen Prozent giftig. Die verbleibenden rund fünf Prozent der Marsluft teilen sich hauptsächlich Stickstoff und das Edelgas Argon. Der für uns lebenswichtige Sauerstoff bringt es auf weniger als 0,2 Prozent. Hinzu kommen eine Reihe von Spurengasen, wohl auch das kohlenstoffhaltige Methan, das als Biomarker gilt und für das sich insbesondere Astrobiologen interessieren. Außerdem ist die Marsluft nicht völlig trocken, in geringem Umfang gibt es dort Wasserdampf.

Wegen seines größeren Sonnenabstands empfängt der Mars deutlich weniger Wärme als die Erde, folglich ist es dort viel kälter. Das kann auch der Treibhauseffekt nicht ändern, er fällt wegen der dünnen Gashülle nur gering aus. Die globale Mitteltemperatur der Marsluft beträgt deshalb lediglich minus 63 Grad Celsius, auf der Erde sind es plus 15 Grad. Doch die Temperaturen schwanken viel stärker. Den höchsten Wert, den der NASA-Rover SPIRIT während seiner Mission im Gusev-Krater aufzeichnete, betrug plus 35 Grad im Schatten. In Winternächten stürzen die Temperaturen dann ab: Im Krater Gale, ebenfalls nah am Äquator, fiel das Thermometer laut den jahrelangen Messungen des CURIOSITY-Rovers auf den Rekordwert von minus 127 Grad. Die Marspole sind noch einmal deutlich kälter.

MARSIANISCHE JAHRESZEITEN

Trotz seiner nur dünnen Atmosphäre zeigt der Blick zum Himmel des Planeten Ähnlichkeiten mit unserem Firmament: Wegen der Lichtstreuung an der Marsluft ist er tagsüber hell und nicht etwa schwarz wie auf dem Mond. Zudem ziehen manchmal Wolken auf. Sie bestehen aus Wassereiskristallen, seltener auch aus gefrorenem Kohlendioxid. Damit das CO_2 aus der Marsluft zu Trockeneis gefriert, muss es wahrhaft eisig sein, nämlich kälter als minus 128 Grad. Bekannt ist, dass in den Polargebieten solche Minuswerte immer wieder erreicht werden. Dem gegenüber löste die NASA im Mai 2021 Überraschung aus, als sie meldete, CURIOSITY habe wahrscheinlich über seinem Landegebiet Trockeneiswolken gesichtet.

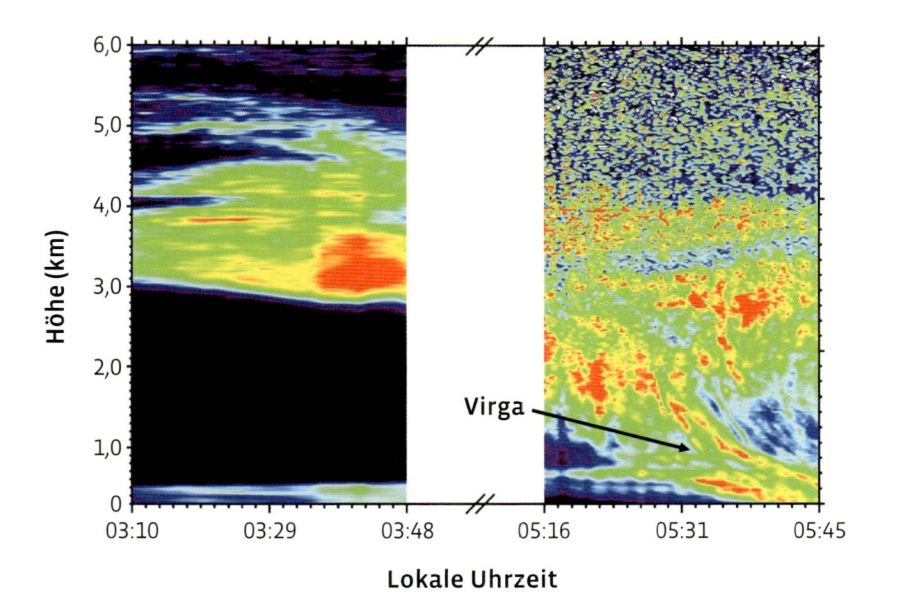

← Schnee und Virga im Norden

Am 109. Tag seiner Mission registrierte der PHOENIX-Lander im hohen Norden des Mars Schneefall. Zunächst zeigte sein LIDAR-Instrument eine Art Eisnebel am Boden und darüber eine Wolke in etwa drei Kilometern Höhe (links). Im rechten Diagramm dann die Situation rund anderthalb Stunden später: Bänder aus Eiskristallen schneien teils bis zur Oberfläche hinab, teils sublimieren sie wieder zu Wasserdampf, bevor sie den Boden erreichen. Das letztere Wetterphänomen wird Virga genannt. LIDAR ist eine dem Radar verwandte Messmethode, die anstelle von Radiowellen auf Laserstrahlen setzt.

↓ Frostige Marsdünen

Im hohen Norden des Mars, auf dem 76. Breitengrad, liegt dieses Feld aus Sanddünen, auf dem sich heller Frost niedergeschlagen hat; es ist im Innern eines namenlosen Fünf-Kilometer-Kraters beheimatet. Auf den Dünen zeigen sich feine, dunkel getönte Muster aus Polygonen, wahrscheinlich eine Folge saisonaler Prozesse, bei denen sublimierendes Eis eine Rolle spielt. An steilen Dünenhängen sind teils schmale Rinnen sichtbar. Diese deuten auf die beginnende Ausbildung sogenannter Gullys hin, die seit langem in Verdacht stehen, von geringen Mengen flüssigen Wassers im Boden ausgelöst zu werden. Das Bild hat der MARS-RECONNAISSANCE-Orbiter der NASA am 17. Februar 2021 aufgenommen.

↑ Das Marswetter im Blick
Stratocumuli bewegen sich über Solis Planum (rechts). Entlang der Südgrenze dieser ausgedehnten Ebene (Bildmitte) ziehen hohe Zirruswolken über kleinere, bodennähere Staubwolken. Noch weiter südlich sind bläulicher Dunst und hoch gelegene, wahrscheinlich leuchtende Nachtwolken erkennbar. Ganz links in Horizontnähe liegt auf 52 Grad südlicher Breite der Krater Lowell, er misst 202 Kilometer im Durchmesser. Das Bild hat MARS EXPRESS am 2. April 2014 aufgenommen – die ESA-Sonde hatte den Planeten damals bereits über 14.000-mal umrundet.

Auch der Mars kennt die vier Jahreszeiten. Der Grund dafür ist bei Erde und Mars ähnlich: Es ist die Neigung der planetaren Drehachse gegen diejenige Ebene, in der der Planet die Sonne umläuft. Bei der Erde sind dies etwas mehr als 23 Grad, beim Mars entspricht der Winkel 25,2 Grad. Zudem sorgt beim Mars die elliptischere Gestalt der Umlaufbahn für deutlich wechselnde Abstände zur Sonne.

Daraus folgt ein meteorologischer Unterschied von Nord und Süd, der den atmosphärischen Druck jahreszeitlich variieren lässt. Dabei stellt sich der niedrigste Luftdruck ein, wenn auf der nördlichen Halbkugel gerade Sommer ist. Auslöser des Phänomens sind aber nicht die Sommer-, sondern die Wintertemperaturen: anders als die relativ milden Polarwinter im Norden sind diese auf der Südhalbkugel länger und strenger. Deshalb gefriert im bitterkalten Südwinter bevorzugt das Kohlendioxid aus der Marsluft und bildet Frost und

Schnee aus Trockeneis, der die südliche Polkappe anwachsen lässt. Dabei wird der Gashülle ihr Hauptbestandteil entzogen. Die Folge: Der Luftdruck sinkt auf dem gesamten Planeten um rund 25 Prozent. Das bizarre Phänomen ist ohne eine Entsprechung auf unserer Erde.

UND NUN ZUM MARSWETTER

Die großräumige Zirkulation in der Atmosphäre des Mars ist simpler als auf der Erde, vor allem, weil es dort keine Ozeane gibt. In niedrigen Breiten geben die sogenannten Hadley-Zellen den Ton an. Anders in den höheren Breitengraden, wo polare Luftmassen dominieren und eine Reihe von Hoch- und Tiefdruckgebieten den Planeten von West nach Ost umrunden. Wo sich diese mit den Hadley-Zellen streiten, können Wetterfronten und sogar Stürme entstehen. Allerdings sind die Stürme auf dem Mars weniger heftig als auf der Erde, da die Atmosphäre erheblich dünner ist. Zudem fehlt es an Energie, die bei uns vom Wasserdampf transportiert wird, denn die Marsluft ist erheblich trockener.

Wie steht es mit Niederschlägen? Dass es auf dem heutigen Mars keinen Regen gibt, ist geklärt. In den höheren Breiten kann sich aber heller Frost aus Wassereis über die rostbraune Landschaft legen, so hat es der Lander VIKING 2 bereits in den 1970er-Jahren in der nördlichen Region Utopia Planitia im Foto festgehalten. Zudem wurde im Sommer 2009 über Schneefälle berichtet, und zwar auf Basis von Messungen der US-Sonde PHOENIX. An deren Landeplatz, nahe beim Heimdall-Krater im tiefgelegenen Nordpolargebiet, waren offenbar aus zirrusähnlichen Wolken Wassereiskristalle zu Boden gerieselt. Doch Marsschnee besteht nicht immer nur aus gefrorenem Wasser. Besonders nördlich des 70. Breitengrades werden regelmäßig Wolken aus Trockeneis beobachtet. Ziehen diese weniger als 20 Kilometer über dem Boden auf, können daraus CO_2-Kristalle schneien. Beispielsweise ist der 131 Kilometer große Krater Lomonossow ein verlässliches winterliches Schneegebiet. Dort reicht die weiße Pracht aus Trockeneis besonders weit nach Süden.

Trotz der dünnen Luft kann man also durchaus von einem Marswetter sprechen. Das prominenteste Phänomen in der Wetterküche des Planeten sind Staubstürme. Seit einem halben Jahrhundert hat man sie aus der Nähe studiert. Man weiß heute, dass es solche Stürme sowohl in klein als auch in riesig gibt. Als globale Ereignisse nebeln sie sogar regelmäßig den gesamten Planeten ein. Auch das ist eine Kapriole, die auf der Erde unbekannt ist. Ungewiss ist immer noch, ob während der Staubstürme Blitze vom Marshimmel zucken.

→ **CURIOSITYS Abendwolken**
Am 19. März 2021 hat der CURIOSITY-Rover kurz nach Sonnenuntergang dieses Foto mit seiner Mastkamera aufgenommen. Das Bild besteht aus 21 zusammengefügten Einzelfotos, die so farbkorrigiert sind, wie das menschliche Auge die Szene wahrnehmen würde. Hier ziehen Wolken über den rund sechs Meter hohen Felsaufschluss „Mont Mercou", der nach einem südfranzösischen Berg benannt wurde und den CURIOSITY untersucht hatte. Es war der 3063. Marstag der Mission.

90

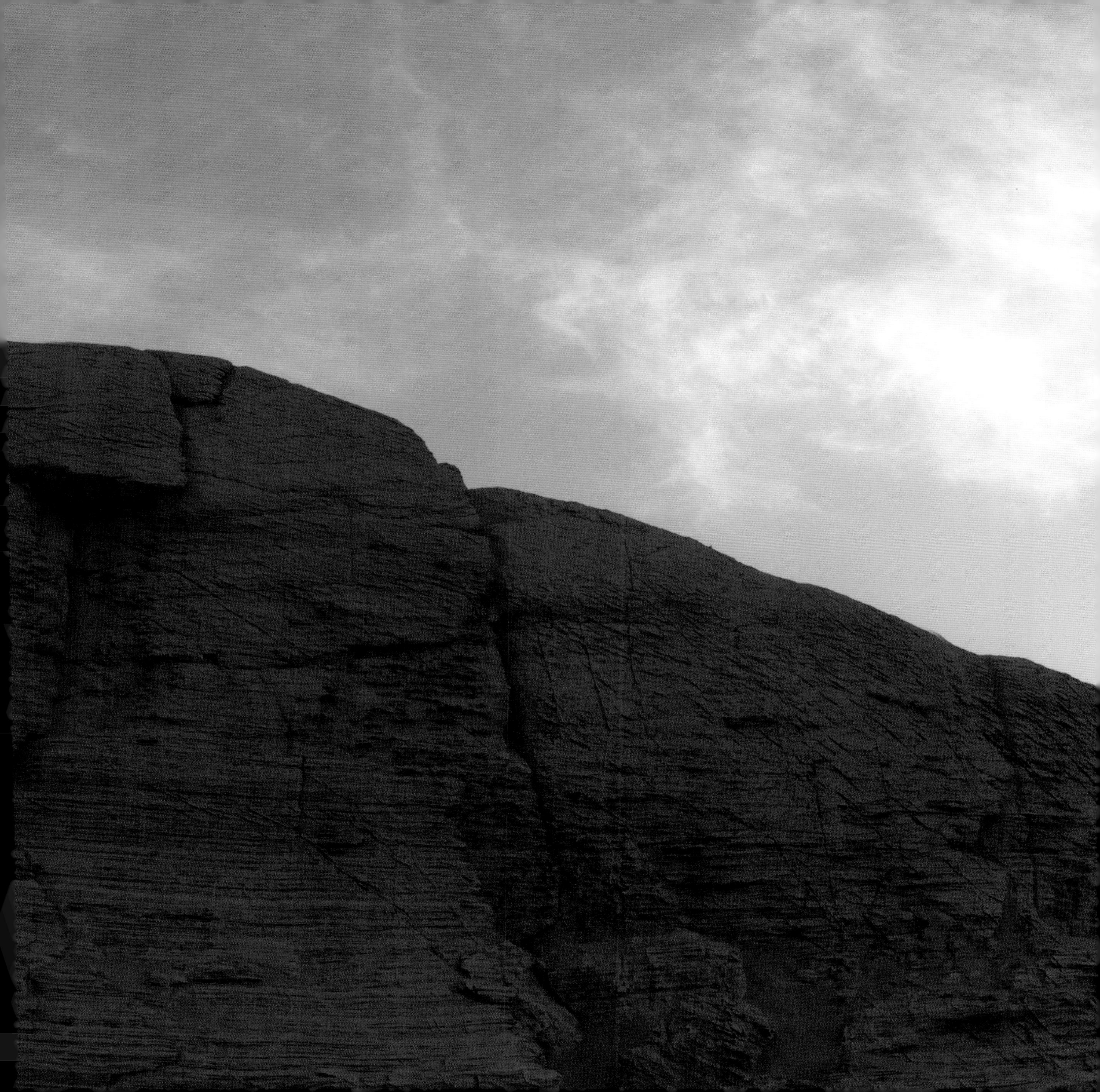

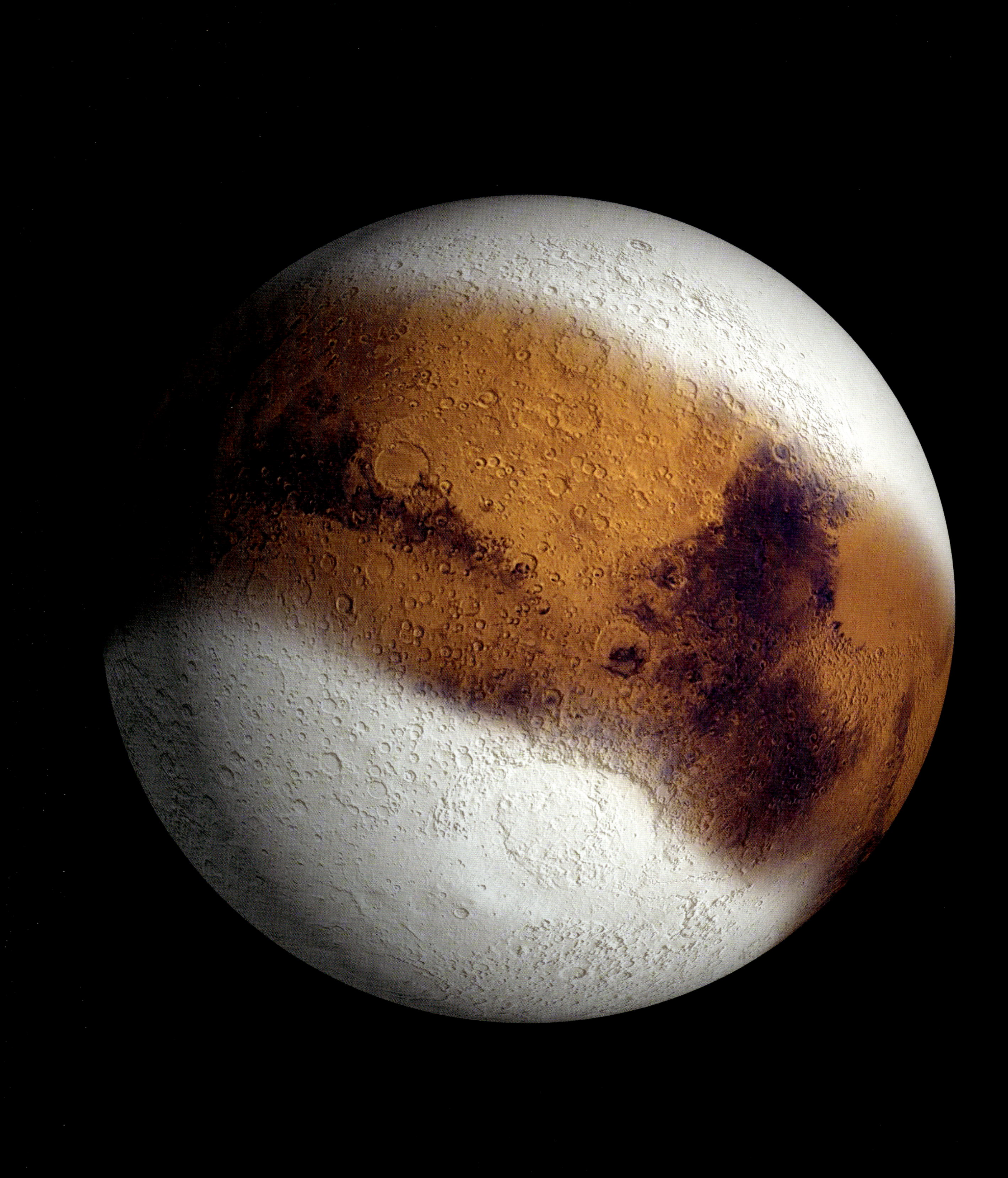

← **Eiszeitlicher Mars**

Mars und Erde ähneln sich hinsichtlich ihres Klimas. Beispielsweise reagieren beide empfindlich auf kleine Änderungen der jeweiligen Neigungen der planetaren Drehachsen. Deshalb hat der Mars ähnlich wie die Erde auch Eiszeiten durchlebt, und zwar zu Zeiten, als die Marsachse deutlich stärker geneigt war, als es heute mit rund 25 Grad der Fall ist. Die größere Neigung verursachte eine verstärkte Erwärmung der Pole durch die Sonne, was wiederum mehr Wasserdampf und Staub in die Marsluft beförderte und in beiden Hemisphären zur Bildung von Ablagerungen aus Eis und Staub bis hin zum 30. Breitengrad beitrug. Bei der aktuellen eher geringen Achsenneigung sind die eisreichen Ablagerungen in diesen Breiten verschwunden und das Eis ist an die Pole zurückkehrt. Diese simulierte Ansicht zeigt den Mars, wie er zum Höhepunkt einer möglichen Eiszeit in geologisch jüngerer Zeit ausgesehen haben könnte.

↑ **Nachtwolken für PERSEVERANCE**

Hier hat der PERSEVERANCE-Rover über seiner Landestelle Wolken beobachtet. Kurz vor Sonnenaufgang, am 18. März 2023, drückte seine linke Navigationskamera mehrfach auf den Auslöser. Eine Sequenz dieser Fotos zeigt deutlich die Bewegung der vorüberziehenden Wolken an diesem 738. Marstag der Mission. Bereits zwei Erdjahre zuvor hatte CURIOSITY ebenfalls vorüberziehende Wolken gesichtet.

→ **Frostiger Korolev-Krater**
In der nördlichen Tiefebene des Mars, auf dem 73. Breitengrad, liegt der 82-Kilometer-Krater Korolev. Er ist dauerhaft mit Wassereis gefüllt, in seiner Mitte ist das Eis bis zu 1,8 Kilometer mächtig. Die darüber strömende Luft wird stark abgekühlt, sinkt dabei ab und legt sich über die Eisschichten. Weil die Marsluft ein schlechter Wärmeleiter ist, wirkt sie wie ein Schutzschild, der verhindert, dass sich das Eis durch die Sonnenstrahlung erhitzt und zu Dampf sublimiert. Somit ist der Korolev-Krater eine natürliche Kältefalle. Diese perspektivische Ansicht wurde mithilfe eines digitalen Geländemodells und Fotos von MARS EXPRESS erstellt, die am 4. April 2018 aufgenommen wurden.

↓ **Zirruswolken über Tempe Terra**
Nordöstlich der Tharsis-Region liegt das ausgedehnte Hochland von Tempe Terra, seine Fläche entspricht rund 64 Prozent derjenigen Indiens. Dort hat die Stereokamera von MARS EXPRESS den Aufzug von Zirrus-Bewökung festgehalten. Es wurde stark bearbeitet, um Parallaxeneffekte auszugleichen, die durch die Bewegung der ESA-Sonde während der Bildsequenz verursacht wurden. Die Aufnahme entstand am 13. November 2009 während des 7529. Orbits der Sonde.

RÄTSELHAFTE METHAN-VARIATIONEN

Immer wieder berichten Marsforscher, sie hätten in der Marsluft Methan gemessen. Stammt es von Mikroben? Oder ist es zusammen mit Eis im Boden gespeichert? Die Debatte um den gasförmigen Biomarker reicht bereits ein halbes Jahrhundert zurück – und ist noch nicht abgeschlossen.

Am 7. August 1969 warteten die Mondfahrer von APOLLO 11 in einem Alu-Container auf das Ende ihrer Quarantäne. Die NASA wollte sichergehen, dass ihre Helden keine gefährlichen Erreger von der Oberfläche des Trabanten eingeschleppt hatten, als sie zwei Wochen zuvor mit ihrer Raumkapsel aus den Wellen des Pazifiks gefischt worden waren. Eigentlich genossen die USA noch ihren Sieg im Wettlauf zum Mond, doch an diesem Tag lenkte die Weltraumbehörde das Interesse auf den Mars. Denn dort war ihre Sonde MARINER 7 planmäßig vorbeigeflogen.

Die Forscher präsentierten den erstaunten Journalisten ein Infrarotspektrum vom Südpol des Planeten. Demnach hatte MARINER in der Marsluft ein Gas gemessen, das auf der Erde mit biologischen Prozessen in Verbindung steht: Methan. Waren das die Ausdünstungen von Marsmikroben? Die spektakulären News schafften es in die TV-Nachrichten und auf die erste Seite der New York Times.

EIN BIOMARKER AUF ERDE

In unserer Atmosphäre kommt das kohlenstoffhaltige Gas Methan nur in Spuren vor. Man weiß, dass es sich zu 90 Prozent in biologischen Vorgängen bildet, nämlich dann, wenn sich organisches Material unter Luftabschluss zersetzt. Das ist beispielsweise in der Massentierhaltung oder auf Mülldeponien der Fall. Hinzu kommt die Freisetzung durch die Nutzung fossiler Energieträger. Aber auch natürliche geologische Prozesse, etwa chemische Reaktionen zwischen Wasser und Gestein, tragen zum Methangehalt der Luft bei. In den vergangenen beiden Jahrhunderten stiegen die Methanwerte übrigens stark an, was wegen der hohen Treibhauswirkung dieses Gases problematisch ist. Momentan liegt die Konzentration bei über 1900 ppb. Die Einheit bedeutet *parts per billion* und besagt, dass auf eine Milliarde Luftteilchen 1900 Methanmoleküle kommen. Auf fremden Himmelskörpern werten Astrobiologen das Vorkommen von Methan als Biomarker, also als Indiz, dass es dort Leben geben könnte.

Zurück zum Sommer 1969: Damals mussten die Wissenschaftler bald zurückrudern, denn ihr vermeintlicher Fund entpuppte sich als Fehlinterpretation der Spektren. In Wirklichkeit war das MARINER-Signal auf gefrorenes Kohlendioxid zurückzuführen – biologisch also uninteressant. Jahrzehntelang schien dies das letzte Wort zu sein, doch 2004 wendete sich das Blatt: nachdem der europäische Satellit MARS EXPRESS in die Umlaufbahn des Planeten eingeschwenkt war, publizierte ein Team um Vittorio Formisano vom Institut für Weltraumphysik INAF in Rom neue Methan-Messungen. Diese deuteten auf einen Gehalt von 10 ppb in der Marsluft hin. Ein spektakulärer Befund, denn auf dem Mars braucht die Sonnenstrahlung nicht lange, um Methan zu zersetzen. Jedes heute vorhandene Molekül ist also entweder zeitnah entstanden oder stammt von geologisch altem Methan, das zum Beispiel aus Lagerstätten im Boden zur Oberfläche entwichen ist.

Weitere Messungen bestätigten die Existenz des Marsmethans. So berichteten NASA-Forscher um Michael Mumma sogar über dessen Quellregionen, das war im Jahr 2009. Von Hawaii aus hatten sie mit zwei Großteleskopen eine Karte der Methan-Verteilung erstellt und die Konzentration des

→ **Sind das die Methan-Quellgebiete?**
US-Forscher erstellten 2009 diese Karte, welche die Quellregionen des Marsmethans anzeigen soll. Sie hatten von Hawaii aus mit zwei Großteleskopen die Konzentration des Gases drei Marsjahre lang untersucht. Dabei kamen sie auf drei Quellgebiete: Am weitesten nördlich befindet sich Nili Fossae, ein System konzentrischer Risse am Rande des Einschlagbeckens Isidis. Die beiden anderen Quellen sollen in der von Kratern geprägten Ebene Terra Sabae und in der Vulkanregion Syrtis Major liegen. Mehr noch: Die Konzentration des Gases sollte im Rhythmus der marsianischen Jahreszeiten schwanken – eine biologische Deutung schien somit plausibel.

Gases drei Marsjahre lang untersucht, also in einem Zeitraum, der rund sieben Erdenjahren entspricht. Drei Quellgebiete gaben die Astronomen an. Demnach liegen diese nah am Äquator oder in gemäßigten Breiten. Am weitesten nördlich befindet sich Nili Fossae, ein System von konzentrischen Rissen am Rande des alten Einschlagbeckens Isidis. Die beiden anderen Quellen sollen in der von Kratern geprägten Ebene Terra Sabae und in der Vulkanregion Syrtis Major liegen.

Zudem fielen jahreszeitliche Schwankungen auf. Mumma und seine Mitstreiter berichteten, dass sie hauptsächlich im lokalen Frühjahr und Sommer Methan registriert hatten. Die stärkste Aktivität hätte im März 2003 stattgefunden, damals war es gerade Sommer auf der nördlichen Marshalbkugel. Es schien also klar zu sein, dass auf dem roten Planeten Prozesse am Werk sind, die Methan in dessen Gashülle nachlieferten. Waren dabei Mars-Mikroben am Werk?

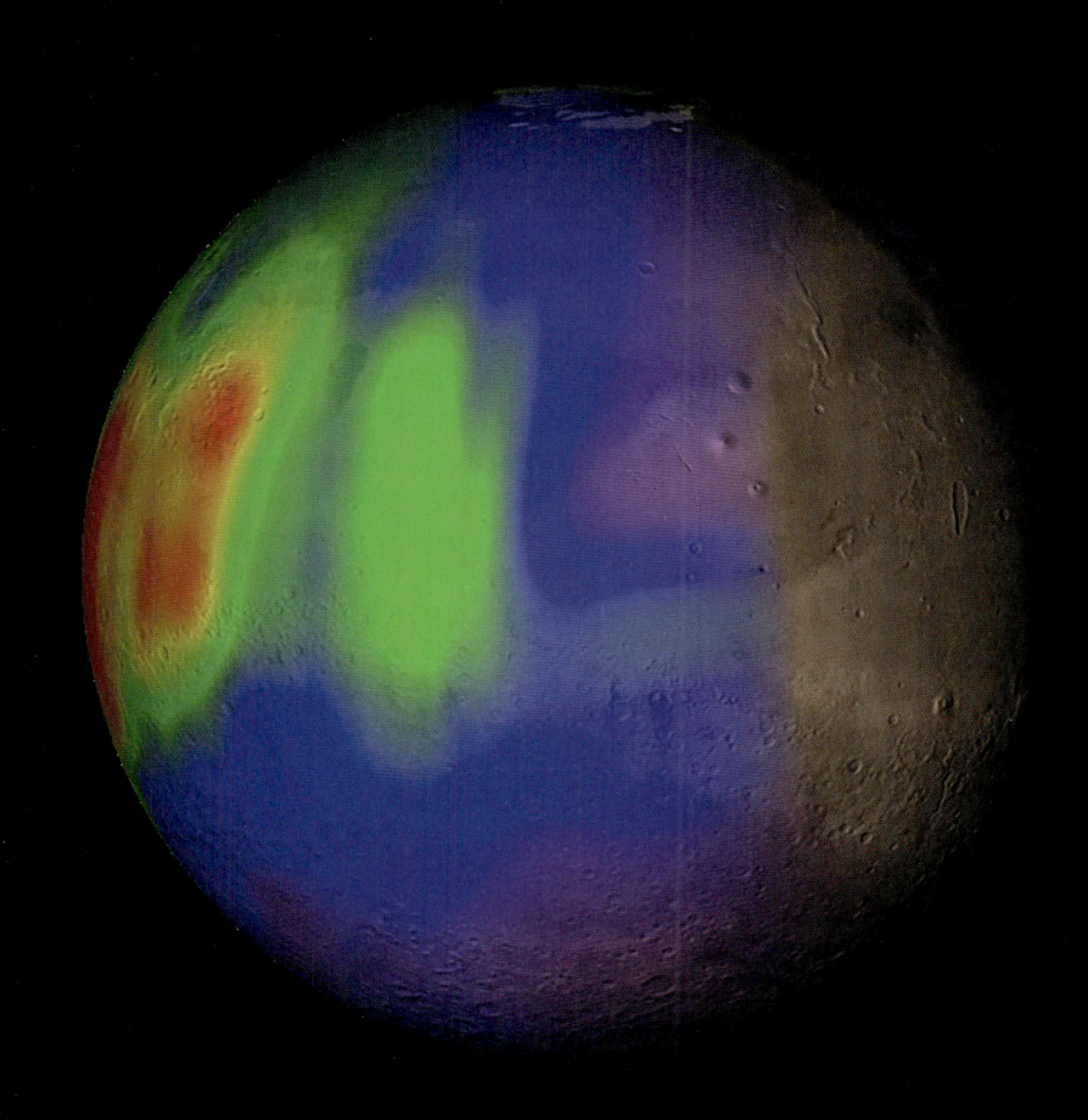

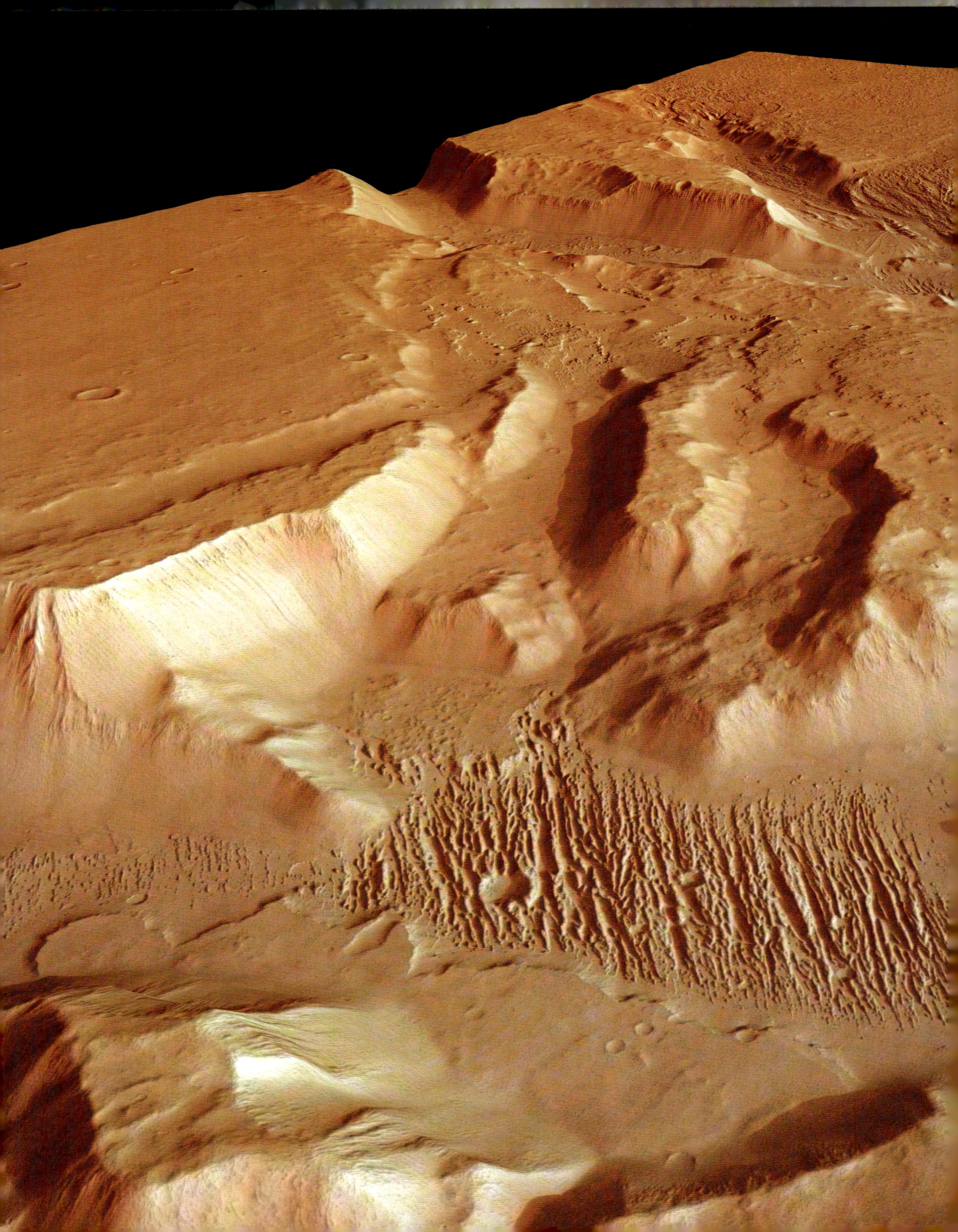

Gases drei Marsjahre lang untersucht, also in einem Zeitraum, der rund sieben Erdenjahren entspricht. Drei Quellgebiete gaben die Astronomen an. Demnach liegen diese nah am Äquator oder in gemäßigten Breiten. Am weitesten nördlich befindet sich Nili Fossae, ein System von konzentrischen Rissen am Rande des alten Einschlagbeckens Isidis. Die beiden anderen Quellen sollen in der von Kratern geprägten Ebene Terra Sabae und in der Vulkanregion Syrtis Major liegen.

Zudem fielen jahreszeitliche Schwankungen auf. Mumma und seine Mitstreiter berichteten, dass sie hauptsächlich im lokalen Frühjahr und Sommer Methan registriert hatten. Die stärkste Aktivität hätte im März 2003 stattgefunden, damals war es gerade Sommer auf der nördlichen Marshalbkugel. Es schien also klar zu sein, dass auf dem roten Planeten Prozesse am Werk sind, die Methan in dessen Gashülle nachlieferten. Waren dabei Mars-Mikroben am Werk?

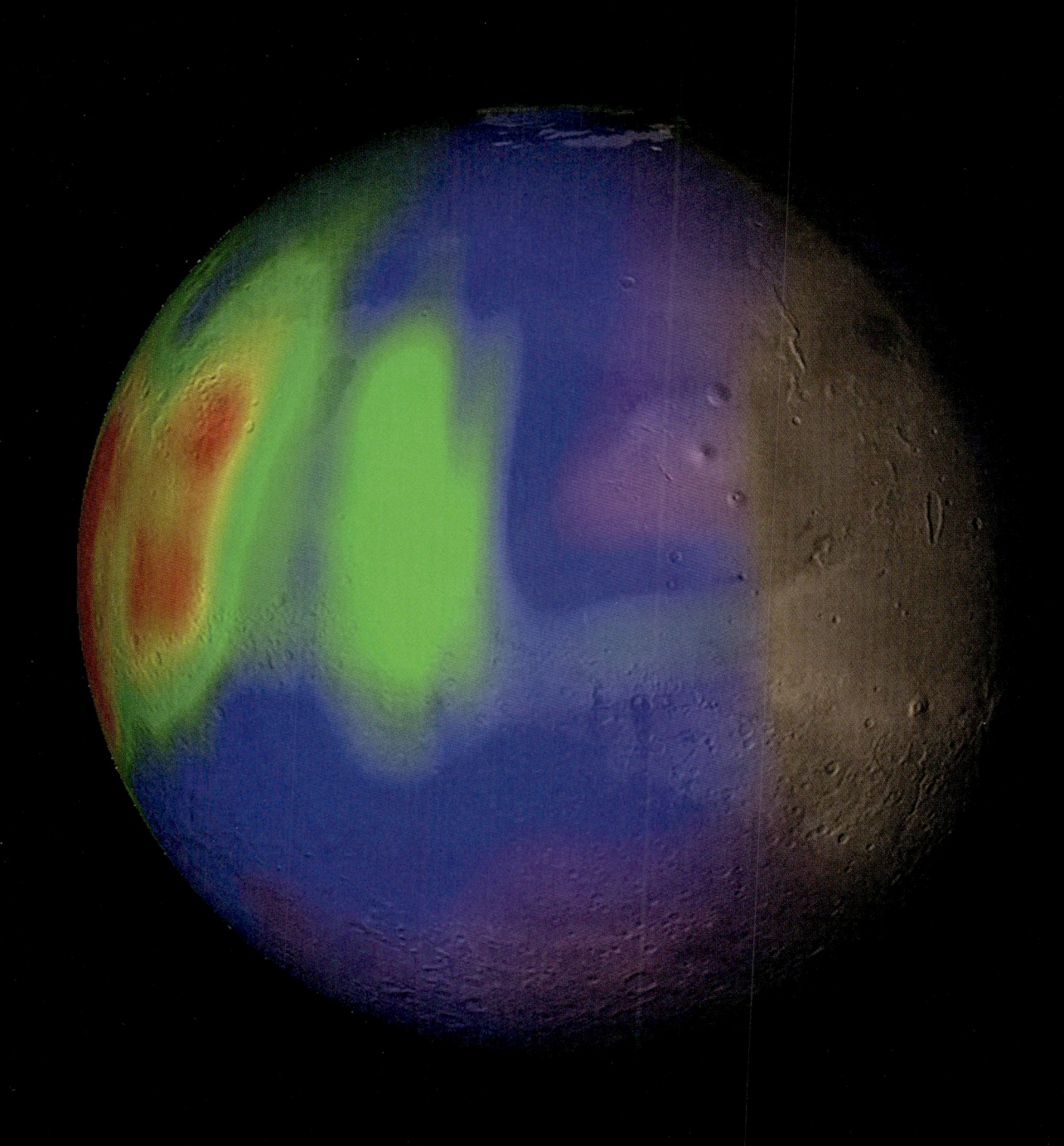

METHANHYDRAT IM MARSBODEN?

Eine Bestätigung kam im Juni 2018. Die Forscher um Christopher Webster vom Jet Propulsion Laboratory in Kalifornien lasen ebenfalls einen jahreszeitlichen Effekt aus den Messungen, welche diesmal am Boden vorgenommen worden waren. Denn fast drei Marsjahre lang hatte das NASA-Gefährt CURIOSITY in seinem Landegebiet schwankende Methan-Konzentrationen gemessen. Zur Erklärung vermuteten die Autoren, dass beachtliche Mengen des Gases als Methanhydrat im Untergrund gespeichert sind. Demnach wäre das Gas in einer Art molekularem Käfig aus Wassereis gefangen. Bei den steigenden Temperaturen der wärmeren Jahreszeiten würde es dann befreit und könne zur Oberfläche aufsteigen.

Im April 2019 gelang den Planetenforschern mit älteren MARS-EXPRESS-Daten ein besonderer Coup: die unabhängige Bestätigung des Methan-Maximums aus dem Juni 2013, das damals ebenfalls CURIOSITY gemessen hatte. Dazu wurden Hunderte von Messungen des Orbiters neu ausgewertet, die über dem äquatornahen Landegebiet des Rovers durchgeführt worden waren. Laut INAF-Forscher Marco Giuranna kam man so auf einen Methan-Wert von 15 ppb, CURIOSITY hatte am Vortag knapp 6 ppb gemessen. Alle anderen Orbiter-Messungen dieser Kampagne blieben hingegen ohne Methan-Nachweis.

Der Studie zufolge sollte das Methan nicht aus dem Landegebiet von CURIOSITY stammen. Die Autoren vermuten hingegen eine Quelle in der weiter östlich gelegenen Region Aeolis Mensae, wo Messungen auf Eis im Boden deuten. Dort könnte das Gas zusammen mit dem Eis existieren und episodisch durch Brüche im Gestein zu Tage treten. Einen neuen Methan-Rekord meldete das CURIOSITY-Team dann wenige Monate später, im Sommer 2019: Der bisherige Spitzenwert wäre demnach mehr als dreifach übertrumpft worden.

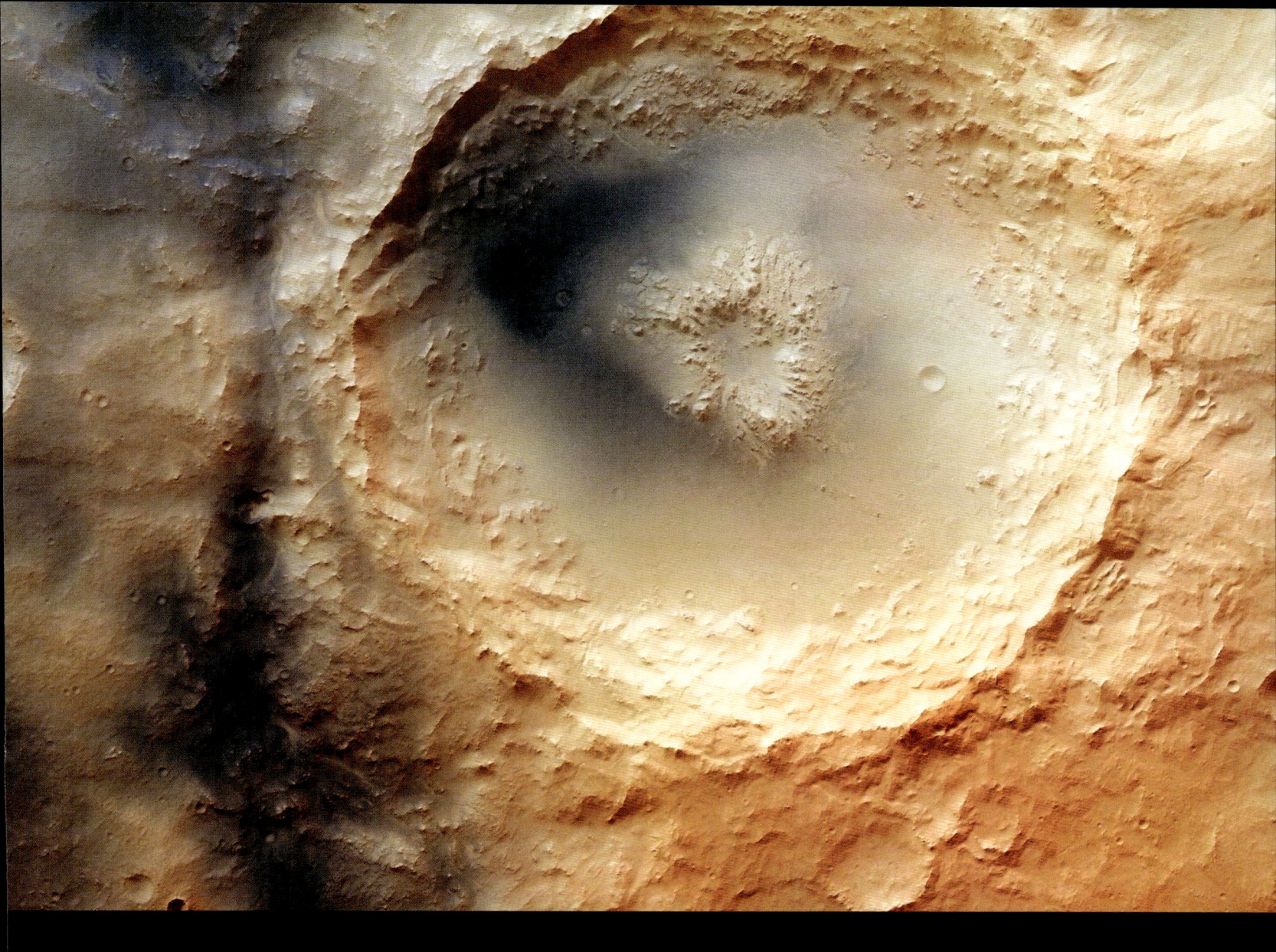

Die Methan-Meldungen vom Mars reißen also nicht ab, ist das Gas-Vorkommen damit bewiesen? Alles wartete auf den europäisch-russischen EXOMARS-Orbiter, der seine Messungen 2018 aufnahm. Doch dessen Resultate trugen eher zur Verwirrung als zur Klärung bei: Trotz der empfindlichen Spektrometer an Bord konnten die Experten damit kein Methan feststellen. Ein „unbekannter Prozess" könne eventuell das Methan aus der unteren Marsatmosphäre so schnell entfernen, dass es sich nicht global ausbreiten kann, vermuteten die Autoren. „Womöglich werde das Gas erst dann freigesetzt", spekuliert Paul Hartogh vom Göttinger Max-Planck-Institut für Sonnensystemforschung, „wenn der fast eine Tonne schwere CURIOSITY über Bodenstellen fährt, wo im Untergrund Methan gespeichert ist." Dann wäre die Gesamtmenge an Methan nämlich viel geringer als bislang vermutet. In diesem Fall müssten womöglich sogar die EXOMARS-Instrumente passen, so Hartogh.

Vielleicht liegt die Lösung des Rätsels bei einem ganz anderen Spurengas, nämlich Ozon. Erstmals wurde das aus drei Sauerstoffatomen bestehende Molekül im Jahr 2020 vom EXOMARS-Orbiter in der Marsluft entdeckt. Die beteiligten Forscher spekulieren, dass die Anwesenheit der Ozonmoleküle die Messungen stören könnte, mit denen auch das Methan nachgewiesen wird. Dies könne zu einer Überschätzung der Methan-Konzentrationen führen, weshalb eine Neuauswertung der bisherigen Messungen nötig sei. Die Kritik wurde vom CURIOSITY-Team umgehend zurückgewiesen. Mittlerweile scheint sich immerhin ein Minimalkonsens herauszubilden: Wenn das Methan in der Marsluft existiert, dann stammt es wahrscheinlich aus dem Untergrund. Ob es sich um biologisches oder geologisches Methan handelt, ist aber lange noch nicht geklärt. Die Fachdebatte ist also nach einem halben Jahrhundert, als MARINER 7 die Forscher erstmals mit Methan-Meldungen aufschreckte, noch immer im Fluss.

↑ **Methan aus Nili Fossae?**
Nahe des Isidis-Einschlagbeckens liegen die Nili Fossae. Die Formation enthält mehrere Gräben, ein Ausschnitt eines solchen Exemplars ist hier unten links zu sehen. Auf dem darüber liegenden Plateau (Bildmitte) sind mehrere verschieden große Vertiefungen erkennbar, von denen einige fast bis in den Graben hinein reichen. Der Krater, der oben rechts teilweise ins Bild ragt, misst 55 Kilometer. Neben ihrer interessanten Geologie kamen die Nili Fossae in die Schlagzeilen, weil mit erdgebundenen Teleskopen hier Methan ausgemacht wurde. Der Ursprung des Gases bleibt unklar, er könnte sowohl geologischer als auch biologischer Natur sein. Dieses Bild wurde am 16. Oktober 2014 von der europäischen MARS-EXPRESS-Sonde aufgenommen.

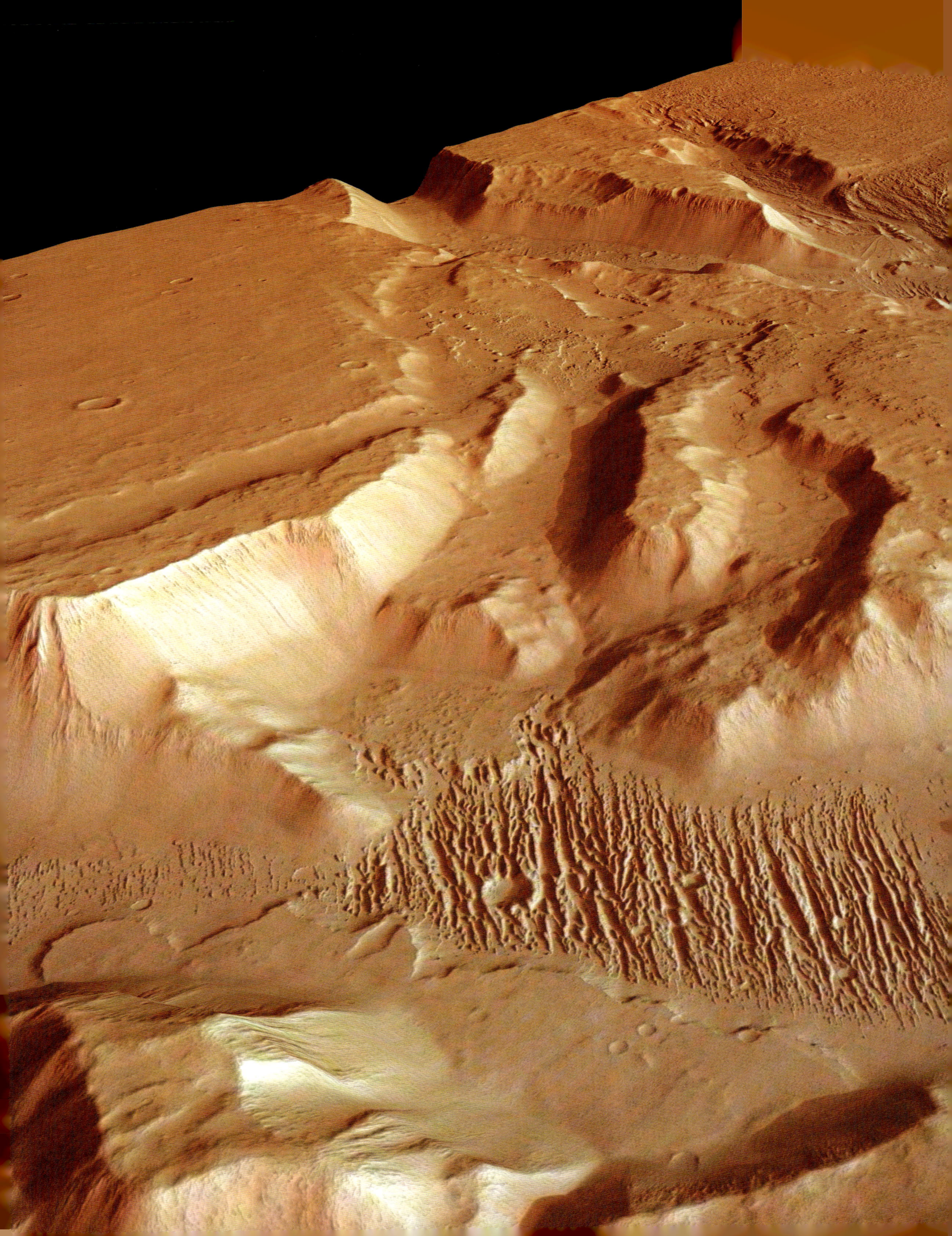

← **Methan aus Aeolis Mensae?**
Das Gebiet Aeolis Mensae schließt sich südlich an die Elysium-Vulkanregion an. Es ist durch viele Steilkanten geprägt, die bis zu drei Kilometer abfallen können. Durch die Dehnung der Marskruste entstanden hier viele freistehende Tafelberge, sogenannte Zeugenberge. Im Jahr 2012 landete der CURIOSITY-Rover im benachbarten Krater Gale. Der Ursprung ungewöhnlicher Methan-Konzentration, die CURIOSITY 2019 in seinem Landegebiet gemessen hat, wird in Aeolis Mensae vermutet. Die Kamera der MARS-EXPRESS-Sonde hat dieses Bild bereits im März 2007 aufgenommen.

STAUBSTÜRME: FAKTEN UND FIKTIONEN

Staub ist auf dem Mars allgegenwärtig. Wenn er massenhaft in der Marsluft wirbelt, zeigt sich ein auf der Erde unbekanntes Wetterphänomen: ein globaler Staubsturm. Er kann Raumsonden den Strom abdrehen, aber auch Drehbuchautoren in Hollywood inspirieren.

Der rote Planet ist berüchtigt für heftige Staubstürme, manchmal sind sie sogar von der Erde aus sichtbar. Erstmals berichtete der französische Gelehrte Honoré Flaugergues darüber, als er 1809 „gelbe Wolken" im Okular seines Teleskops erspähte. Trübes und stürmisches Wetter ist auf dem Mars keineswegs selten: „Jedes Jahr gibt es einige mittelgroße Staubstürme, die Gebiete der Größe von Kontinenten erfassen. Sie dauern wochenlang", so Michael Smith vom Goddard Space Flight Center der NASA. Und neben diesen jährlichen Ereignissen gibt es noch gewaltigere, aber seltenere Stürme. Zum Beispiel fotografierte im Juni 2001 das Weltraumteleskop Hubble, wie sich im südlichen Einschlagbecken Hellas ein Staubsturm zusammenbraute. Schon einen Tag später hatte sich dieser enorm ausgedehnt und im Weiteren dann zu einem Megasturm entwickelt. Solche globalen Stürme wurden seit 1909 immer wieder beobachtet.

Das ferne Wetterphänomen hat es sogar bis in die Populärkultur geschafft. Seit langem malen sich Science-Fiction-Autoren aus, wie es sein wird, wenn Menschen eines Tages den Mars betreten. So auch 2015 im Hollywoodfilm „Der Marsianer" nach der Romanvorlage von Andy Weir. Held des Streifens ist der Astronaut Mark Watney, gespielt von Matt Damon, die Regie führte Ridley Scott. In der Story gehört Watney zu den ersten Menschen auf dem Mars. Aber er kann die Pioniertat nicht lange genießen, denn wenige Tage nach der Landung erwischt ihn ein heftiger Sturm. Die Crew sieht sich zu einem Rückstart zur Erde gezwungen und Watney bleibt allein zurück. Nur auf sich gestellt, beginnt ein verzweifelter Überlebenskampf. Die packende Geschichte, die in 81 Ländern in die Kinos kam, dürfte viele für den Mars interessiert haben. Doch was hat sie mit der meteorologischen Realität zu tun?

KLEBRIGER STAUB

Tatsächlich sind die marsianischen Staubstürme nicht harmlos. Der Motor für diese Wetterereignisse ist die Strahlungswärme der Sonne. Wenn ihr Licht auf den Boden fällt, erwärmt es die oberflächennahe Marsluft, die höheren Schichten sind hingegen noch kühler. Die aufsteigenden warmen Gasmassen können den Staub vom Boden reißen. Dessen winzige Partikel sind dann relativ lang in der Luft unterwegs, denn kein Regen kann sie wie auf der Erde auswaschen. Sie sind elektrostatisch geladen und haften deshalb an den Oberflächen, mit denen sie in Berührung kommen, ähnlich wie man es von Styroporkügelchen kennt. Bereits unter ruhigem Marswetter verdreckt technisches Gerät deshalb schnell, wenn es der Marsluft ausgesetzt ist. NASA-Forscher Smith dazu: „Der Staub bedeckt alles, er gerät auch in bewegliche Bauteile wie Zahnräder", das sei eine Herausforderung für die Konstrukteure solcher Geräte.

Das ist nicht das einzige Problem. Während der großen Stürme kann es am Boden für die Stromerzeugung kritisch werden. Denn dabei wird so viel Staub in die Marsluft befördert, dass diese ihre übliche Transparenz einbüßt. Es wird also dunkler, was wiederum sehr ungünstig für den Betrieb von Solarzellen ist. Die kleinen Staubteufel (engl.: dust devils) wirken sich hingegen mal negativ und mal positiv aus. Sie ähneln den Wirbelwinden, die man beispielsweise von den Wüsten der Erde kennt, fallen auf dem Mars aber etwas größer aus. Einerseits sind die Marswirbel ebenfalls in der Lage, Solarzellen mit Staub zu bedecken und so für Strommangel zu sorgen. Andererseits wurde auch dokumentiert, dass sie Staub von den Zellen herunter blasen können. Im Film verbringt Watney jedenfalls einen Teil seines

→ **Die Odyssee des Marsianers**
Auf dieser farblich kodierten Höhenkarte kann man die Route nachvollziehen, die Mark Watney, der Held des Filmes „Der Marsianer", zurücklegte. Sein Ausgangspunkt ist die Ebene Chryse Planitia, dort setzte 1976 die NASA-Sonde VIKING 1 auf. Watneys eigentliches Ziel ist die (fiktive) Ersatzrakete ARES 4, zuvor muss er sich aber erst ein intaktes Funkgerät organisieren. Das findet er mehrere hundert Kilometer südlich in der Mündung des ehemaligen Flusstals Ares Vallis an der Landestelle von PATHFINDER mit dem ersten automatischen Marsmobil SOJOURNER, das dort 1997 niederging. Anschließend führt ihn sein Weg zur Mündung von Mawrth Vallis, das er talaufwärts entlangfährt – dort steigt das Höhenniveau insgesamt um rund 2000 Meter. Durch das zerklüftete und mit Kratern übersäte Gebiet Meridiani Planum geht es für den Astronauten weiter, er legt weitere 2500 Höhenmeter zu. Genau am Marsäquator erreicht Watney den 459 Kilometer großen Krater Schiaparelli, an dessen Nordwestrand ein Bergrutsch eine natürliche Rampe bildet. Über diese kann er schließlich in den fast 700 Meter tiefer gelegenen Krater zur ARES-4-Rakete vordringen.

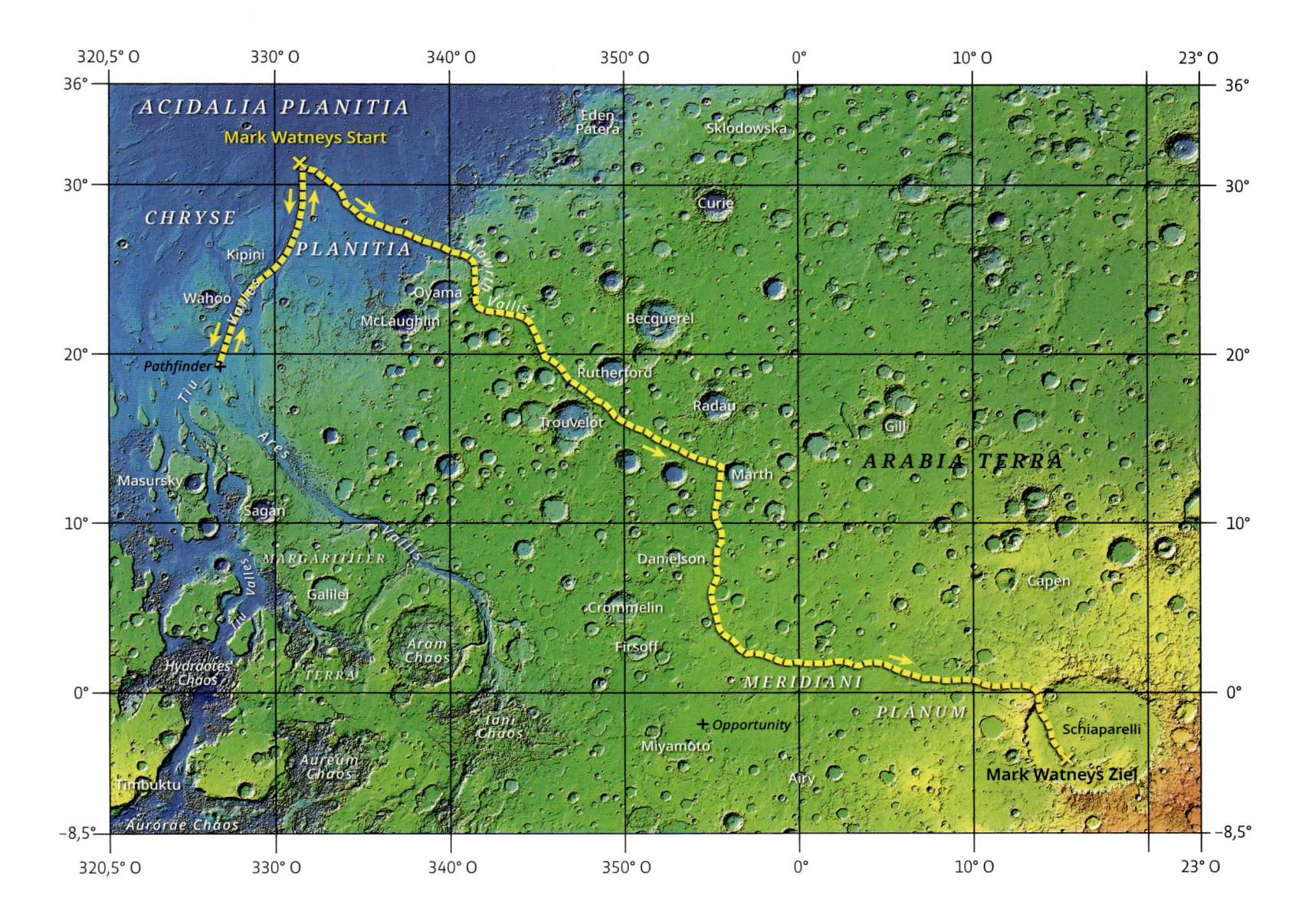

Tages damit, den Staub von den Solarpaneelen zu fegen, um möglichst viel Strom zu ernten – eine durchaus realistische Darstellung, findet Smith. „Auch wir machten uns wirklich Sorgen um die Energieversorgung unserer Rover, das war eine ernste Sache." Er meint damit die baugleichen Marsmobile SPIRIT und OPPORTUNITY, die mit Solarstrom versorgt wurden. Die neueren US-Rover sind mit ihren Nuklearbatterien unabhängiger vom Marswetter.

Die großen Staubstürme ereignen sich besonders häufig, wenn der Mars auf seiner elliptischen Umlaufbahn der Sonne nah ist, typischerweise im südlichen Sommer. Dann erhält der Planet rund 40 Prozent mehr Sonnenlicht als in seiner Sonnenferne. Wie viel von dem Licht dann am Boden ankommt, hängt davon ab, ob ein Staubsturm ausgelöst wird. Die großen Stürme, und sogar die globalen Staubstürme, wurden bereits mehrfach von der Marsoberfläche aus beobachtet. Das begann 1977, als die beiden Lander der VIKING-Mission registrierten, wie die Marsluft wärmer wurde und sich die Spanne des täglichen Temperaturverlaufs drastisch verringerte. Gleichzeitig verdunkelte sich der Himmel, was für die schon damals nuklear betriebenen VIKINGS aber kein Problem darstellte. Und natürlich frischen die Winde auf: Nur eine Stunde nach Ankunft eines Sturms steigt die Windgeschwindigkeit auf über 60 Stundenkilometer, Böen blasen sogar anderthalbmal so schnell. Dennoch fotografierten die VIKING-Kameras keine sichtbaren Verwehungen. Denn wegen der geringen Dichte der Marsluft ist ein beträchtlicher Wind nötig, um den Staub überhaupt in die Luft zu heben.

ÜBERLEBEN IN DER ENERGIEKRISE

Auch SPIRIT und OPPORTUNITY blieb es nicht erspart, sich einem globalen Großsturm zu stellen, das war 2007. Smith: „Sie haben dabei auf Überlebensmodus geschaltet und im Grunde wochenlang pausiert." Beide überdauerten die Energiekrise und konnten danach noch lange weiter forschen, OPPORTUNITY sogar über acht Jahre länger als ihr Zwilling SPIRIT. Der vorerst letzte Megasturm tobte im Jahr 2018, er war es, der OPPORTUNITY schließlich zur Strecke brachte.

„Im Durchschnitt wachsen sich normale Stürme alle drei Marsjahre zu planetenweiten Ereignissen aus, das entspricht etwa 5,5 Erdenjahren", bilanziert Marsforscher Smith. Man sei sich nicht sicher, welche Ursachen diese langen Zeitlücken haben. „Vielleicht gibt es eine Art Zyklus, den der Staub durchlaufen muss, um wieder an die richtigen Stellen zu gelangen, sodass ein neuer Sturm ausgelöst werden kann", spekuliert er. Messungen aus dem Orbit ergaben, dass in der Saison nach einem globalen Staubsturm die durchschnittliche Temperatur sinkt. Womöglich liegt das an der weiträumigen Bedeckung der Oberfläche mit hellem Staub, welche die Rückstrahlung der Sonnenenergie (Albedo) vorübergehend erhöht.

Auf dem Mars made in Hollywood geht es unterdessen dramatisch zu. Im Film „Der Marsianer" sieht man, wie ein Sturm Teile des Habitats der Astronauten zerstört. Ist das realistisch? Smith winkt ab: Selbst in den heftigsten Staubstürmen können die Winde wohl keine massiveren Strukturen beschädigen. Auch in Böen erreichen sie weniger als die Hälfte des Tempos, mit dem Orkane bei uns auftrumpfen. Zudem sei eine Fixierung auf die Windgeschwindigkeit irreführend. Denn die Marsatmosphäre hat weniger als zwei Prozent der Dichte unserer Luft. Eine Hunderte Kilogramm schwere Landesonde umzuwerfen, ist wohl selbst für die schlimmsten Stürme dort unmöglich.

ZUCKEN BLITZE AUF DEM MARS?

Gleichwohl könnte es sein, dass gewittrige Staubstürme Marssonden für immer zum Schweigen bringen – womöglich war das erste Opfer die sowjetische Sonde MARS 3. Im Dezember 1971 war ihr Landegerät nach einem halben Jahr

↓ **Regionaler Staubsturm 2022**
Die hellbeigen Wolken (Bildmitte) zeigen heftige Staubaktivität in der Marsluft an. Als diese Fotos am 29.9.2022 vom MARS RECONNAISSANCE ORBITER der NASA aufgenommen wurden, hatte sich der Staubsturm bereits zu einem regionalen Ereignis von der Größe eines Kontinents ausgewachsen. Es dauerte danach einige Wochen, bis sich der weiträumig verwehte Staub wieder auf der Oberfläche absetzte. Obwohl dieser Sturm rund 3500 Kilometer von der INSIGHT-Sonde entfernt war, wirbelte er immer noch genügend Staub auf, um den Output von deren Solarzellen deutlich zu reduzieren. Die mit Atombatterien ausgestatteten Rover PERSEVERANCE und CURIOSITY, 3455 und 600 Kilometer von INSIGHT entfernt, sind unabhängig vom Angebot an Sonnenenergie.

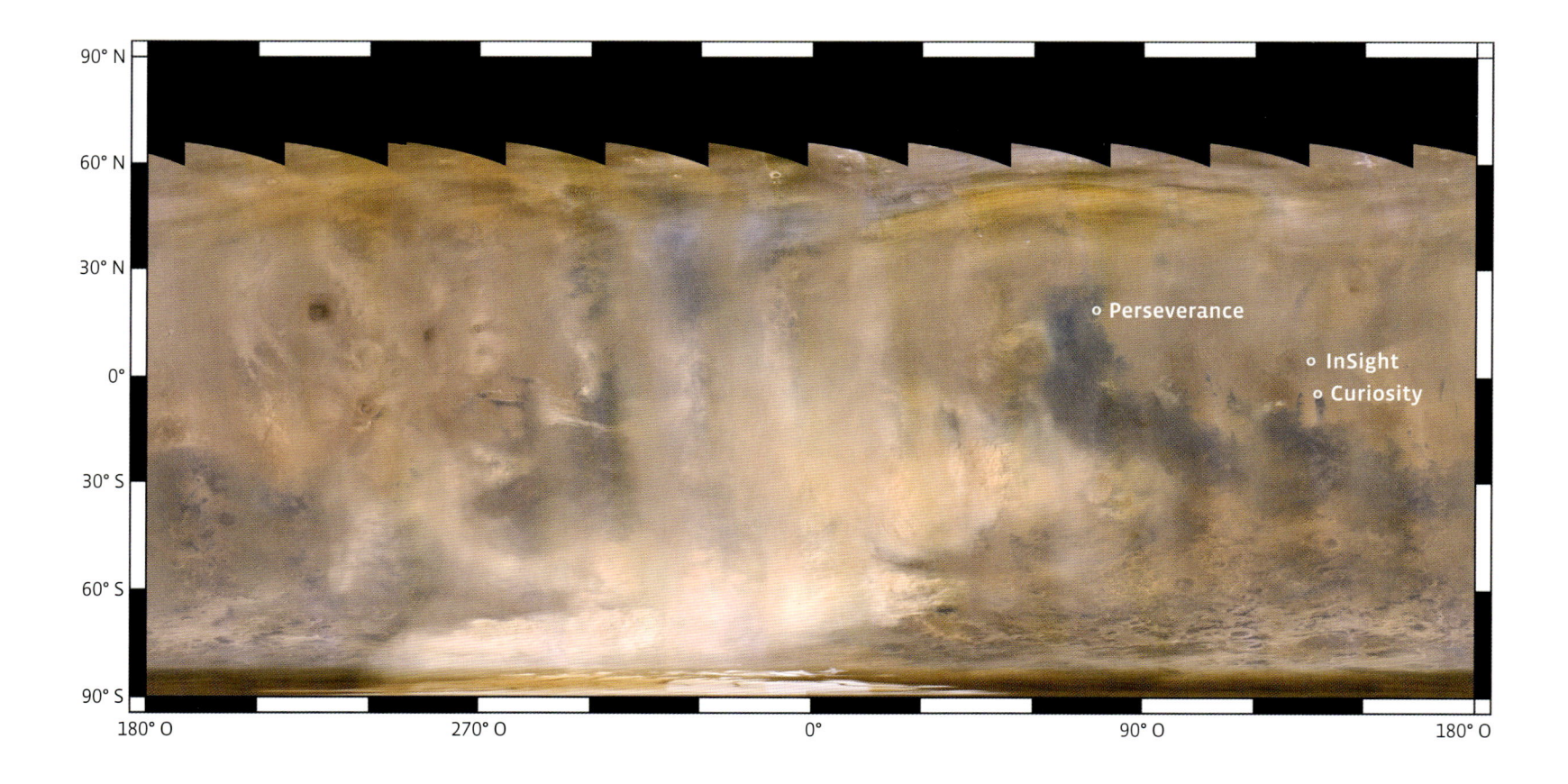

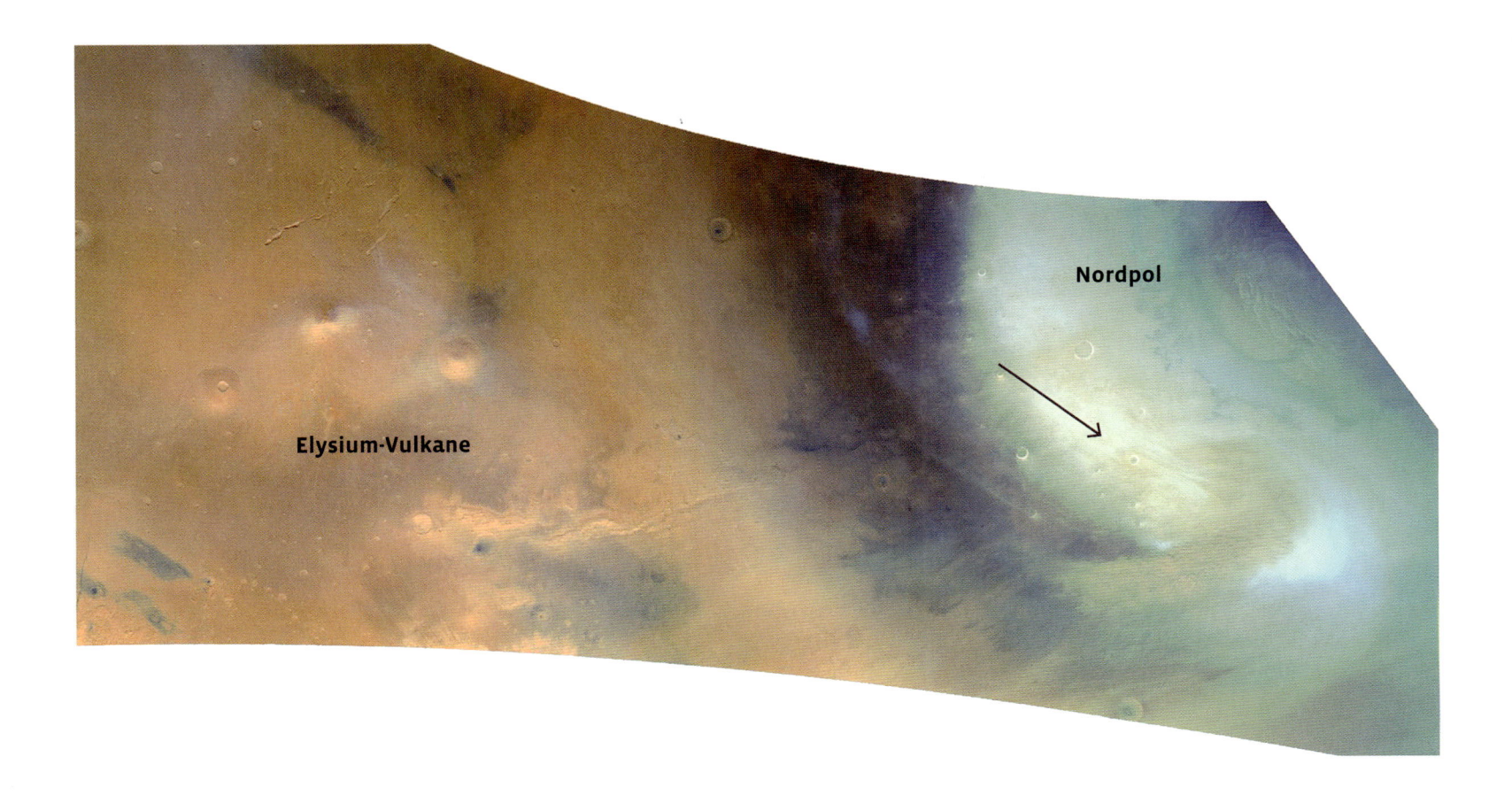

Flugzeit am Ziel und schoss fünfmal schneller als die Kugel einer Kalaschnikow in die Gashülle des roten Planeten. Fallschirm und Bremsraketen arbeiteten plangemäß, die erste weiche Landung auf dem Nachbarplaneten war geglückt – und zwar fünf Jahre vor den VIKING-Sonden der NASA. Zweifellos war das eine technische Glanzleistung, wissenschaftlich blieb die Mission aber ein Flop. Denn nach kaum 15 Sekunden brach die Funkverbindung zum Lander für immer ab.

Zunächst herrschte Ratlosigkeit, dann ergab sich jedoch eine Spur: „In der libanesischen Wüste hatten im zweiten Weltkrieg britische Funker Ausfälle ihrer Geräte erlebt, und zwar während eines Staubsturms", erinnerte sich Wladimir Perminow, damals Chefkonstrukteur der ersten Mars- und Venussonden der UdSSR. War auf dem Mars etwas Ähnliches passiert? Tatsächlich gehen viele Forscher davon aus, dass Staubstürme auf dem Mars zu elektrischen Phänomenen in dessen Gashülle führen können. „Wenn die Staubpartikel untereinander zusammenstoßen, laden sich diese auf, erläutert der Physiker Gerhard Wurm, der an der Universität Duisburg-Essen solche Phänomene im Labor studiert. „Verschieden große Partikel laden sich unterschiedlich auf. Wenn die Ladungen getrennt werden, können starke elektrische Felder entstehen." Prinzipiell könnten die Aufwinde in einem Mars-Staubsturm für eine solche Ladungstrennung sorgen. Sind die Felder groß genug, so wäre auch ein elektrischer Durchschlag in der Gashülle möglich. Und wenn sich dieser weiter fortpflanzt, ist ein Blitz die Konsequenz.

ELEKTRISCH GELADENE WINDE

Klar ist, dass zum Landezeitpunkt von MARS 3 ein globaler Staubsturm tobte. Perminow vermutete deshalb, dass die Sonde von einer elektrischen Entladung lahmgelegt wurde. Ob es auf dem Mars tatsächlich Blitze gibt, ist aber noch immer unklar. Zwar berichteten 2009 US-Forscher um Christopher Ruf über verdächtige Mikrowellenstrahlung, die sie mutmaßlich aus einem Staubsturm aufgefangen hatten. Sie verwendeten dazu einen damals neuartigen Radioempfänger, den sie in eine Antenne des Deep Space Network eingebaut hatten. Mit dem weltweiten Antennen-Netzwerk hält die NASA Kontakt zu ihren Raumsonden.

↑ **Staubstürme am Nordpol**
Wenn sich auf dem Mars die eisbedeckte Nordpolkappe (im Bild ganz rechts) in der wärmeren Jahreszeit zurückzieht, können sich dort heftige lokale Staubstürme zusammenbrauen. So auch im Jahr 2019, als mehrere Stürme diese Region heimsuchten. Zwischen dem 22. Mai und dem 10. Juni beobachtete die europäische MARS-EXPRESS-Sonde mindestens acht solcher Stürme am Rand der Eiskappe. Dieses Foto stammt vom 26. Mai und zeigt einen spiralförmigen Sturm, dessen Hauptarm etwa 2000 Kilometer lang ist. Die dunklen Gebiete rechts der Bildmitte sind riesige Dünenfelder, welche die Polregion umgeben. Weiter links sind die Vulkane der Elysium-Region zu erkennen, in deren Nähe sich dünne helle Wolken stauen.

Sind diese Mikrowellen Indizien für Blitzentladungen in Staubstürmen des roten Planeten, ähnlich wie sie auch in den Aschewolken irdischer Vulkanausbrüche beobachtet werden? Die Signatur der aufgefangenen Wellen spreche dafür, meinten damals die Autoren. Wurm ist jedoch skeptisch. Vor Ort, also vom Marsboden aus oder aus dem Marsorbit, seien keine Blitzentladungen beobachtet worden – anders als bei den Riesenplaneten Jupiter, Saturn und Uranus. Gleichwohl seien Marsblitze auch nicht auszuschließen. Seine Laborexperimente zeigen nämlich, dass Elektrizität im Marswetter durchaus eine Rolle spielt: Offenbar helfen elektrische Winde den Staubpartikeln, sich in die Marsluft zu erheben. Zudem hat Wurms Team eine geringe Lichtemission in einer Mars-Vakuumkammer fotografiert, die wahrscheinlich von elektrischen Mikroentladungen herrührt. Ein realistisches Modell für den echten Mars? Wurm tippt darauf, dass die Staubsturmwolken ebenfalls ein schwaches Leuchten aussenden. Womöglich könnte es nachts von den Kameras der Lander nachgewiesen werden. Jedenfalls warten die Marsforscher schon auf das nächste globale Sturmereignis. Folgt man der Statistik, sollte es noch im Jahr 2024 losbrechen – doch womöglich hat die fremde Wetterküche andere Pläne.

→ **In Staub gebadet**
Auf dem Marsrover SPIRIT hat sich so viel Staub abgesetzt, dass er auf diesem Bild fast mit dem ebenfalls staubigen Hintergrund verschmilzt. Das Foto zeigt die Szenerie in annähernd echten Farben. Es wurde zwischen dem 1355. und 1358. Marstag der Mission aufgenommen (26. bzw. 29. Oktober 2007). Der Staub auf den Solarzellen verringerte die tägliche Energieversorgung des Rovers, trotzdem hielt er noch lange durch. Im März 2010 hatte die NASA letztmalig Funkkontakt mit ihrem Gefährt. Die sternförmige Form unten ist ein Artefakt der Bildverarbeitung, sie markiert die Position des Kameramasts.

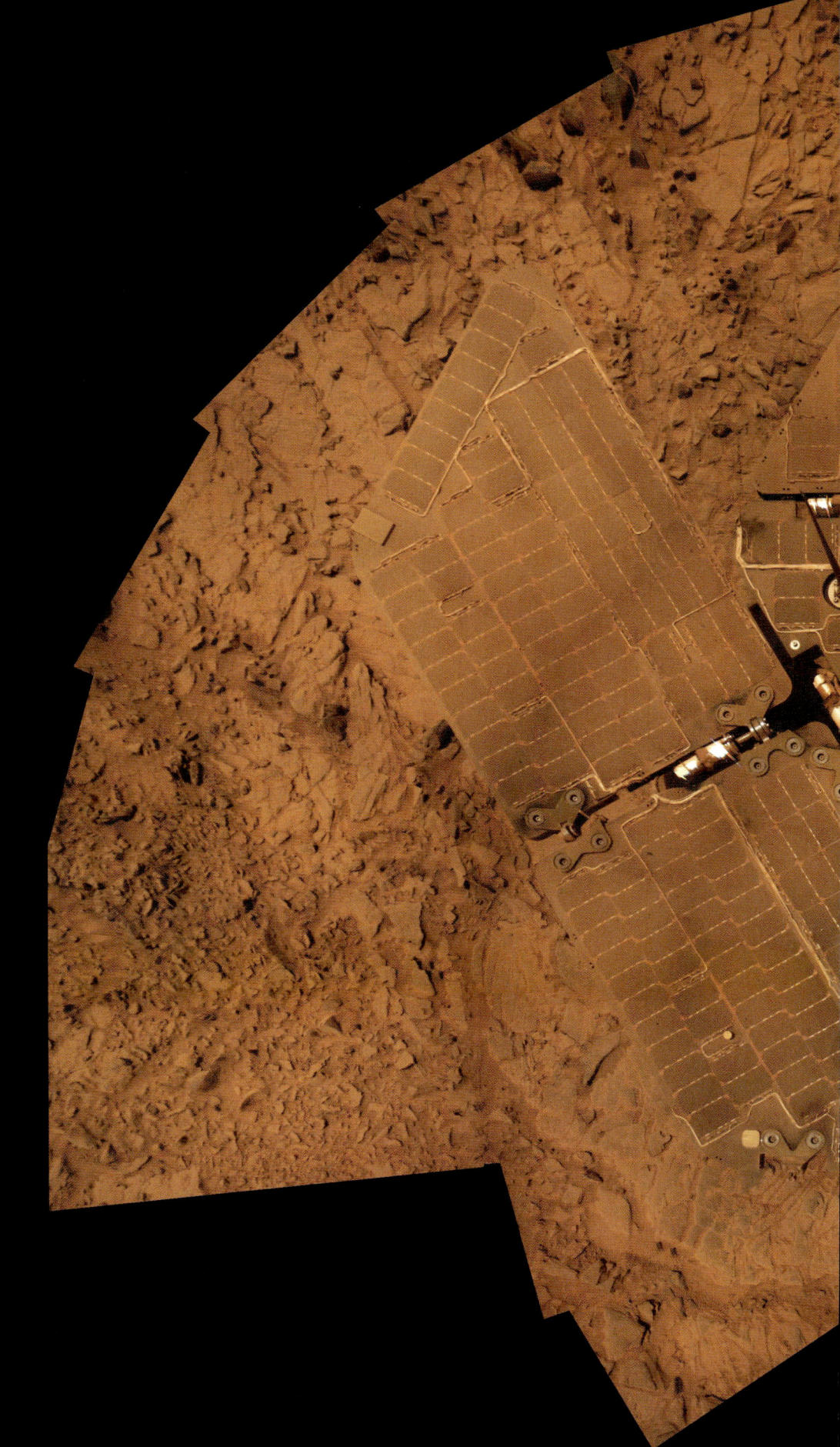

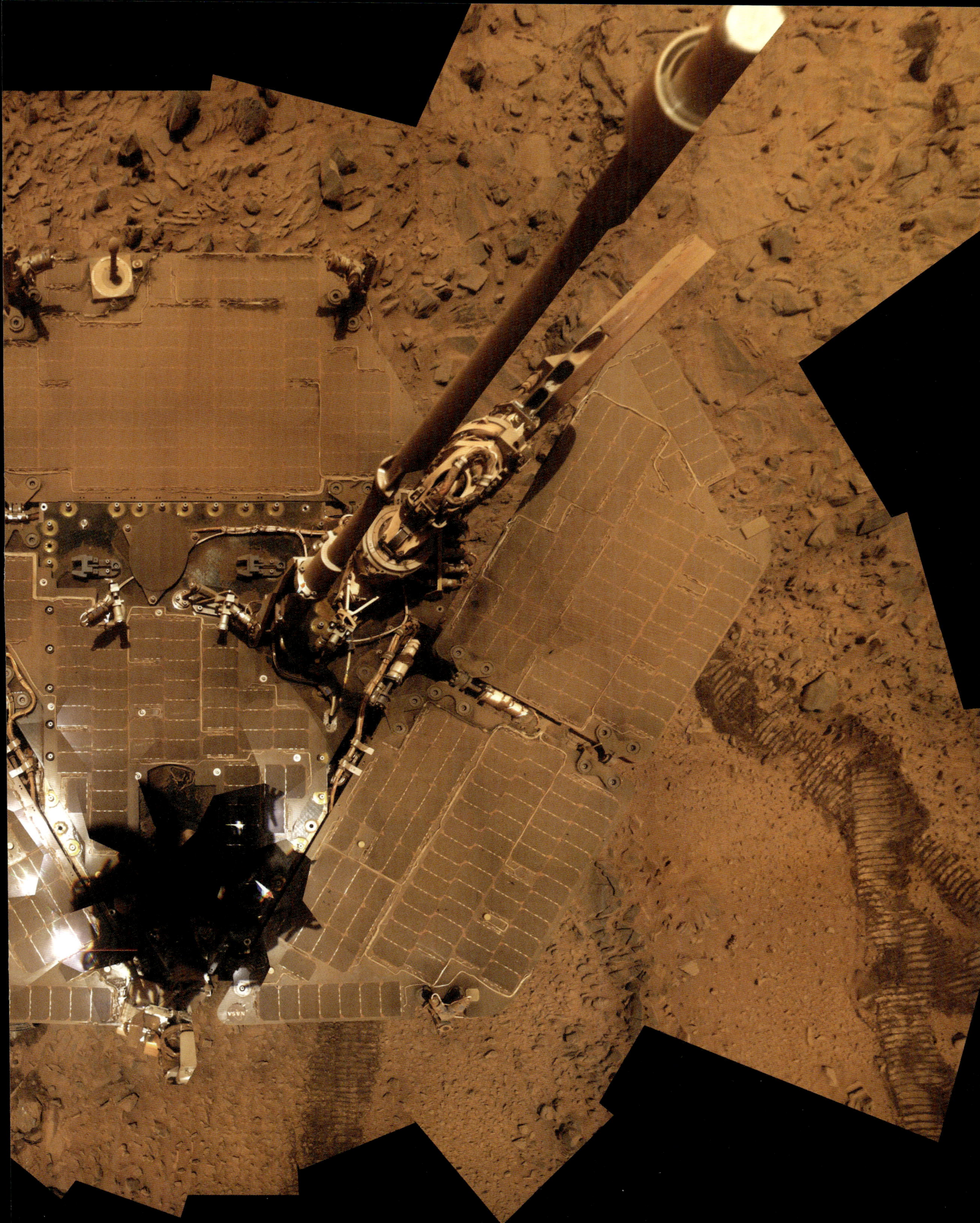

EIN MARATHON IN DER MARSLUFT

Auf dem Mars wurde eine neue Phase bei der Erforschung des Sonnensystems eingeläutet: Der kleine unbemannte Helikopter INGENUITY hat die staubige Oberfläche des roten Planeten unter sich gelassen. Ihm gelang der erste Motorflug auf einem fremden Himmelskörper.

Es klang wie eine Todesanzeige, die das Magazin *Nature* seinen Lesern im Februar 2024 mitteilte: „INGENUITY, das erste Flugzeug, das auf einer anderen Welt flog, ist tot. Es starb am 18. Januar während seines 72. Fluges im Krater Jezero auf dem Mars. INGENUITY wurde fast drei Jahre alt." Die trauernde Tonlage, die das Wissenschaftsblatt anschlug, hätte eher zur PR-Abteilung der NASA gepasst. Doch für viele Marsforscher, und auch die interessierte Öffentlichkeit, wird es tatsächlich ein trauriger Tag gewesen sein. Denn die Leistungen der kleinen Drohne waren beeindruckend.

INGENUITY begleitete den sechsrädrigen Rover PERSEVERANCE, beide waren gemeinsam im Februar 2021 auf dem Mars gelandet. In dem äquatornahen 45-Kilometer-Krater Jezero, wo es vor Jahrmilliarden einen See gab, fahndeten die beiden nach möglichen Biosignaturen. Den Namen der Drohne, der im Englischen etwa Einfallsreichtum bedeutet, erhielt das Fluggerät bei einem NASA-Wettbewerb zur Namensgebung von einer Schülerin aus dem US-Bundesstaat Alabama. Der Spitzname „Ginny" kam erst später in Mode, für den Rover PERSEVERANCE hat sich „Percy" eingebürgert.

VON DER VENUS ZUM MARS

Streng genommen war Ginny nicht das erste Fluggerät in der Luft eines fremden Planeten. Denn im Sommer 1985 hatten die beiden sowjetischen Sonden VEGA 1 und 2 je einen Wetterballon auf der Nachtseite des Planeten Venus ausgesetzt. Die beiden waren mit Helium gefüllt und fuhren – wie man unter Ballonfahrern sagt – durch die von Wolken aus Schwefelsäure durchzogene venusische Gashülle. Die beiden 3,5 Meter großen Ballonhüllen waren in Frankreich aus Teflon-Kunststoff gefertigt worden. Da die Ballone rund 54 Kilometer hoch über dem Boden operierten, mussten sie nur Temperaturen von kaum über 40 Grad Celsius aushalten und nicht die mehr als 460 Grad, die auf der höllischen Venus-Oberfläche herrschen. Die Sensoren in den Ballongondeln nahmen kontinuierlich Daten auf. So maßen sie stürmische Ostwinde und hielten nach Blitzen Ausschau, Letzteres allerdings vergeblich. Die Datenübertragung endete jeweils, nachdem die Ballone einige Stunden die Tagseite überflogen hatten. Nach 46 bzw. 60 Stunden endeten die ersten interplanetaren Ballonfahrten.

Am Boden der Venus wiegt ein Kubikmeter der hitzigen Kohlendioxid-Luft rund 65 Kilogramm, am Erdboden sind es nur knapp 1,3. Auf dem Mars ist die Atmosphäre viel dünner, jeder Kubikmeter bringt es nur auf 20 Gramm. So wenig atmosphärisches Gas macht es jedem Fluggerät sehr schwer, abzuheben. Es dauerte deshalb über drei Jahrzehnte länger als auf der Venus, bis es zum ersten Flugversuch auf dem Mars kam. Zudem war die Sinnhaftigkeit eines solchen Projektes umstritten, auch innerhalb des Teams der PERSEVERANCE-Mission. Lange blieb es unklar, ob Ginny wirklich eine Mitfluggelegenheit bekommen sollte. Kritiker befürchteten, dass das Technologie-Experiment vom eigentlichen Forschungszweck der Marsmission ablenken würde. Kurz vor dem Start gab die NASA schließlich ihr Go. Eigentlich sollten es nur wenige kurze Testflüge werden, um zu klären, ob die dünne Marsluft überhaupt für den Motorflug taugt. Binnen 30 Tagen waren fünf Flüge geplant.

↑ Vorbereitung zum Flugeinsatz
Oben links: Verstaut in einer Schutzkappe am Unterboden von PERSEVERANCE landete der Helikopter INGENUITY auf dem Mars. Hier sieht man, wie er schrittweise in Betrieb genommen wurde. Auf dem Boden liegt bereits eine Abdeckung, sie schützte das Radar-Gerät in der Landephase. Oben rechts: Am 21. März 2021, dem 30. Marstag der Mission, wurde INGENUITYS Schutzkappe abgeworfen, hier liegt sie auf dem Marsboden unter dem Rover. Darüber – noch befestigt am Bauch von PERSEVERANCE – kommt der zusammengeklappte Mars-Helikopter zum Vorschein. Unten links: INGENUITY wird entfaltet und in eine aufrechte Position bugsiert. Das Bild stammt vom 28. März 2021, am Landeort war es früher Nachmittag. Unten rechts: Zwei Tage später entstand dieses Foto. Alle vier Landebeine sind nun ausgefahren, INGENUITY ist bereit für den Abwurf. Die Fotos hat die WATSON-Kamera am Ende des PERSEVERANCE-Roboterarms aufgenommen.

TAUSEND TAGE IM EINSATZ

Doch es kam anders. Während seiner Einsatzzeit von 1004 Tagen brachte es INGENUITY auf eine stattliche Flugstrecke von 17 Kilometern. „Diese Art von Mobilität kann uns an Orte bringen, die wir ansonsten nie erreichen würden", so die Direktorin Laurie Leshin vom Jet Propulsion Laboratory (JPL) im kalifornischen Pasadena, das maßgeblich an dem Projekt beteiligt war. Anders als die Venus-Ballone war INGENUITY als motorisiertes Luftfahrzeug nämlich steuerbar. Und es war viel kleiner: Die Spannweite der beiden gegenläufigen Rotoren beträgt nur 1,2 Meter, das kastenförmige Fluggerät wiegt gerade einmal 1,8 Kilogramm.

Gleichwohl war es für Ginny schwierig, genügend Auftrieb zu erzeugen. Denn für eine so geringe Luftdichte wie am Marsboden müsste man auf der Erde etwa 30 Kilometer hoch aufsteigen. Kein hiesiger Hubschrauber kann in solchen Höhen fliegen. Hingegen machte es die geringere Schwerkraft, sie beträgt knapp 38 Prozent des irdischen Wertes, etwas leichter, vom Boden abzuheben. Ginnys Rotorblätter mussten trotzdem Höchstleistungen vollbringen: Um sich in der Marsluft zu halten, rotierten sie zwischen 2400- und 2900-mal pro Minute, das ist etwa sechsmal schneller als es in unserer Luft erforderlich ist.

INGENUITY flog über Krater, Dünen und Geröllfelder. Meist war die Flughöhe von vornherein auf zwölf Meter begrenzt, da sich der eingebaute Höhenmesser in dieser Höhe als noch zuverlässig erwiesen hatte. Zwar war es auch möglich, nur mit der Bordkamera und den Trägheitssensoren höher zu fliegen, aber: „die Abschätzung der Flughöhe beginnt dann zunehmend zu driften", so JPL-Ingenieur Jeff Delaune. „Wir haben es bei einigen Flügen so gemacht, aber es war ein zusätzliches Risiko." Ihre maximale Flughöhe erreichte Ginny am 5. Oktober 2023, als sie bis auf 24 Meter aufstieg. Der längste Flug dauerte knapp drei Minuten. Man könnte vermuten, dass die begrenzte Kapazität der Lithium-Ionen-Batterie längere Flüge verhinderte, tatsächlich waren es aber die Motoren der Rotorblätter, die sich bei deutlich längeren Flügen überhitzt hätten. Denn die dünne Marsluft kann die Abwärme der hochtourig drehenden Elektromotoren nicht schnell genug abführen.

DURCH STAUBSTURM UND MARSWINTER

Nicht immer gelang es Ginny, als Percys Scout zu fungieren, also durch Überfliegen der geplanten Route des Rovers vorab nach möglichen Hindernissen zu suchen. Ab Mai 2022 machten ihr Staubstürme zu schaffen. „Der Himmel ist voller Staub, die Erzeugung von Solarstrom ist niedrig", so damals der Ingenieur Jaakko Karras vom INGENUITY-Team. Viel Staub in der Marsluft dimmte das verfügbare Sonnenlicht, was den Output der Solarzellen beeinträchtigte. Zudem kündigte sich der Winter an. Ginny blieb viele Wochen am Boden und fiel hinter den nuklear betriebenen Rover zurück, der nicht von der Sonne abhängig ist. Doch allen Befürchtungen zum Trotz überstand die zähe Mars-Drohne die bitterkalten Winternächte und nahm in der zweiten Augusthälfte ihre Flüge wieder auf, der Staubsturm war abgeflaut.

↑ **Ein Nachmittag in Jezero**
Während INGENUITY für seine Mission vorbereitet wird, entstand dieses Panorama. Es ist Nachmittag im Jezero-Krater und die Kamera blickt nach Nordosten. Halb rechts im Bild liegt die abgeworfene Schutzkappe, in der INGENUITY die gefährliche Marslandung überstand. Sie war Tage zuvor abgeworfen worden. Noch etwas weiter rechts lugt hinter einem Stein die Radar-Kappe hervor. PERSEVERANCE hat die fünf Fotos, die zu dem Panorama montiert wurden, mit seiner linken Navigationskamera am 29. März 2021 aufgenommen. Sie befindet sich oben am Mast des Rovers. In der Ferne ragen die Ränder des Jezero-Kraters auf.

→ **Gestern Hightech, heute Schrott**
Dieses Luftbild zeigt den Fallschirm und die zertrümmerte „Backshell", die PERSEVERANCE beim Abstieg in der Marsatmosphäre schützte. INGENUITY hat die beiden ausrangierten Komponenten des Landesystems aus acht Metern Höhe aufgenommen. Es hatte den Rover und dessen geflügelten Begleiter Anfang 2021 sicher auf der Marsoberfläche abgesetzt. Für künftige Missionen hoffen die Ingenieure, aus solchen Bildern etwas über die Leistungsfähigkeit des Landesystems zu lernen. Das Foto entstand während des 26. Fluges am 19. April 2022.

111

← Test nach Flugabbruch

Am 3. August 2023 gelang PERSEVERANCE beim 54. Flug von INGENUITY dieses Foto. Nach einem Test des Rotors am Boden flog der Helikopter bis in fünf Meter Höhe, verharrte dort zunächst, um sich dann nach links zu drehen, bevor er schon 24 Sekunden nach dem Start wieder aufsetzte. Die Ingenieure führten diesen kurzen Testflug durch, um INGENUITYS Navigationssystem zu überprüfen. Beim vorangegangenen Flug war es nämlich zu einem verfrühten Abbruch gekommen. Die Mastcam-Z-Kamera des Rovers hat den kurzen Hüpfer aus 55 Metern Entfernung festgehalten.

← Gefährliche Eintönigkeit

Hier ein Luftbild von INGENUITYS Flug Nummer 70 am 22. Dezember 2023: In zwölf Metern Höhe überfliegt die Drohne einen breiten Streifen aus sandigem Gelände, das zu den eintönigsten Oberflächen gehört, die INGENUITY begegnet sind. Für die automatische Navigation ist dies offenbar schwierig, denn INGENUITY navigiert, indem sie die relative Bewegung von Felsen und Graten mit ihrer Navigationskamera an Bord verfolgt. Ein Algorithmus berechnet daraus Position, Geschwindigkeit und Fluglage. Die Methode kommt bei eintönigem Gelände an ihre Grenzen und der Helikopter erlitt während der Sinkphase von Flug 72 eine Bruchlandung, hier am rechten Bildrand.

→ INGENUITYS mögliche Nachfolger

Diese Illustration zeigt zwei Modelle von solarbetriebenen Helikoptern, welche die NASA bei künftigen Marsmissionen einsetzen könnte. Im Vordergrund ist ein „Sample Recovery"- Helikopter dargestellt, er wird als Teil der Mars-Sample-Return-Mission diskutiert. Demnach sollen zwei dieser vierrädrigen Drohnen PERSEVERANCE bei der Übergabe von Probenröhrchen an eine weitere Landesonde unterstützen, damit diese den Transfer der Proben zur Erde bewerkstelligen kann. Mit seinen sechs Rotoren ist der „Mars Science Helicopter" in der Ferne oberhalb der Bildmitte zu sehen. Er könnte als Luftaufklärer fungieren und mit einer Nutzlast zwischen zwei und fünf Kilogramm auch anspruchsvollere wissenschaftliche Instrumente in Gelände tragen, die für einen Rover unzugänglich sind. Oben rechts ist mit INGENUITY der technische Urahn der beiden erkennbar.

Insgesamt waren die 85 Millionen Dollar gut angelegt, welche die NASA für Bau und Betrieb von Ginny ausgegeben hatte. Und obwohl sie eigentlich nur als technisches Experiment gedacht war, trug sie auch ganz eigene Forschung bei: So ermöglichte sie Untersuchungen, wie ihre Rotorblätter den roten Marsstaub vom Boden in die dünne Gashülle wirbelten. Solche Daten könnten zum Verständnis der Staubstürme beitragen, die immer wieder Marssonden in Krisen stürzten.

Auch künftige Marsmissionen sollen von technischen Nachfahren INGENUITYS profitieren, denn man arbeitet bereits an weiterentwickelten Hubschraubern. So sollen zwei mit je einem Greifarm ausgestattete, fahrbare Drohnen diejenigen Bodenproben einsammeln, die Percy für einen Transport zur Erde in seinem Landegebiet abgelegt hat. Ziel späterer Helikopter wird es dann vor allem sein, mehr Nutzlast für wissenschaftliche Instrumente zu transportieren. Am JPL wird momentan ein MARS SCIENCE HELICOPTER studiert, kurz MSH.

Das faltbare Vehikel misst ausgeklappt bis zu vier Meter im Durchmesser, bringt aber nur rund 30 Kilogramm auf die Waage. Er soll mit sechs Rotoren angetrieben werden, im Grunde sei MSH so etwas wie sechsmal INGENUITY, meint Ginnys ehemaliger Chefingenieur Bob Balaram. Das neue Design habe mehrere Vorteile. Beispielsweise könne auch beim Ausfall von einem, womöglich sogar von zwei Rotoren weitergeflogen werden, so Balaram.

Eine Variante dieses Konzepts ist es, den Hubschrauber bereits im Anflug zu starten, also noch bevor ihn seine Raketenstufe, das sogenannte Jetpack, am Boden abgeliefert hat. Bereits in 200 Metern Höhe würden dann die Rotoren loslaufen und MSH könnte von der Stufe aus zu seinem ersten Flug auf dem Mars abheben. Ob das realistisch ist, muss sich noch zeigen. Jeff Delaune: „Die größte Herausforderung mit einem Jetpack besteht darin, die Störwirkung der Raketen und Seitenwinde zu mildern, die den Hubschrauber beim Start beeinflussen."

VOM MARS ZUM TITAN

Viel weiter in die Zukunft reicht der Vorschlag der Firma CoFlow Jet in Florida, der das Interesse der NASA geweckt hat. Er wurde im Rahmen des sogenannten NIAC-Programms ausgewählt. Damit fördert die Weltraumbehörde fortschrittliche Raumfahrtkonzepte. Es geht um ein großes, etwa 250 Stundenkilometer schnelles Elektroflugzeug namens MAGGIE, das Kürzel steht für *Mars Aerial and Ground Intelligent Explorer*.

Generell sind Flugzeuge effizienter als Helikopter, da die Motoren nur für den Vorwärtsschub sorgen müssen, den Auftrieb erledigen die Tragflächen. Diese Arbeitsteilung bewirkt eine größere Reichweite. Zudem soll MAGGIE senkrecht starten und landen können – und ihr werden beträchtliche Flugleistungen zugetraut: Pro Flugtag könne sie es rund 180 Kilometer weit schaffen, bei einer Flughöhe von einem Kilometer. Da die in Rumpf und Tragflächen integrierten Solarzellen einige Tage brauchen, um die Batterien aufzuladen, kommt man rechnerisch auf eine Gesamtstrecke von über 16.000 Kilometern pro Marsjahr (687 irdische Tage). Für die Marserkundung wäre dies ein Quantensprung. Die Angaben der Firma sind zum jetzigen Zeitpunkt aber noch mit Vorsicht zu genießen und müssen weiter evaluiert werden. Ob ein solches Flugzeug eines Tages die Marslüfte durchmessen wird, steht also noch in den Sternen. Immerhin ist die Aufnahme in das NIAC-Programm ein Anfang – auch Ginny hatte vor Jahrzehnten als ein solches Projekt begonnen.

Erheblich konkreter sind die Arbeiten der NASA an der Drohne mit dem Namen DRAGONFLY, zu Deutsch Libelle, die mit vier Doppelrotoren ausgestattet ist. Sie soll im Juli 2028 zum Saturn starten, um dort ab Mitte der 2030er-Jahre dessen größten Mond Titan zu erkunden. Die Titan-Libelle hat sich gegen frühere Vorschläge durchgesetzt, den Trabanten mit einem Heißluftballon zu erkunden. Titan ist für Astrobiologen deshalb interessant, weil sie dort eine „präbiotische" organische Chemie vermuten, die auch am Beginn des irdischen Lebens gestanden haben könnte. DRAGONFLY wäre die zweite Raumsonde, die zur Titanoberfläche vordringt. Erstmals war dies 2005 gelungen, als die europäische HUYGENS-Sonde die Landung am Fallschirm meisterte.

BRUCHLANDUNG IN NERETVA VALLIS

Als im Sonnensystem einziger Mond besitzt Titan eine nennenswerte Gashülle – und die ist für Fluggeräte sehr geeignet. Ähnlich wie bei uns besteht sie überwiegend aus Stickstoff, vor allem ist sie aber mehr als vierfach dichter als die Erdluft. Und da die Schwerkraft nur 36 Prozent des Wertes wie auf dem Mars beträgt, sind die Bedingungen günstig, dass DRAGONFLY Dutzende Male starten und landen könnte; eine Reichweite von acht Kilometern pro Flug wird veranschlagt. Als Stromquelle dient eine Nuklearbatterie, die die Zerfallswärme von Plutonium-238 in Elektrizität umwandelt. Denn anders als auf dem Mars sind auf dem sonnenfernen Titan Solarzellen wirkungslos.

Auf dem roten Planeten hat INGENUITY ihre Mission indessen erfüllt. Sie steht aufrecht in den Dünen von Neretva Vallis, dem trocken gefallenen Zufluss des einstigen Jezero-Kratersees. Zweifellos wird sie in die Technikgeschichte eingehen als erstes Fluggerät, dem auf einem fremden Himmelskörper der Motorflug gelang. Ihre letzte Ruhestätte erreichte sie allerdings mit einer Bruchlandung. Die Fotos ihrer Bordkamera zeigen, dass von einem Rotorblatt ein Stück abgebrochen ist. Und offenbar liegt ein anderer Flügel 15 Meter entfernt im Marssand, so hat es Percy aus der Ferne abgelichtet. Das Ende des Flugbetriebs ist somit besiegelt.

↓ **Havarierter Hubschrauber**
Hier zeigen sich die Schäden, die keine weiteren Flüge INGENUITYS mehr erlauben. Rechts erkennt man den Helikopter, wie er schräg am Kamm einer Sanddüne steht. Links davon, rund 15 Meter westlich, liegt das abgebrochene Teil eines seiner Rotorblätter. Wahrscheinlich wurde es beim Aufprall am Ende des letzten Flugs am 18. Januar 2024 abgetrennt. Das Team geht davon aus, dass der Grund für die harte Landung das relativ eintönige Gelände in dieser Region war, welches das Navigationssystem offenbar überfordert hat. Das Mosaik wurde am 24. Februar vom SuperCam-Instrument des Rovers aufgenommen, die Entfernung zu INGENUITY betrug rund 415 Meter.

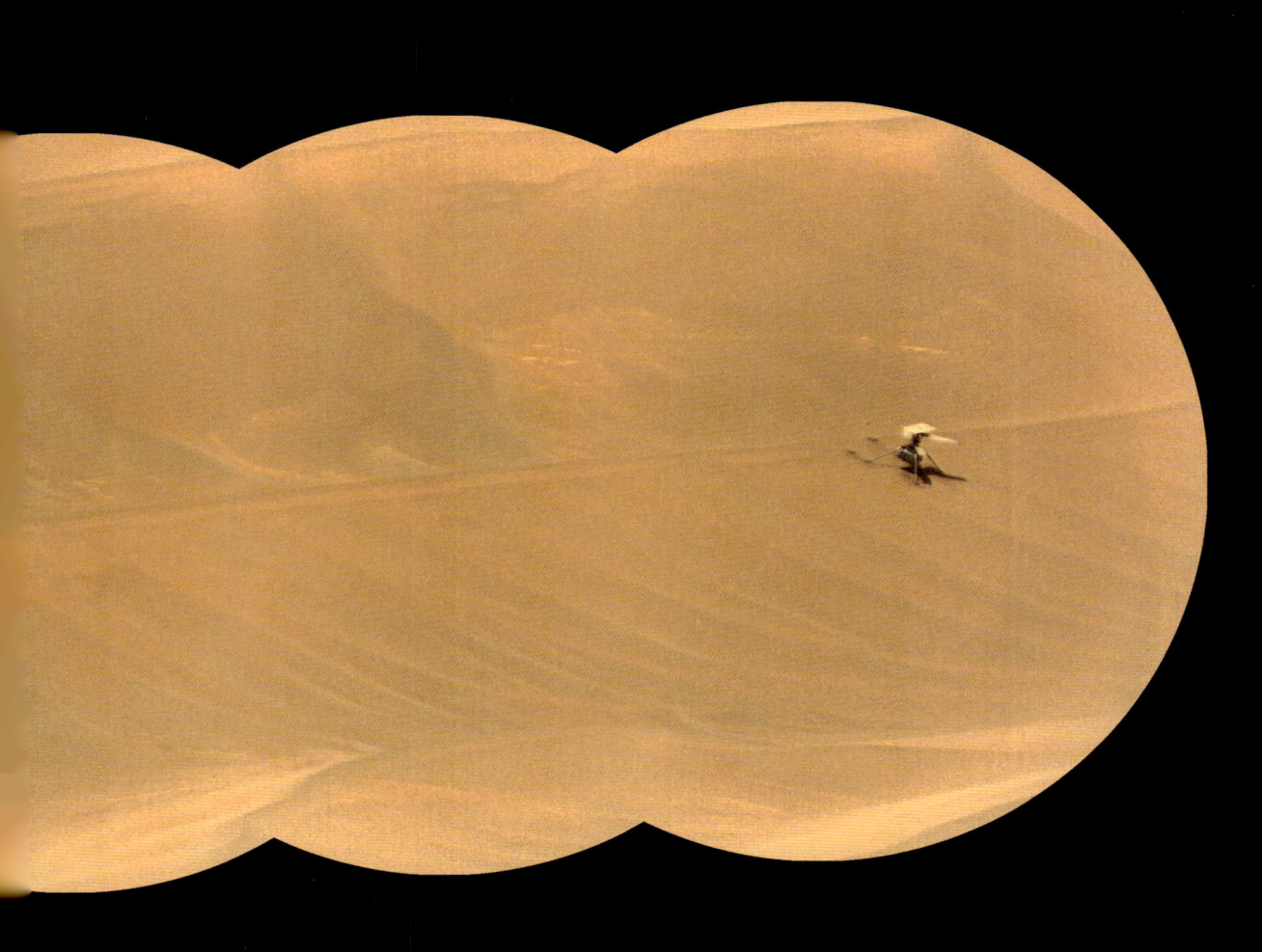

↑ Titan-Drohne DRAGONFLY

Mit „Dragonfly" (Libelle) will die NASA im kommenden Jahrzehnt durch die dichte Gashülle des Saturnmondes Titan fliegen. Das mit zwei Quadrokoptern und einer Atombatterie ausgestattete Fluggerät soll dann Orte anfliegen, die mehrere hundert Kilometer voneinander entfernt sind. Geplant ist, dabei Materialproben zu nehmen und die chemische Zusammensetzung der Oberfläche zu bestimmen.

→ Gestrandet in Neretva Vallis

Aus 450 Metern Distanz hat PERSEVERANCE dieses Bild aufgenommen. Es zeigt Ingenuity an seinem letzten Landeort, im trockengefallenen Flusstal Neretva Vallis, das vor Äonen den Jezero-Kratersee speiste. Dort vollführte der Mars-Hubschrauber am 18. Januar 2024 eine Bruchlandung, die seine Rotorblätter beschädigte. Die Stelle erhielt den inoffiziellen Namen „Valinor Hills", nach einem Ort in Tolkiens Fantasy-Roman *Der Herr der Ringe*. Die sechs Fotos, die zu diesem Mosaik montiert wurden, schoss am 4. Februar 2024 die Mastcam-Z-Kamera des Rovers. Die Farbunterschiede wurden künstlich verstärkt, um mehr Details abzubilden.

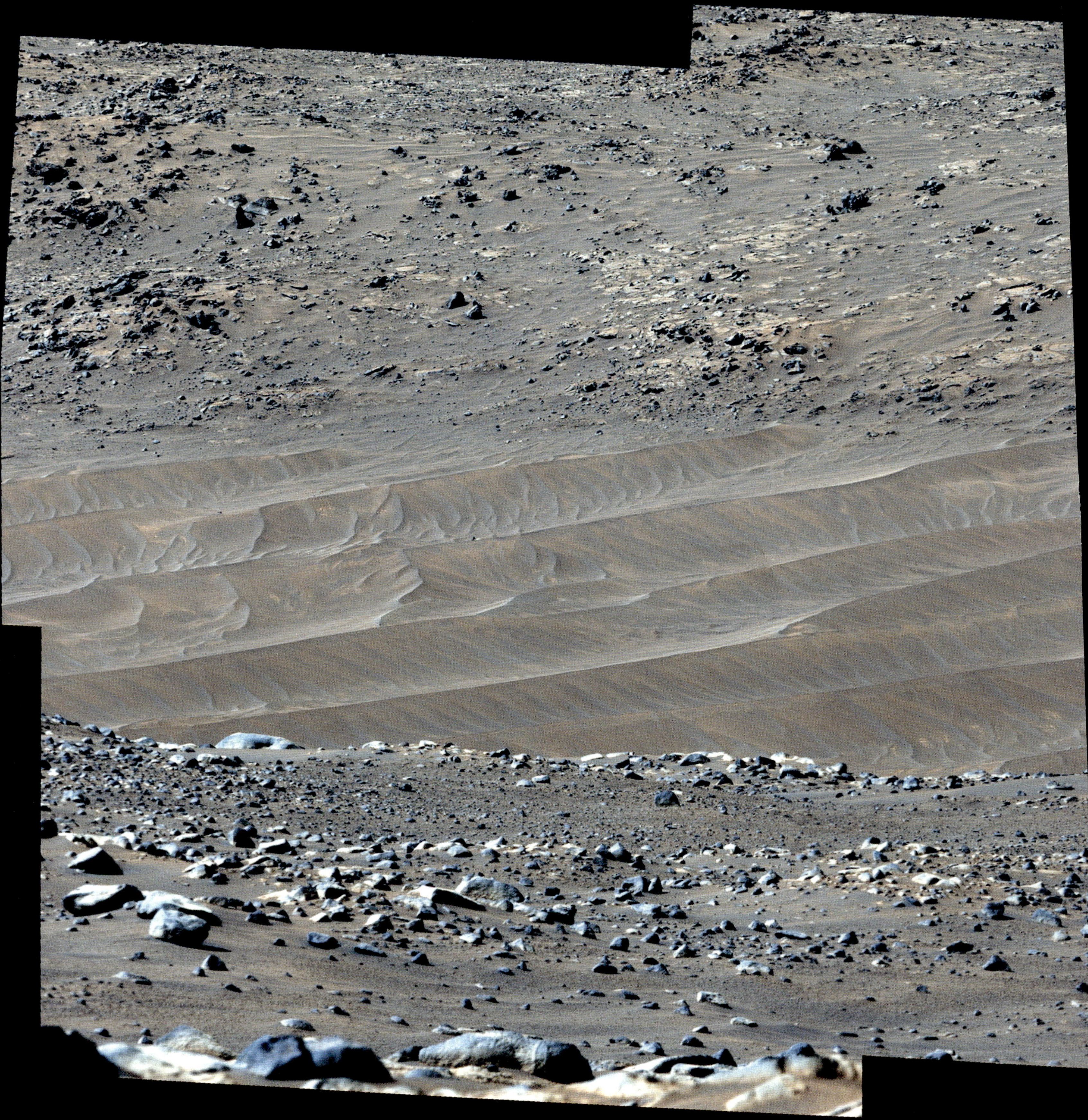

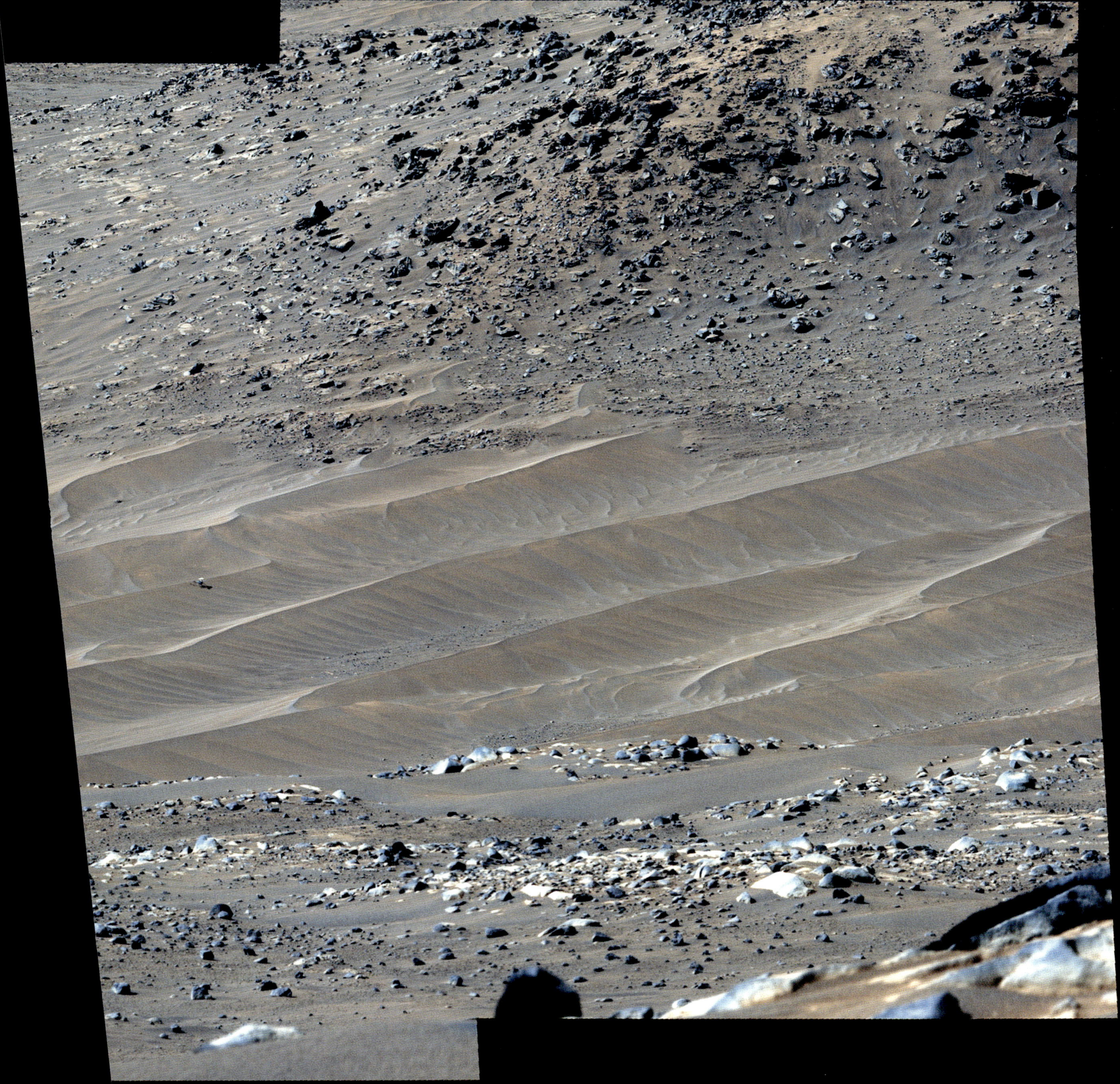

4
MARS-LANDSCHAFTEN

In den vergangenen Jahrzehnten haben die automatischen Marsgefährte aus den USA und aus China insgesamt 115 Kilometer in den Wüsten des roten Planeten abgefahren. Sie wichen Kratern aus, inspizierten Felsen und kletterten über Dünen. Ihre Messfühler suchten nach möglichen Lebensspuren. Die rastlosen Kundschafter funkten von ihren Exkursionen immer wieder spektakuläre Fotos zur Erde, die nicht nur Fachleute begeistern, sondern auch die Schönheit der Mars-Landschaften belegen.

→ **Herbe Schönheit Marsdünen**
Anders als ihre irdischen Pendants sind Marsdünen meist dunkel, da ihr Sand aus vulkanischem Basalt besteht. Hier sieht man die Sicheldünen im Wirtz-Krater auf der Südhalbkugel. Ihr steilster Hang befindet sich jeweils auf ihren Ostseiten, das ist zudem die Richtung, in welche sie wandern. Neben kleinen Rippeln zeigen sich auch dunkle Streifen auf den Dünen. Das sind die Spuren vorbeiziehender Mini-Tornados, sogenannter Staubteufel. Wenn diese den Staub von der Dünenoberfläche aufwirbeln, geben sie den dunkleren Untergrund frei. Das Foto stammt vom NASA-Satelliten MARS

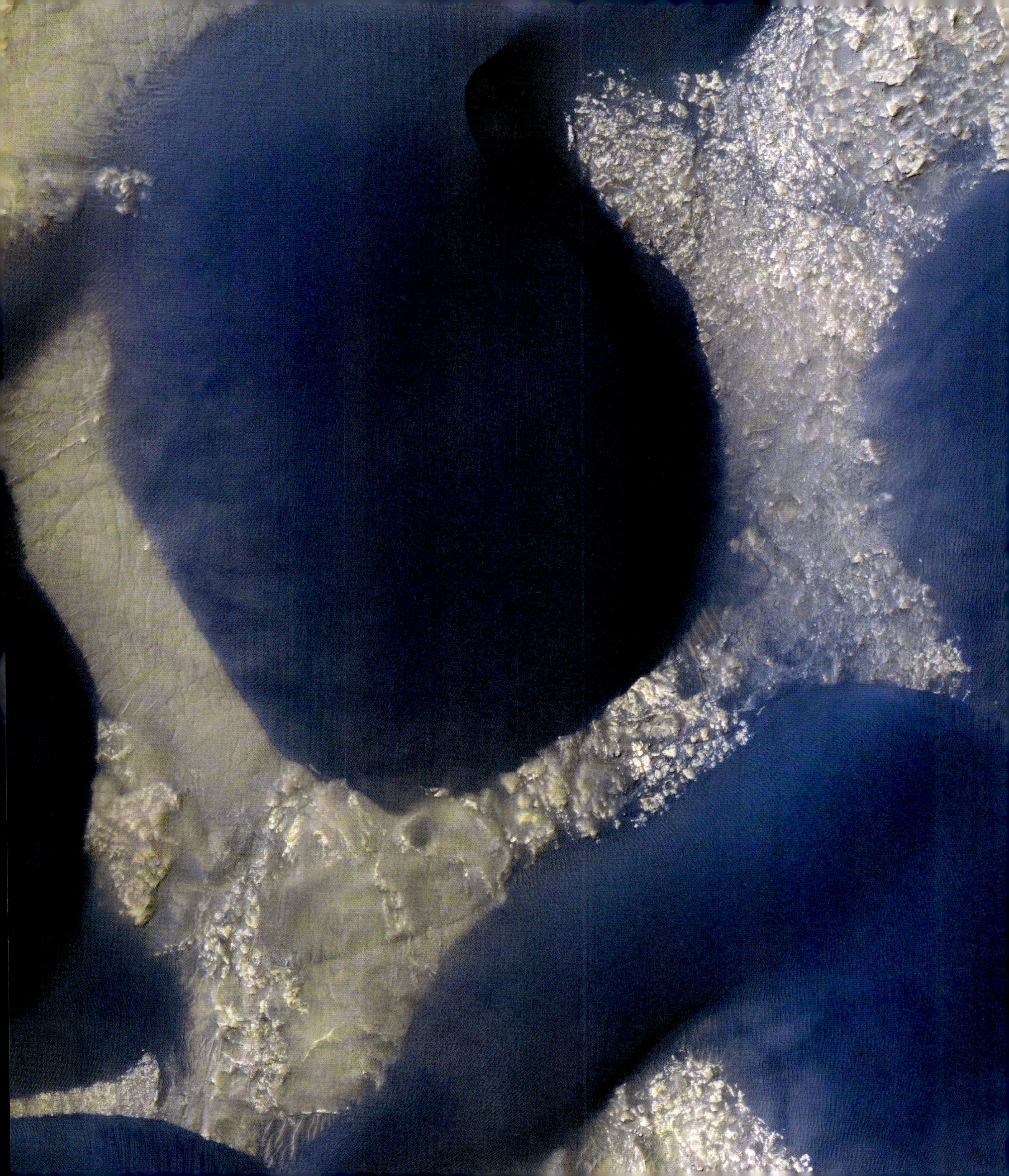

Mars-Atlas: Westen

DER GOLDENE WESTEN DES MARS

Auf den ersten Blick fallen auf der westlichen Hemisphäre des Mars unterschiedlich helle Regionen auf. Meist rührt die geringere Rückstrahlung (Albedo) der Dunkelgebiete von vulkanischem Sand, der sich bisweilen zu Dünen zusammenfindet. Zudem zeigt sich auch im Westen die sogenannte Dichotomie, die den Mars generell in zwei Großregionen teilt: die Tiefebenen im Norden, wo es nur relativ wenige Krater gibt, und die südlichen Hochländer, die deutlich stärker durch Einschläge malträtiert wurden. Die Grenze dazwischen bildet ein komplexes Gelände aus Klippen, Hochebenen und weiten Tälern – manche Forscher glauben sogar, die Küstenlinie eines urzeitlichen Nordmeeres zu erkennen.

Olympus Mons und die Feuerberge der Tharsis-Region sind eindeutige Merkmale im Marswesten. Ihre Vulkanbauten stehen auf der Tharsis-Aufwölbung, die mit rund 5000 Kilometern Durchmesser zu den größten geografischen Merkmalen des Planeten gehört. Ebenfalls riesenhaft fällt das Talsystem der Valles Marineris aus, das sich über 4000 Kilometer entlang des Marsäquators erstreckt. Weit südlich davon befindet sich die Ebene Argyre Planitia innerhalb des gleichnamigen Impaktbeckens. Ihr Name stammt von einer Karte, die der „Erfinder" der Marskanäle, Giovanni Schiaparelli, im 19. Jahrhundert gezeichnet hatte. Die Argyre-Senke ist mit rund 1700 Kilometern im Durchmesser das zweittiefste Impaktbecken auf dem Mars.

Heute bezeichnet Schiaparelli einen fast 460 Kilometer großen Krater knapp südlich des Äquators. Weitere Astronomen wurden bei der Namensgebung von Kratern bedacht. Ein Beispiel ist Galle am östlichen Rand der Argyre Planitia, benannt nach Johann Gottfried Galle, dem Berliner Entdecker des Neptuns. Oder der 202-Kilometer-Krater Lowell im südlichen Hochland Aonia Terra, der den Namen von Percival Lowell trägt. Der vermögende Amateurastronom war so fasziniert von der Idee der Marskanäle, dass er zu deren Erforschung eine eigene Sternwarte finanzierte.

Landesonden erreichten an mehreren Stellen den Westteil des Mars, sie sind mit roten Kreuzen markiert: Dazu gehört VIKING 1, die 1976 in Chryse Planitia, der „goldenen Ebene", den Anfang machte. Es folgten MARS PATHFINDER mit dem ersten Minimobil namens SOJOURNER und der weitgereiste Rover OPPORTUNITY, der eine Gesamtstrecke von 45 Kilometern absolvierte. Im Jahr 2008 setzte weit nördlich das stationäre Landegerät PHOENIX auf. Alle diese Lander hatte die NASA auf den Weg gebracht.

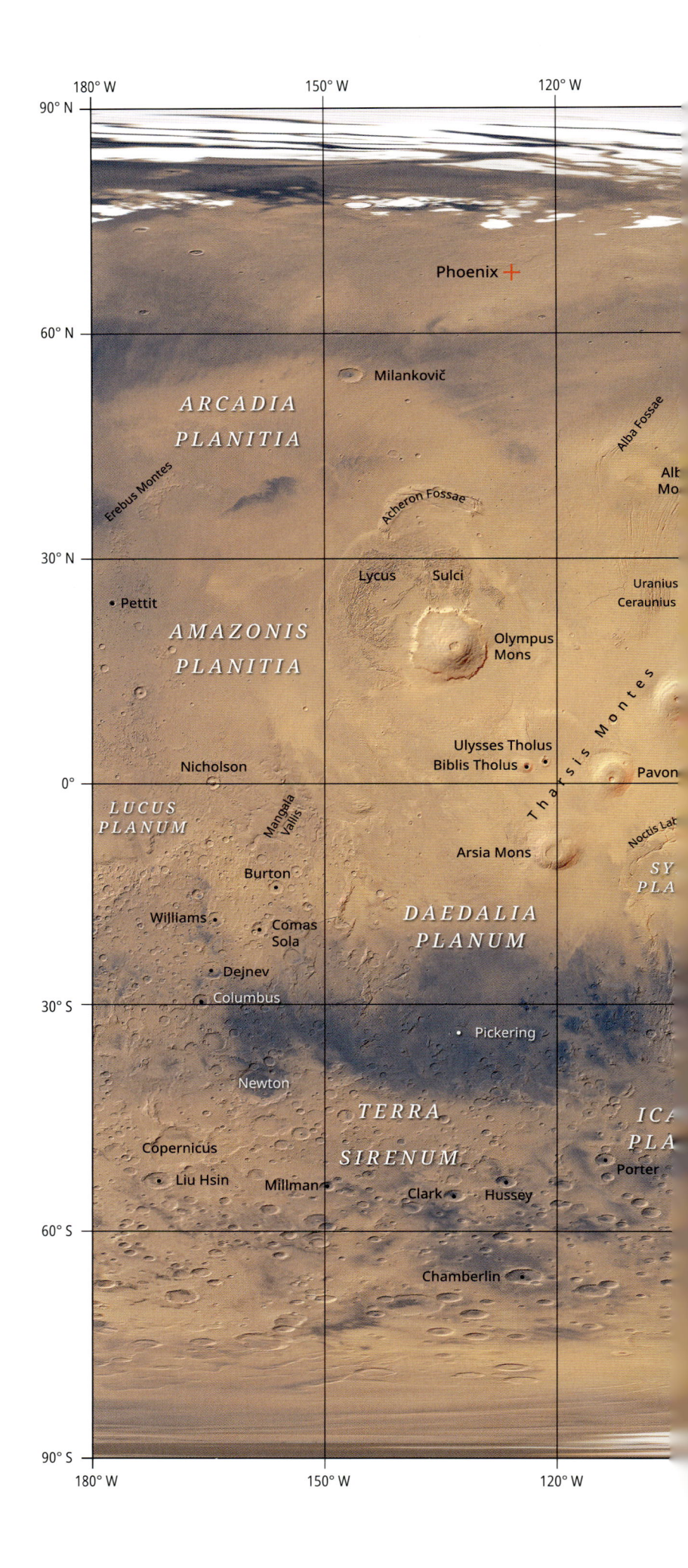

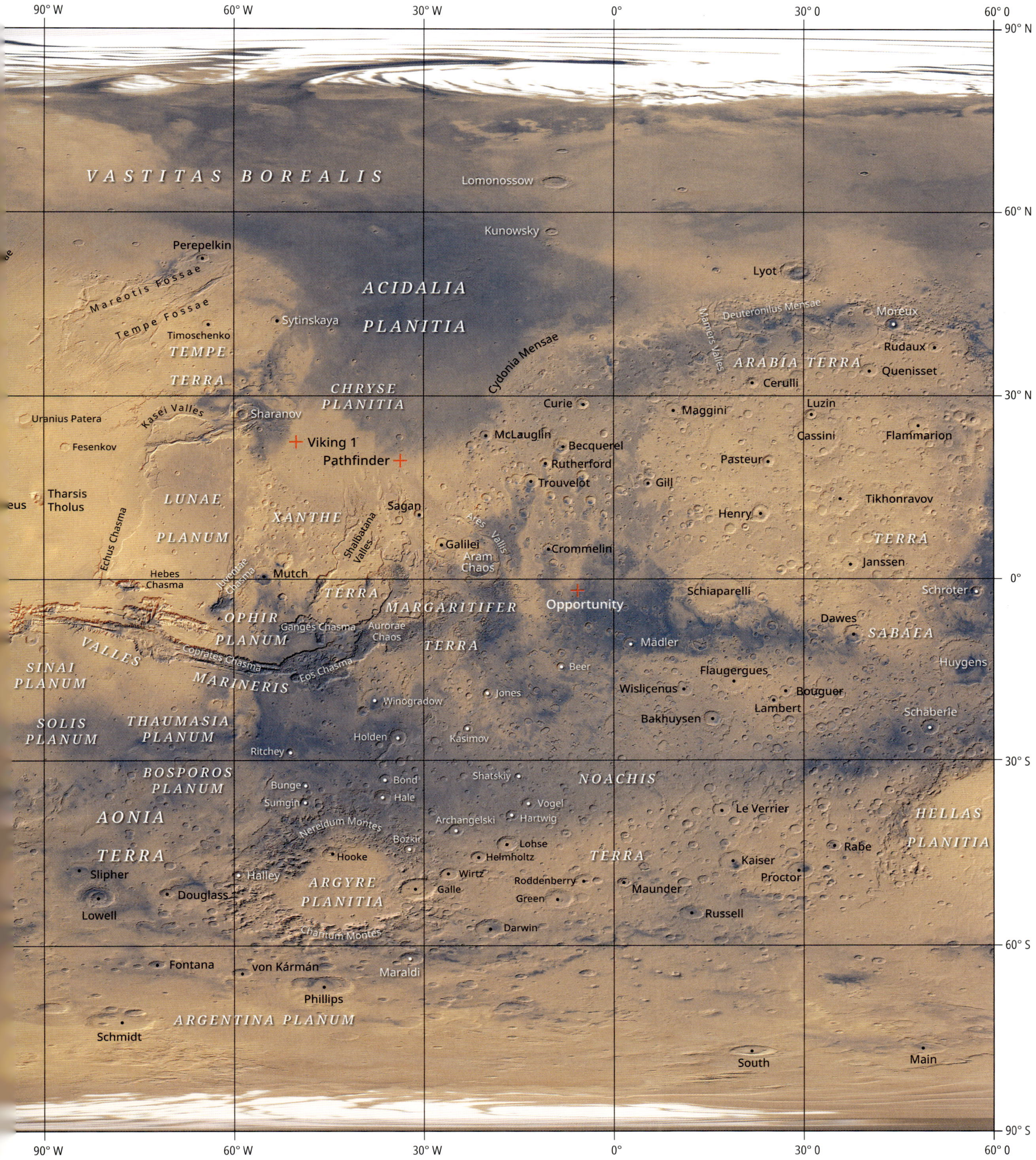
90° W
60° W
30° W
0°
30° O
60° O
90° N
60° N
30° N
0°
30° S
60° S
90° S
VASTITAS BOREALIS
Lomonossow
Kunowsky
Perepelkin
Mareotis Fossae
Tempe Fossae
Sytinskaya
Timoschenko
TEMPE
TERRA
ACIDALIA
PLANITIA
Lyot
Deuteronilus Mensae
Mamers Valles
Moreux
Rudaux
ARABIA TERRA
Quenisset
Cerulli
Cydonia Mensae
CHRYSE
PLANITIA
Curie
Maggini
Luzin
Cassini
Flammarion
Uranius Patera
Kasei Valles
Sharanov
Fesenkov
Viking 1
Pathfinder
McLaughlin
Becquerel
Rutherford
Trouvelot
Gill
Pasteur
Tikhonravov
Tharsis
Tholus
LUNAE
PLANUM
XANTHE
Sagan
Ares Vallis
Henry
TERRA
Echus Chasma
Shalbatana Vallis
Galilei
Aram
Chaos
Crommelin
Janssen
Hebes
Chasma
Juventae Chasma
Mutch
TERRA
MARGARITIFER
Opportunity
Schiaparelli
Schröter
OPHIR
PLANUM
Ganges Chasma
Aurorae
Chaos
TERRA
Dawes
SABAEA
Mädler
VALLES
Coprates Chasma
Eos Chasma
Beer
Flaugergues
Huygens
SINAI
PLANUM
MARINERIS
Wislicenus
Bouguer
Lambert
Jones
Winogradow
Bakhuysen
Schaberle
SOLIS
PLANUM
THAUMASIA
PLANUM
Holden
Kasimov
Ritchey
BOSPOROS
PLANUM
Bunge
Sumgin
Bond
Hale
Shatskiy
NOACHIS
Vogel
Hartwig
Archangelski
Le Verrier
HELLAS
PLANITIA
AONIA
TERRA
Nereidum Montes
Bozkir
Lohse
Helmholtz
Hooke
TERRA
Rabe
Kaiser
Proctor
Slipher
Halley
ARGYRE
PLANITIA
Wirtz
Galle
Roddenberry
Green
Maunder
Lowell
Douglass
Russell
Charitum Montes
Darwin
Fontana
von Kármán
Maraldi
Phillips
ARGENTINA PLANUM
Schmidt
South
Main

Mars-Atlas: Osten

GRIECHENLAND IM MARS-OSTEN

Diese Marsseite zeigt das auffälligste Albedo-Merkmal überhaupt, die ausgedehnte Hochebene Syrtis Major Planum. Sie wurde bereits kurz nach der Erfindung des Fernrohrs durch den Niederländer Christiaan Huygens im Okular gesichtet. Ihre dunkle Erscheinung ist eine Folge der vulkanisch geprägten Oberfläche, die nur in geringem Umfang von hellem Staub bedeckt ist.

Enorme Impaktbecken befinden sich ebenfalls auf dieser Planetenseite, sie entstanden in der Marsfrühzeit bei Einschlägen großer Asteroiden. Das größte ist mit einem Durchmesser von 3300 Kilometern Utopia Planitia, an das südwestlich das kreisrunde Becken Isidis Planitia grenzt; dort scheiterte mit BEAGLE 2 im Jahr 2003 der erste europäische Landeversuch. Weit südlich des Äquators befindet sich die Tiefebene Hellas Planitia, die nach dem hellen Albedo-Merkmal „Hellas" (gemeint war Griechenland) der klassischen Marskarten benannt ist. Mit 2300 Kilometern Durchmesser ist Hellas Planitia das zweitgrößte Marsbecken. Dort ist auch die tiefste Stelle des Planeten, sie reicht über sieben Kilometer unter das marsianische Nullniveau.

Auch die zweite große Vulkanprovinz auf dem Mars ist auf dieser Planetenseite beheimatet, nämlich in der Ebene Elysium Planitia. Hier steht mit Elysium Mons der größte der dortigen Feuerberge. In Elysium spürte das Seismometer der US-Sonde INSIGHT dem Zittern des Marsbodens nach und durchleuchtete mit den seismischen Wellen der Beben das tiefe Innere des Marskörpers.

Weitere Krater tragen die Namen von Astronomen. Ein Beispiel aus den gemäßigt südlichen Breiten ist Herschel, mit über 300 Kilometern ein stattliches Exemplar. Benannt wurde er nach dem Uranus-Entdecker William Herschel. Etwas nordöstlich davon erinnert der Krater Lasswitz an den Schriftsteller Kurd Lasswitz, der als Begründer der deutschen Science-Fiction-Literatur gilt. Weit südlich davon befindet sich der 202-Kilometer-Krater Kepler, denn es waren Marsbeobachtugen, die Johannes Kepler zu seinen Gesetzen der Planetenbewegung führten.

Die Landestellen von Marssonden sind mit roten Kreuzen markiert. Dazu gehören VIKING 2 aus den USA und die chinesische Mission TIANWEN-1 mit dem Rover ZHURONG. Beide setzten wohlbehalten in Utopia Planitia auf, allerdings 1700 Kilometer voneinander entfernt und im zeitlichen Abstand von über vier Jahrzehnten. Hinzu kommen die NASA-Rover SPIRIT, dessen Mission 2010 endete, und CURIOSITY sowie PERSEVERANCE, die beide noch aktiv sind.

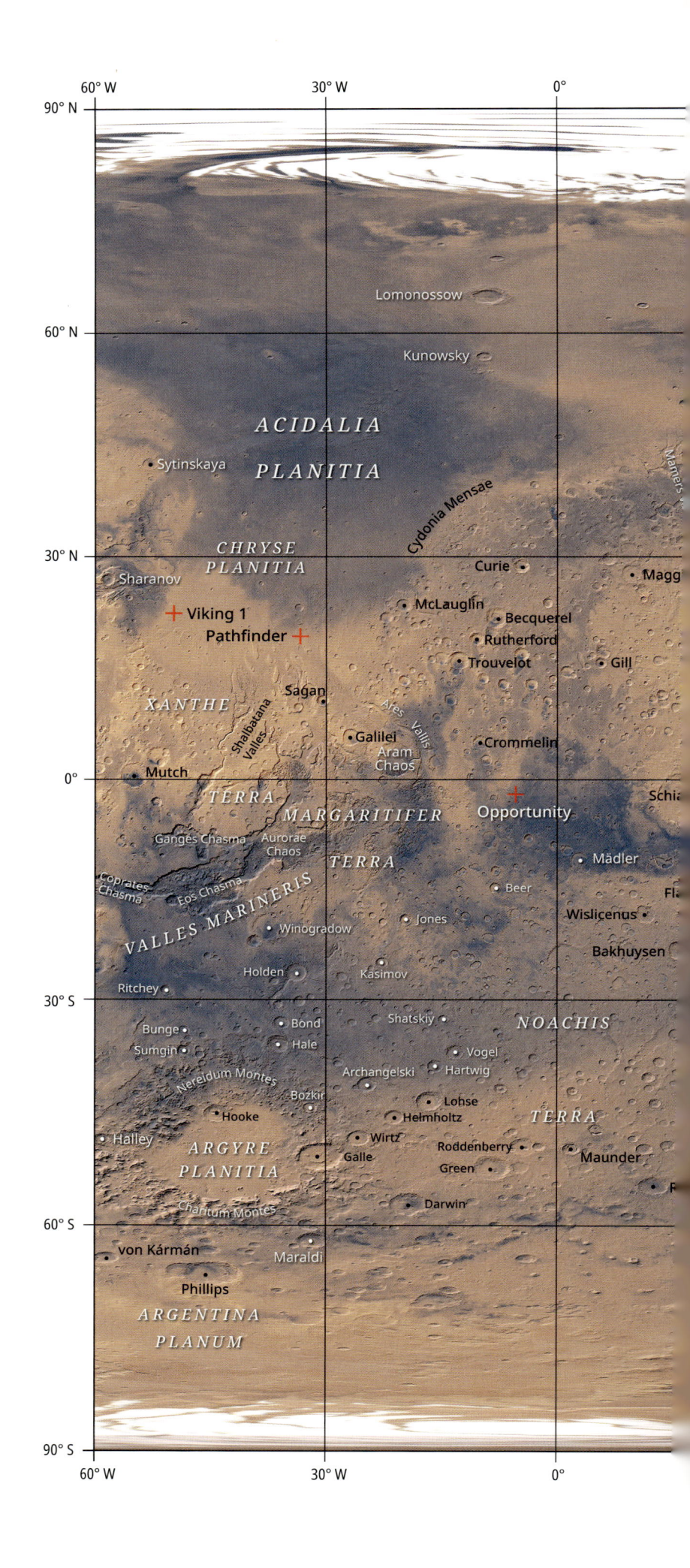

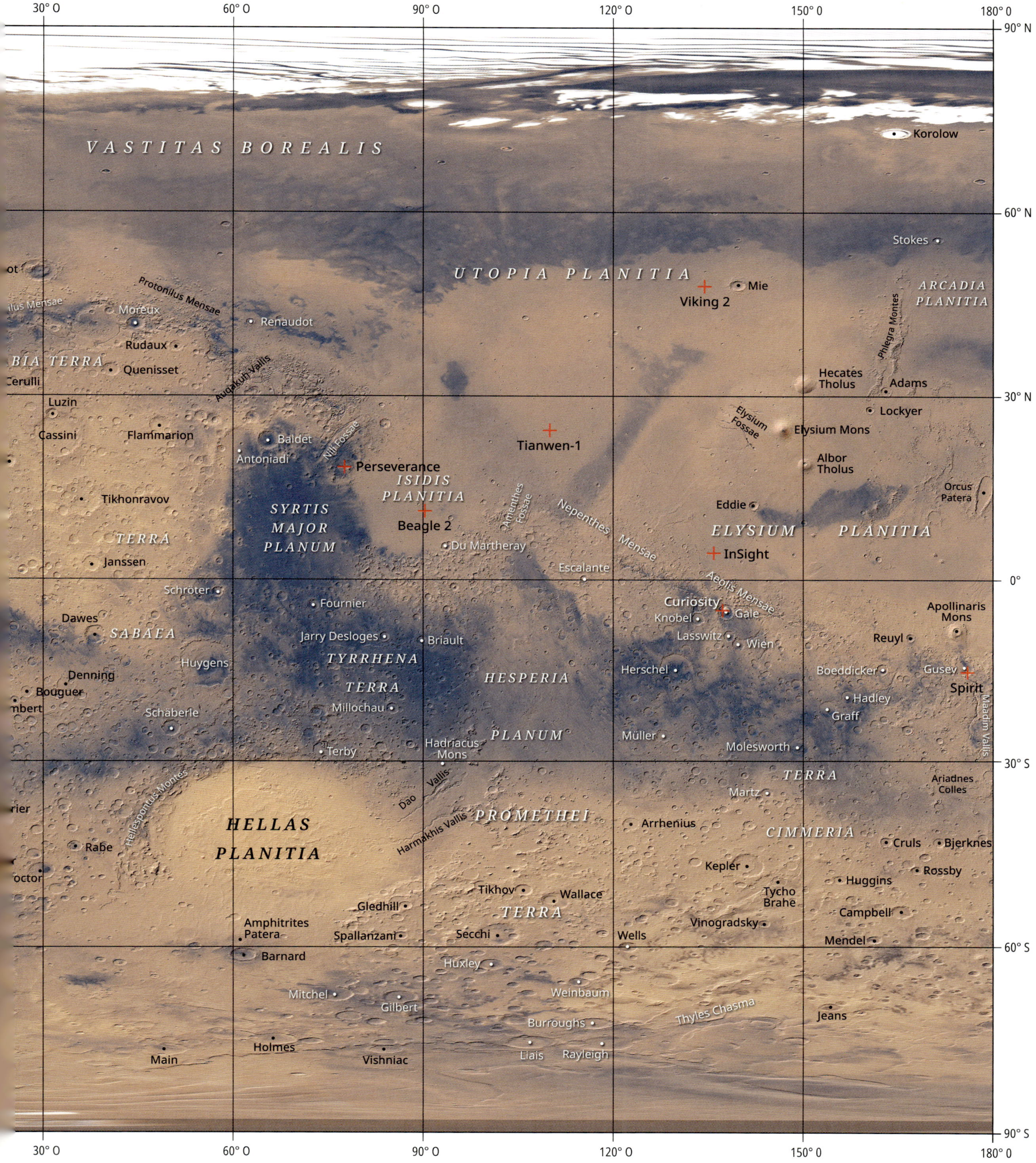
30° O
60° O
90° O
120° O
150° O
180° O
90° N
60° N
30° N
0°
30° S
60° S
90° S
VASTITAS BOREALIS
Korolow
Stokes
UTOPIA PLANITIA
Mie
Viking 2
ARCADIA PLANITIA
Phlegra Montes
Protonilus Mensae
Moreux
Renaudot
Rudaux
Quenisset
Augakuh Vallis
Hecates Tholus
Adams
Luzin
Cassini
Flammarion
Baldet
Antoniadi
Nili Fossae
Perseverance
Tianwen-1
Elysium Fossae
Lockyer
Elysium Mons
Albor Tholus
ISIDIS PLANITIA
Tikhonravov
SYRTIS MAJOR PLANUM
Beagle 2
Amenthes Fossae
Nepenthes Mensae
Eddie
Orcus Patera
ELYSIUM PLANITIA
TERRA
Du Martheray
InSight
Janssen
Escalante
Schröter
Fournier
Aeolis Mensae
Curiosity
Gale
Knobel
Apollinaris Mons
Dawes
SABAEA
Jarry Desloges
Briault
Lasswitz
Wien
Reuyl
TYRRHENA
Huygens
Herschel
Boeddicker
Gusev
Denning
Bouguer
TERRA
HESPERIA
Spirit
Hadley
Graff
Millochau
Ma'adim Vallis
Schäberle
PLANUM
Müller
Hadriacus Mons
Terby
Molesworth
TERRA
Ariadnes Colles
Dao Vallis
Martz
Hellespontus Montes
HELLAS PLANITIA
PROMETHEI
Arrhenius
Harmakhis Vallis
CIMMERIA
Cruls
Bjerknes
Rabe
Kepler
Rossby
Huggins
Tikhov
Wallace
Tycho Brahe
Gledhill
TERRA
Campbell
Amphitrites Patera
Vinogradsky
Spallanzani
Secchi
Wells
Mendel
Barnard
Huxley
Weinbaum
Mitchel
Gilbert
Thyles Chasma
Jeans
Burroughs
Holmes
Main
Vishniac
Liais
Rayleigh

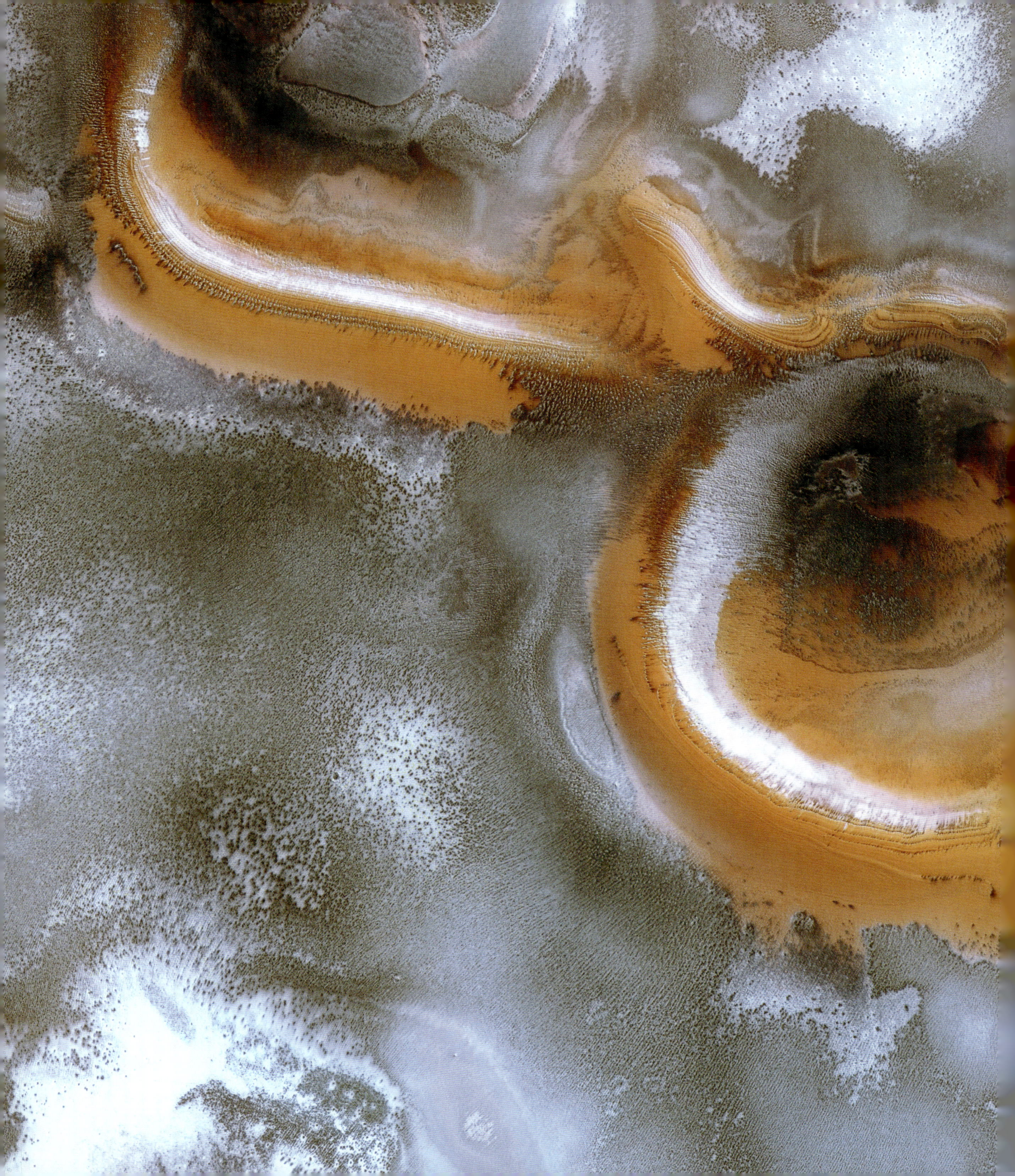

Frühling am Südpol

Im Marswinter dehnen sich die Polargebiete in Richtung Äquator aus – Schnee aus Wassereis und Kohlendioxid bedeckt dann weite Gebiete bis hin zum 50. Breitengrad. Wenn die Sonne im Frühling wieder auf die Landschaft scheint, verdampft die Schneedecke und die orangebraune Oberfläche kommt zum Vorschein. Diese kontrastverstärkte Szene zeigt die südliche Polregion Ultimi Scopuli, wo bereits große Teile des 40-Kilometer-Kraters und ein Bergrücken eisfrei sind und der Blick auf fein geschichtete Sedimente frei wird. Dunkle Stellen repräsentieren Dünen, die wohl aus vulkanischem Sand bestehen. Das Foto stammt aus dem Mai 2022, geschossen hat es die ESA-Sonde MARS EXPRESS.

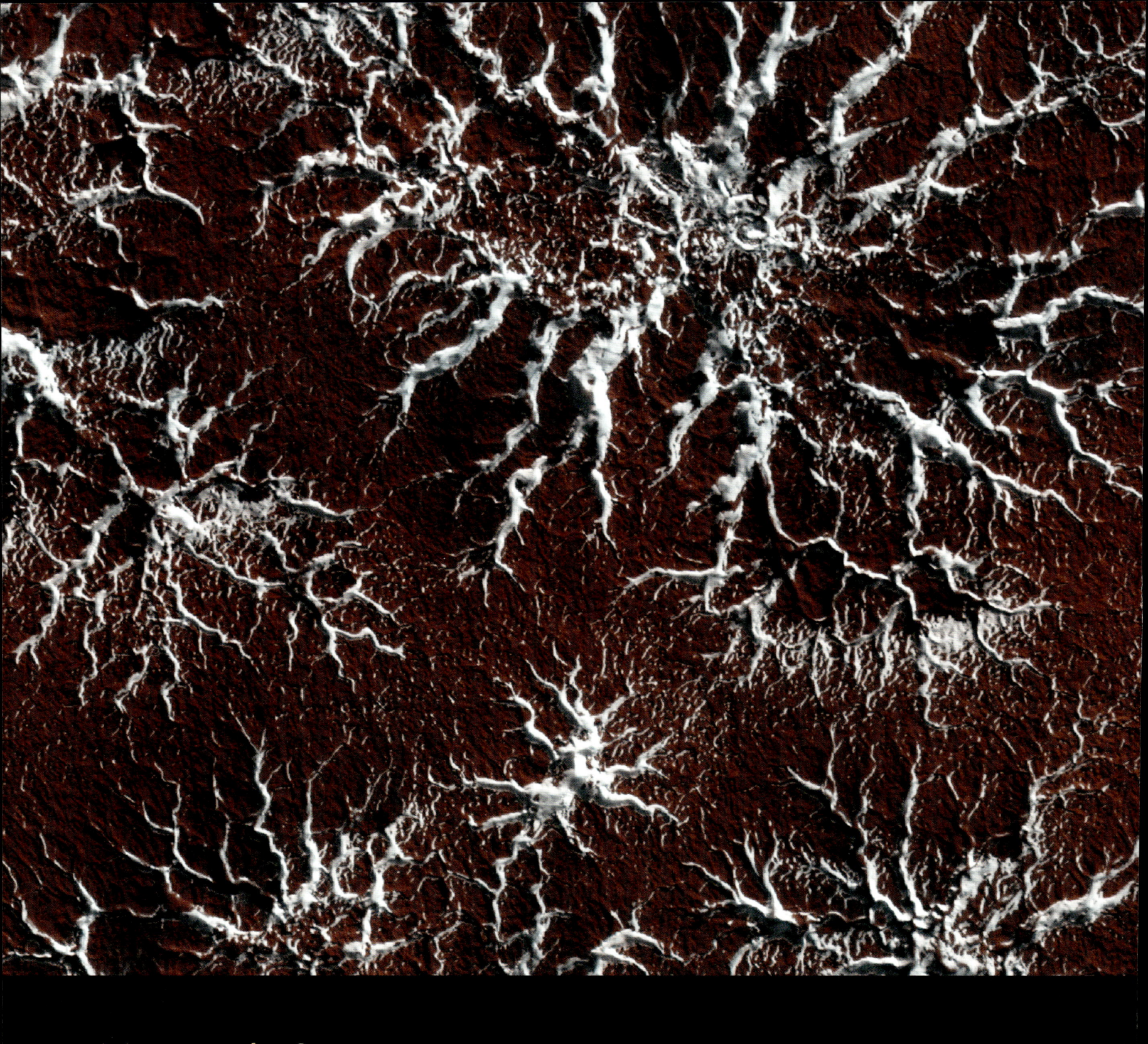

Marsianische Spinnen

Mit dem Namen seiner Begleitband hat Rocklegende David Bowie Anfang der 1970er-Jahre unabsichtlich einen Volltreffer gelandet, denn die „Spiders from Mars" gibt es tatsächlich. Sie entstehen, wenn der Mars-Frühling die Südpolregion erwärmt. Dann überschreitet das im Winter dort abgelagerte Kohlendioxideis seine Gefriertemperatur. Es sublimiert, wechselt also direkt in den Gaszustand. Der entstehende Druck treibt das Gas explosionsartig durch Risse und Spalten ins Freie. Dabei werden Sand und Staub weggeschleudert und entlang der Risse bleibt Eis als spinnenartiges Muster zurück. Das Phänomen ist ohne Entsprechung auf der Erde. Dieses Bild wurde 2011 nahe des Südpols, bei 87 Grad Breite, vom MARS RECONNAISSANCE ORBITERS der NASA aufgenommen. Die Bildbreite beträgt etwa 2,5 Kilometer.

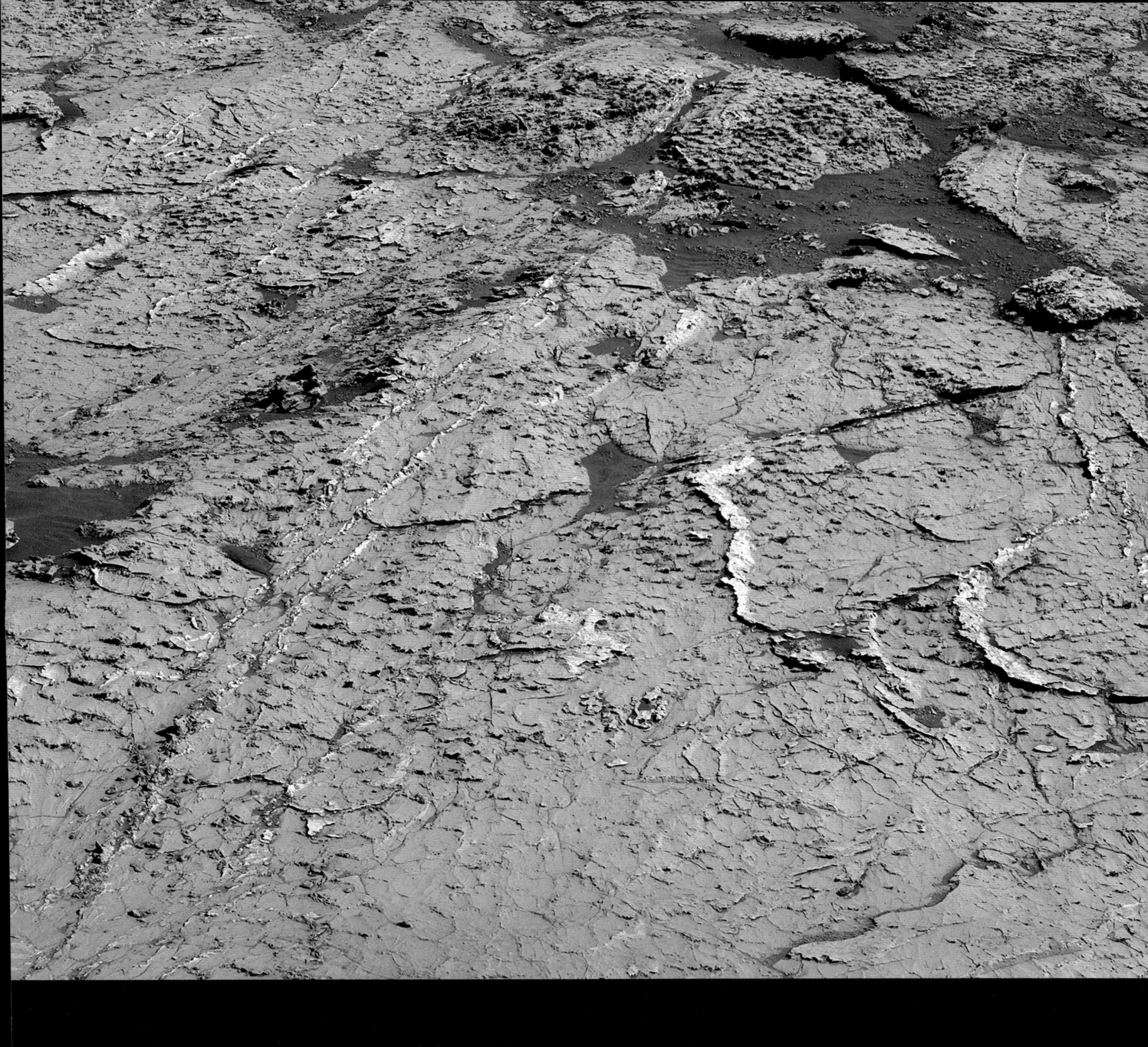

Alte Schlammrisse im Gale-Krater

Dieses rissige Stück Marsboden hat CURIOSITY am 20. Juni 2021 aufgenommen. Die Forscher waren beeindruckt, denn der Fund ist der erste Beweis für zyklische Wechsel zwischen nassen und trockenen Klimabedingungen, die sich wohl über größere Zeiträume hinweg im Landekrater Gale ereigneten. Der NASA-Rover fand die Risse am Übergang zwischen einem von Tonmineralien und einem durch Sulfate geprägten Gebiet. Das teils sechseckige Rissmuster ähnelt irdischen Exemplaren, zum Beispiel im kalifornischen Death Valley. Sie bilden sich erst nach vielen Jahren solcher Wechsel. Solche Befunde lassen Astrobiologen aufhorchen, denn eine populäre Theorie besagt, dass diese Zyklen für die Entstehung von Leben zumindest unterstützend, vielleicht sogar dafür erforderlich sind.

Im Tal von Gediz Vallis

Das Tal Gediz Vallis schneidet sich in die unteren Flanken des Berges Aeolis Mons, der teils um mehr als fünf Kilometer den Boden des Gale-Kraters überragt. Wahrscheinlich entstand das Tal vor Jahrmilliarden, als sich Wasserfluten eine Schneise in die Bergflanken pflügten. In der Talmitte erkennt man noch Haufen aus Schutt und Felsbrocken, welche die Flut dort abgeladen hat. Rechts im Vordergrund ragt der von Rissen durchzogene und über sieben Meter hohe Hügel „Bella Vista Butte" auf. Aeolis Mons besteht aus Schichten, wobei die jüngeren hoch oben liegen. Links im Bild erkennt man auch Spuren fortgesetzter Winderosion, sogenannte Jardangs. Das Mosaik besteht aus 18 einzelnen Fotos, die der CURIOSITY-Rover am 7. November 2022 aufgenommen hat. Die Farben wurden so angepasst, wie sie das menschliche Auge unter irdischen Beleuchtungsverhältnissen sehen würde.

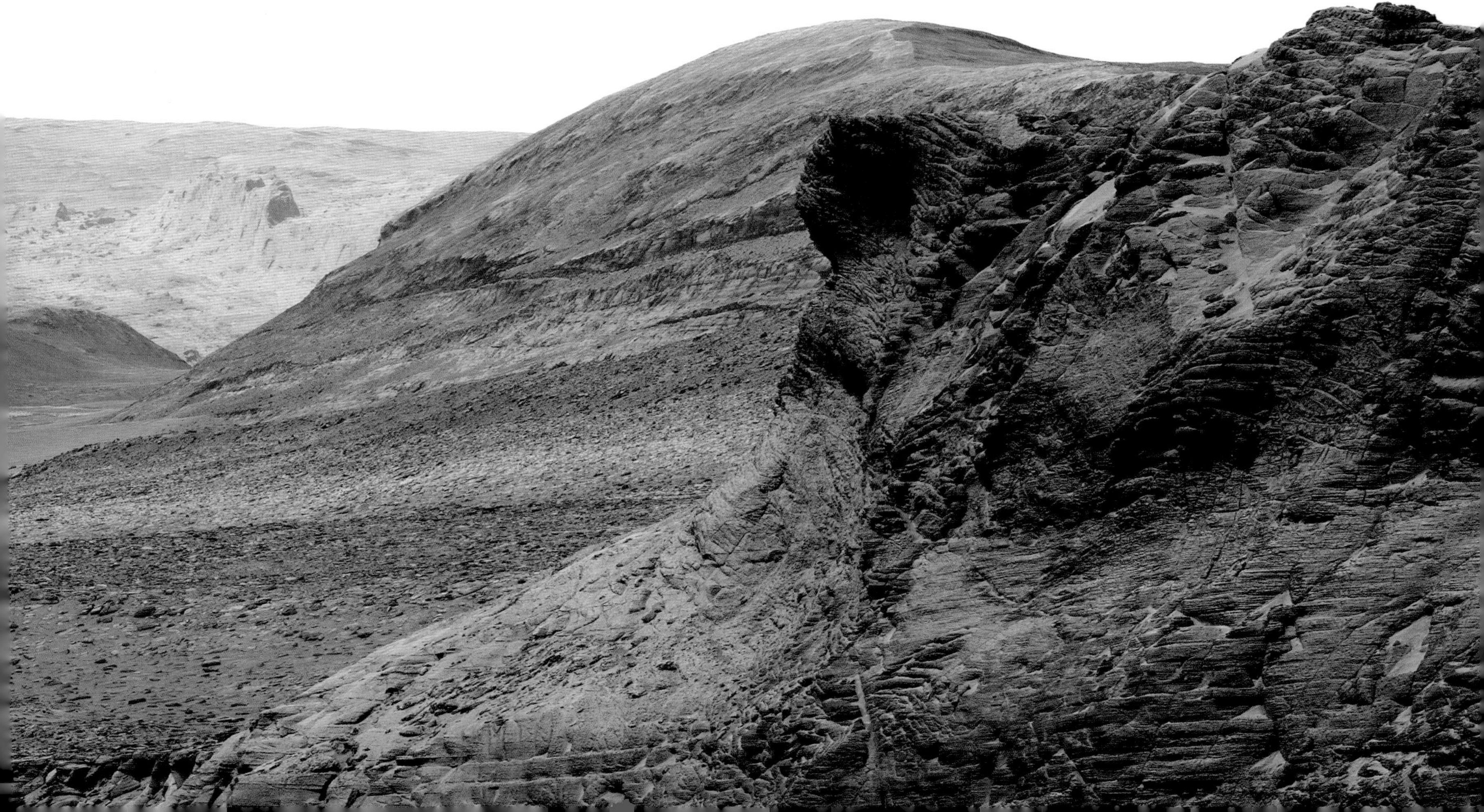

Panorama an der Bohrstelle

Dieses Panorama namens Marker Band Valley hat CURIOSITY im Krater Gale aufgenommen. In weiter Ferne erkennt man rechts die oberen Lagen des fünf Kilometer hohen Aeolis Mons. Im Vordergrund ragt der erhobene Roboterarm ins Bild, darunter hat der NASA-Rover das Bodengestein angebohrt (siehe Ausschnitt). Nahe der Bohrstelle zeigt das Gestein eine gewellte Textur, die vor Milliarden von Jahren entstand, als Wellen einen flachen See kräuselten. CURIOSITY war kilometerweit über Seeablagerungen gefahren, hatte aber nirgendwo so klare Hinweise auf Wellen und Wasser gefunden. Zudem überraschte der Fund, weil die Hänge, die der Rover zu diesem Zeitpunkt hinaufkletterte, in einem eher trockenen Klima entstanden sein sollen. Das Detailfoto zeigt die gewellten Texturen mit einem Größenmaßstab. Die Fotos für dieses Mosaik entstanden am 16. Dezember 2022, es besteht aus 137 zusammengefügten Einzelbildern. Ein Weißabgleich hat die Farben so angepasst, dass die Landschaft wie unter irdischer Beleuchtung zu sehen ist.

131

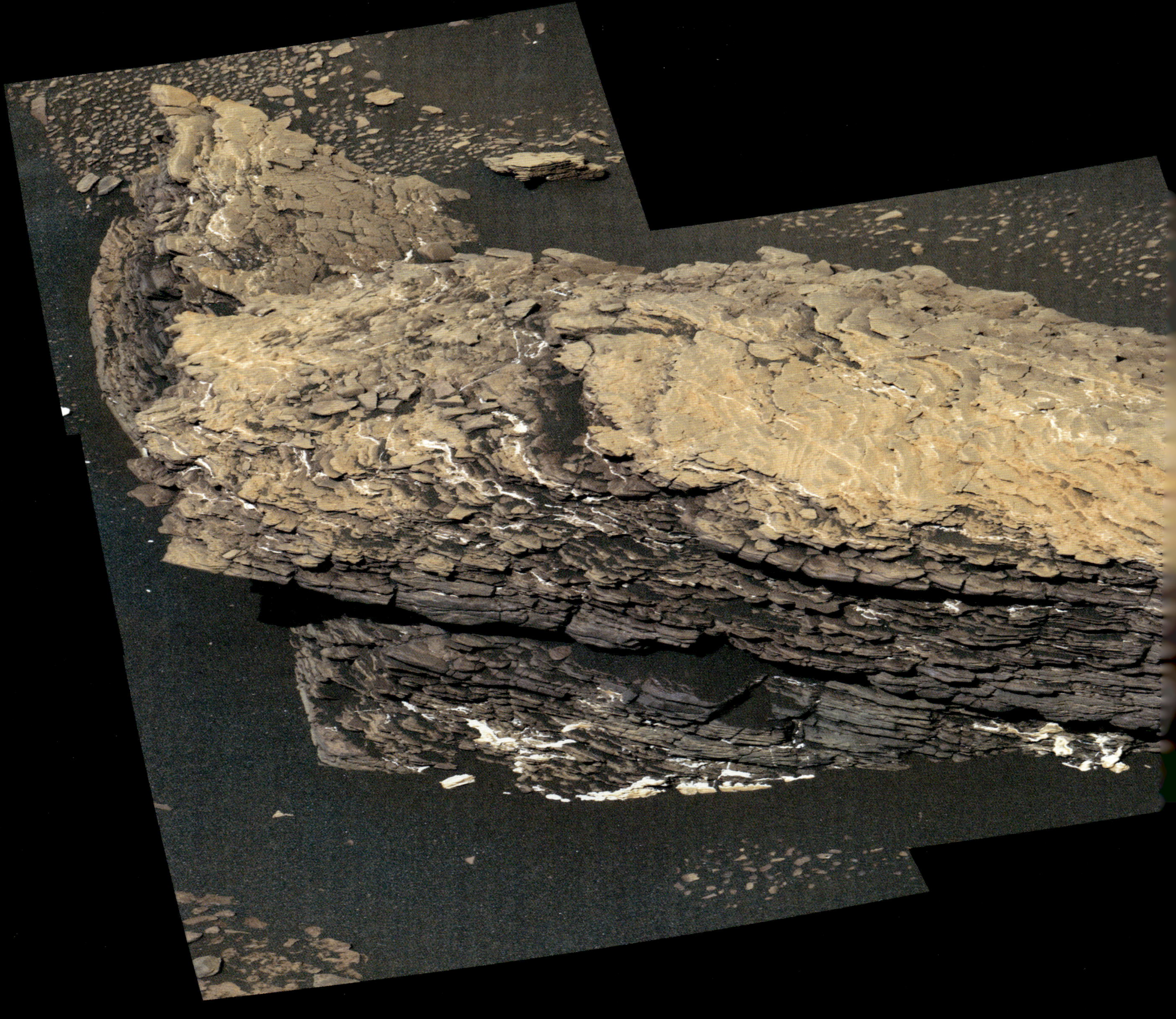

Curiositys Baklava-Felsen

Diese Aufnahme zeigt den Felsbrocken „Strathdon", der aus dutzenden Sedimentschichten besteht, die sich zu einem spröden Gefüge verhärtet haben. Entfernt erinnert er an einen großen Happen orientalischer Süßigkeiten. Anders als die dünnen Schichten des Sedimentgesteins, das im stehenden Gewässer des urzeitlichen Sees im Gale-Krater entstand, deuten Strathdons wellige Gesteinsschichten auf eine dynamischere Umgebung. Wind, fließendes Wasser oder beides könnte hier am Werk gewesen sein. Felsen wie Strathdon zeigen, dass die Geschichte des Wassers auf dem Mars komplizierter war als ein simple Entwicklung von nass zu trocken. Die Farben wurden so angepasst, als würden Fels und Sand unter irdischen Beleuchtungsbedingungen betrachtet werden. CURIOSITY nahm den Felsen am 29. Juli 2019 auf.

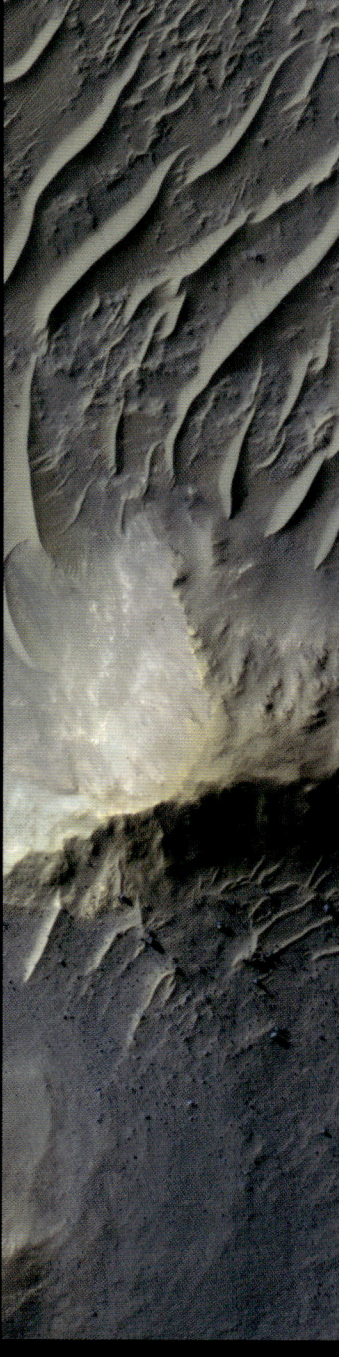

Bewegt durch Windkraft

Auch Falschfarbenbilder helfen, mehr über die Winde auf dem roten Planeten zu lernen. Dieser Ausschnitt zeigt Dünen in der Mitte des 30-Kilometer-Kraters Gamboa. Man erkennt große gewundene Sanddünen, deren Kämme von kleinen Rippeln bevölkert werden, die kaum einen Meter voneinander entfernt sind. Diese vereinigen sich zu sogenannten Megarippeln, die voneinander rund zehn Meter Abstand halten und von den Dünen nach außen strahlen. Die hier eingefärbten größeren Dünenstrukturen sind offenbar mit sehr grobem Sand bedeckt. Sie erscheinen auf der linken Seite des Bildes blaugrün, rechts hingegen in hellem Blau. Eine denkbare Erklärung: Sie werden durch den Wind bewegt, wobei dunkler Staub weggetragen wird und sie daher heller erscheinen. Tatsächlich ist es bekannt, dass sich auch unter den heutigen Umweltbedingungen einige Marsdünen immer noch bewegen – allerdings meist viel langsamer als auf der Erde. Der Gamboa-Krater liegt in der Region Chryse Planitia, dieses Bild stammt von der NASA-Sonde MARS RECONNAISSANCE ORBITER.

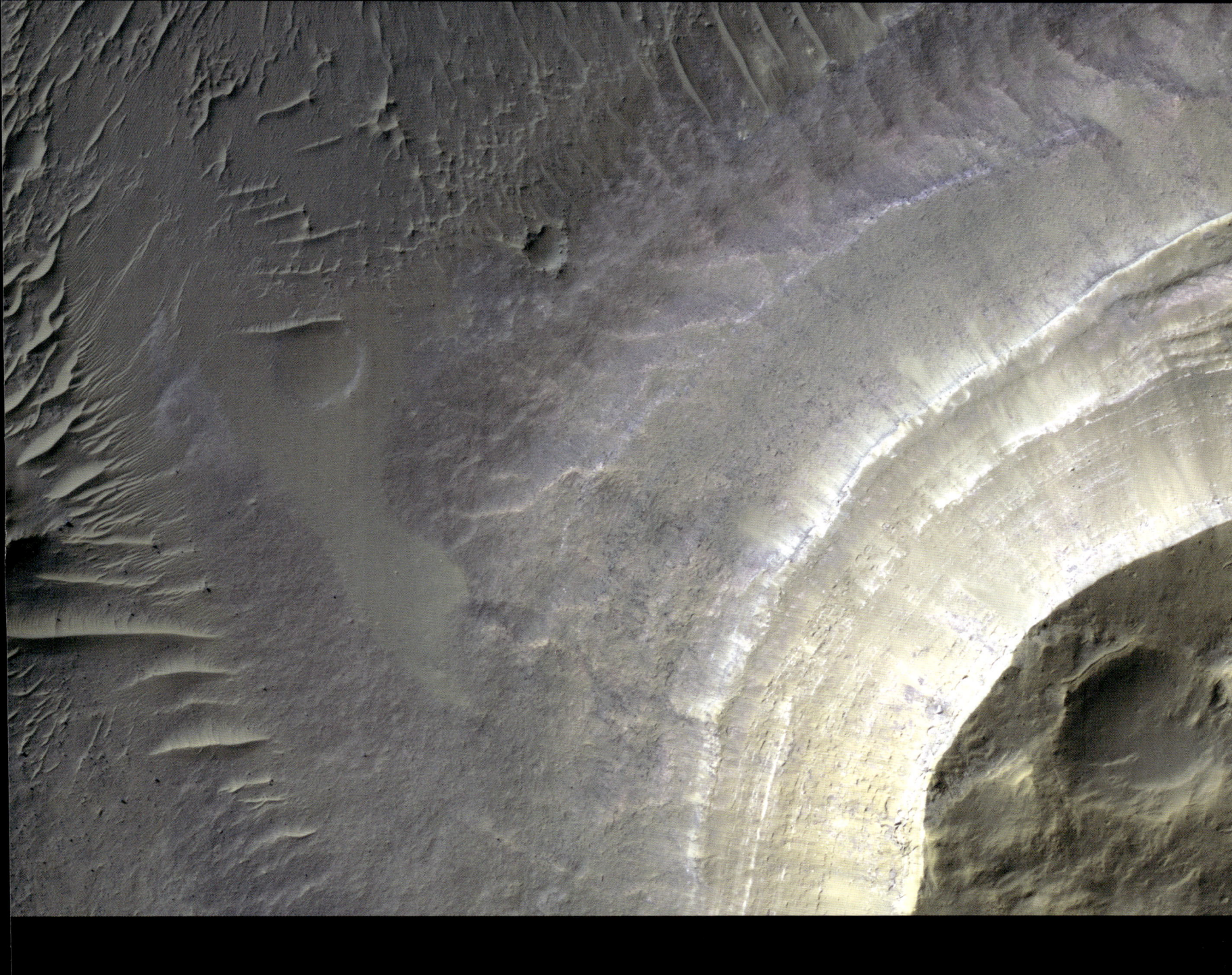

Heiße Quellen im Cross-Krater

Der 65-Kilometer-Krater Cross liegt im Hochland Terra Sirenum auf der südlichen Halbkugel, südwestlich der Tharsis-Region. Im Krater existiert das Mineral Alaunstein (Alunit) – auf dem Mars eine Seltenheit. Hier ein Blick auf den Südwesten des Kraterinneren, wo in einem 5 mal 10 Kilometer großen Areal hell getönte Sedimente unterschiedliche Mengen des seltenen Minerals enthalten. Sie zeigen sich als einige Meter mächtige Schichten. Zum Zeitpunkt ihrer Entstehung war heißes Wasser oder Dampf im Spiel, wahrscheinlich gespeist von Grundwasser. Im Untergrund könnte dieses mit Magma in Kontakt gekommen sein und so die sauren und schwefeligen Eigenschaften angenommen haben, die zur Bildung von Alunit nötig sind. Erstmals wurden die Mineralvorkommen vom Spektrometer der MARS-EXPRESS-Sonde entdeckt. Diese stark vergrößerte Szene hat am 1. Oktober 2008 die HiRISE-Kamera des MARS RECONNAISSANCE ORBITERS der NASA aus 255 Kilometern Höhe aufgenommen, sie ist weniger als einen Kilometer breit.

Eisiges Land Utopia

Utopia Planitia ist eine von drei großen Senken der nördlichen Marshalbkugel, ihr Durchmesser beträgt 3300 Kilometer. Vor Urzeiten wurde sie beim Einschlag eines 200-Kilometer-Asteroiden geformt. Anfangs kilometertief, füllte sich später das Utopia-Becken mit Sedimenten. In dem hier gezeigten Ausschnitt waren es hauptsächlich Eis und Staub, die sich wie ein Mantel über die Topographie gelegt haben. Denn noch vor zehn Millionen Jahren dürfte es in Utopia wesentlich mehr Eis gegeben haben – herbeigeführt durch zyklische Änderungen des Marsklimas. In solchen eisreichen Perioden entstanden die hier gezeigten „mantled deposits". Wie ein Mantel bedeckten die dicken Schichten aus Schnee und herbeigewehtem Staub damals die Oberfläche. Sie sind als helle, glatte Areale beispielsweise oben im Bild erkennbar. Auch im Innern der zehn und zwölf Kilometer großen Einschlagkrater oberhalb der Bildmitte zeigt sich die Manteldecke. Ober- und unterhalb ist die Oberfläche durch thermische Kontraktion aufgebrochen. In den Rissen hat sich vom Wind verwehter Staub abgelagert, was die dunkle Tönung erklärt. Von Ablagerungen verfüllte Vertiefungen sind im gesamten Bild erkennbar. Sie haben kreisförmige bis elliptische Gestalt und ihre Größe kann bis zu mehreren Kilometern betragen. Entstanden sind sie durch Verdampfen von Untergrundeis, gefolgt vom Einsturz der darüber liegenden Oberfläche. Die Aufname stammt vom europäischen Orbiter MARS EXPRESS.

Utopia-Krater in Bayern

Das Bild zeigt einen Krater in der Marsregion Utopia Planitia, dessen Auswurfdecke auf Wassereis im Boden hindeutet. Als der den Krater formende Asteroid hier einschlug, schmolz blitzartig das Eis und eine Mischung aus Wasser, Gestein und Staub wurde aus den oberen Bodenschichten herausgeschleudert. Der Durchmesser des noch namenlosen Utopia-Kraters beträgt acht Kilometer – etwa ein Drittel des Nördlinger Ries in Bayern, das ebenfalls ein Impaktkrater ist und wegen seiner spezifischen Eigenschaften mit Marskratern verglichen wurde. Noch heute existieren im Untergrund von Utopia Eisvorkommen, wie es Messungen von Raumsonden belegen. Das Foto stammt vom EXOMARS-Orbiter der ESA und wurde in 400 Kilometern Höhe aufgenommen.

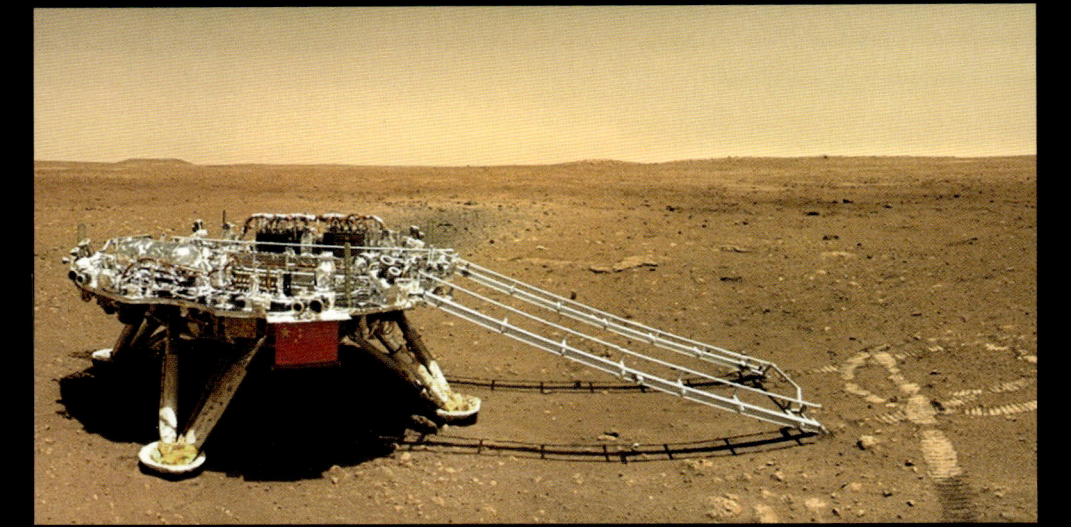

Chinas erste Landung

← ↓ Am 15. Mai 2021 setzte das Landegerät der chinesischen Mission TIANWEN-1 weich in der nördlichen Ebene Utopia Planitia auf. Es war die erste erfolgreiche Marslandung, die nicht auf das Konto der NASA ging. Über eine Rampe (oben) entließ der Lander ein sechsrädriges Gefährt, den Rover ZHURONG (Bild darunter). Er bringt rund 240 Kilogramm auf die Waage, also rund ein Viertel der momentan auf dem Mars operierenden NASA-Gefährte. Insgesamt hat ZHURONG 1922 Meter in seinem Landegebiet zurückgelegt. Das Panorama unten hat das Marsmobil unterwegs aufgenommen. Es zeigt im Vordergrund Teile von ZHURONGS Solarzellen, rechts eine helle Düne und am Horizont flache Hügel, die einst womöglich als Schlammvulkane aktiv waren. Bereits 1976 war die NASA mit VIKING 2 ebenfalls vor Ort in Utopia, allerdings weiter nördlich und etwa 1700 Kilometer von ZHURONG entfernt.

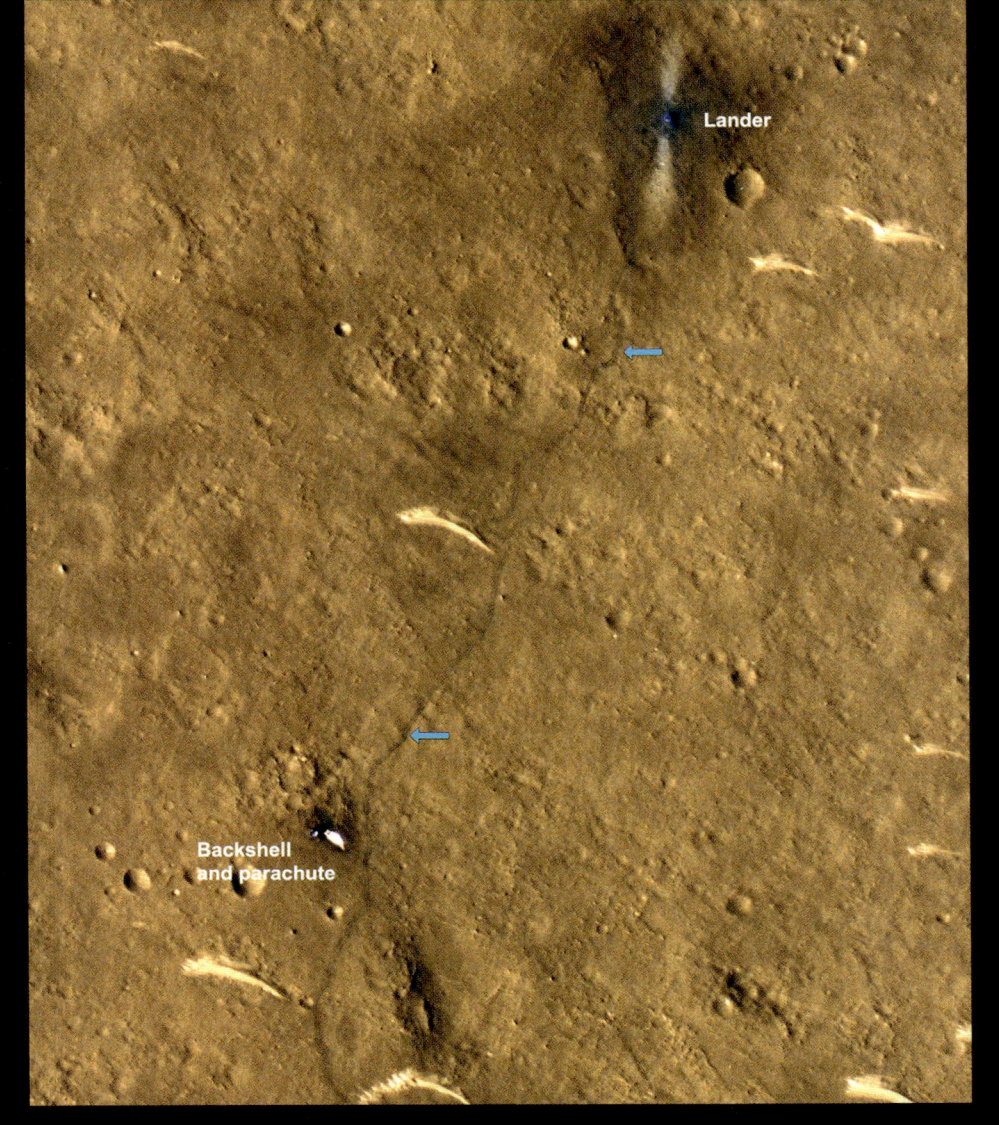

Zhurongs Reise

← Dieses Foto vom 11. März 2022 hat der MARS RECONNAISSANCE ORBITER geschossen, es zeigt die Marsaktivitäten der chinesischen Kollegen, nämlich die Fahrtspuren (blaue Pfeile) des Rovers ZHURONG, der sich durch sein von hellen Dünen durchzogenes Landegebiet in der Tiefebene Utopia Planitia bewegt. Das Bild wurde kontrastverstärkt, um das Marsmobil und seine Spuren besser sichtbar zu machen.

Selfie am Bohrloch

→ Diese Aufnahme entstand am 23. Juli 2024 am Nordrand von Neretva Vallis, einem 400 Meter breiten Tal, durch das einst Wasser in den Jezero-Krater strömte. In der Bildmitte befindet sich der Felsen mit dem informellen Namen Cheyava Falls. Aus dem kleinen dunklen Loch darin hat PERSEVERANCE eine Probe gebohrt, diese in ein Metallröhrchen verpackt und in seinem Bauch verstaut; es war die 22. Probennahme der Mission. Der weiße Fleck markiert die Stelle, wo der NASA-Rover die Gesteinsoberfläche abgeschliffen hat, um mit seinen Instrumenten die Zusammensetzung des Felsens zu untersuchen. Das Selfie vom 23. Juli 2024 besteht aus 62 Bildern der WATSON-Kamera am Ende des Roboterarms des Rovers.

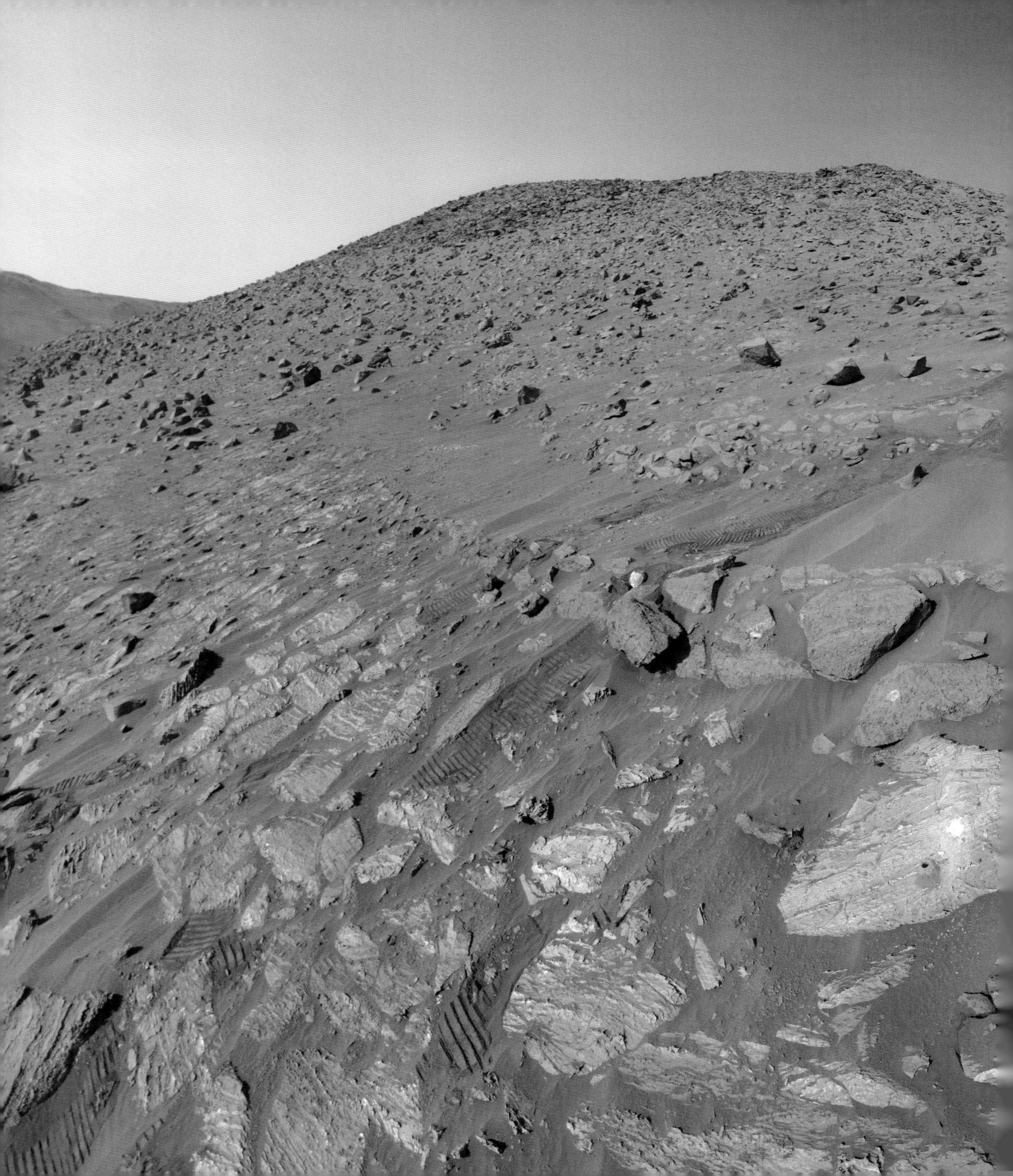

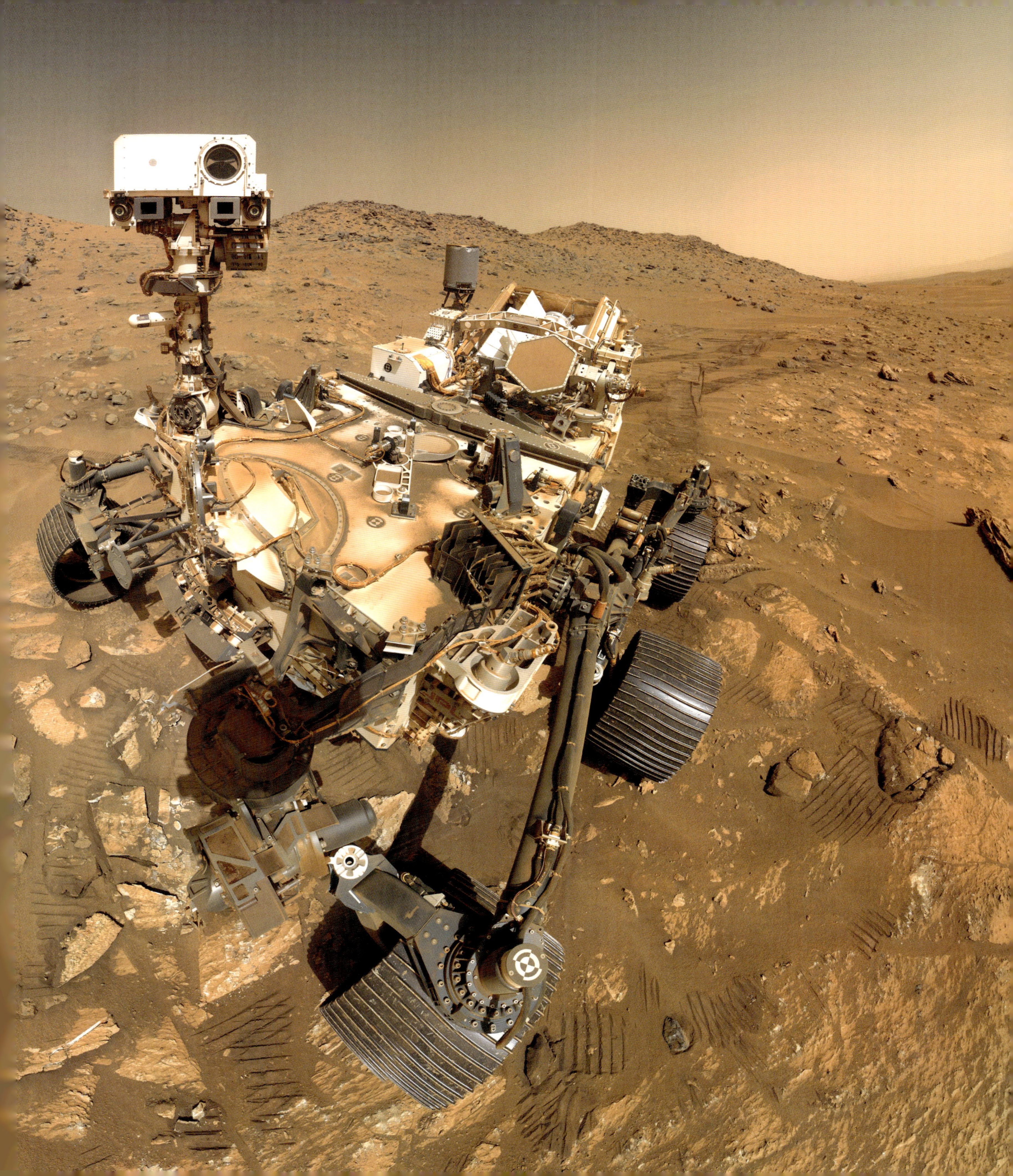

Anstieg und Fall eines Kratersees

→ Der flache Hügel im Vordergrund, informell Kodiak genannt, war 2,2 Kilometer entfernt, als dieses Bild entstand. Er misst 240 mal 180 Meter und erhebt sich maximal 70 Meter über das umliegende Gelände. Der NASA-Rover PERSEVERANCE hat Kodiak aus verschiedenen Perspektiven aufgenommen. Die Forscher sind sich nun sicher, dass er ein isoliertes Relikt des früher größeren Deltas ist, das sich am Zufluss des einstigen Jezero-Kratersees gebildet hatte. Kodiaks Schichtfolge entstand demnach aus der allmählichen Ablagerung von Sedimenten im See. Aus den Schichtungen lesen die Forscher allerdings auch eine wechselvolle Geschichte ab, nämlich mindestens vier verschiedene Phasen, die den Kratersee um fünf bis zehn Meter steigen und fallen ließen. Zudem sind die Spuren plötzlicher Fluten konserviert: beträchtliche Felsen, welche die Sturzfluten mit sich gerissen und auf der obersten Schicht von Kodiak abgelagert haben. Die Farben des Fotos wurden bearbeitet, um Unterschiede hervorzuheben und den Bildkontrast zu verbessern. Es stammt vom 18. April 2021, aufgenommen hat es die Mastcam-Z-Kamera des NASA-Rovers.

Seltsame Leopardenflecken

→ Ein Detailfoto des 1 mal 0,6 Meter großen Felsens Cheyava Falls. Über seine gesamte Länge verlaufen helle Adern aus Kalziumsulfat. Dazwischen befinden sich rötliche Bänder, die auf das Vorhandensein des Minerals Hämatit hindeuten. Astrobiologen interessieren sich besonders für die millimetergroßen, unregelmäßigen hellen Flecken, die von einem dunklen Ring umgeben sind und die an die Zeichnung eines Leopardenfells erinnern. Solche Flecken können dann auftreten, wenn chemische Reaktionen mit Hämatit das Gestein von rot nach weiß färben. Zudem können sie Eisen und Phosphat freisetzen, was die Bildung der dunklen Ringe ausgelöst haben könnte. Auf der Erde dienen solche Reaktionen Mikroben als Energiequelle. Ken Farley, der Projektwissenschaftler der Mission dazu: „Cheyava Falls ist der rätselhafteste, komplexeste und womöglich bedeutendste Felsen, der von Perseverance bisher untersucht wurde." Einerseits habe man in den markanten dunklen Flecken organisches Material entdeckt und man wisse auch, dass einst Wasser – bekanntlich für Lebewesen unverzichtbar – durch den Felsen geflossen ist. „Andererseits konnten wir nicht genau feststellen, wie sich der Felsen gebildet hat und in welchem Umfang er erhitzt wurde."

143

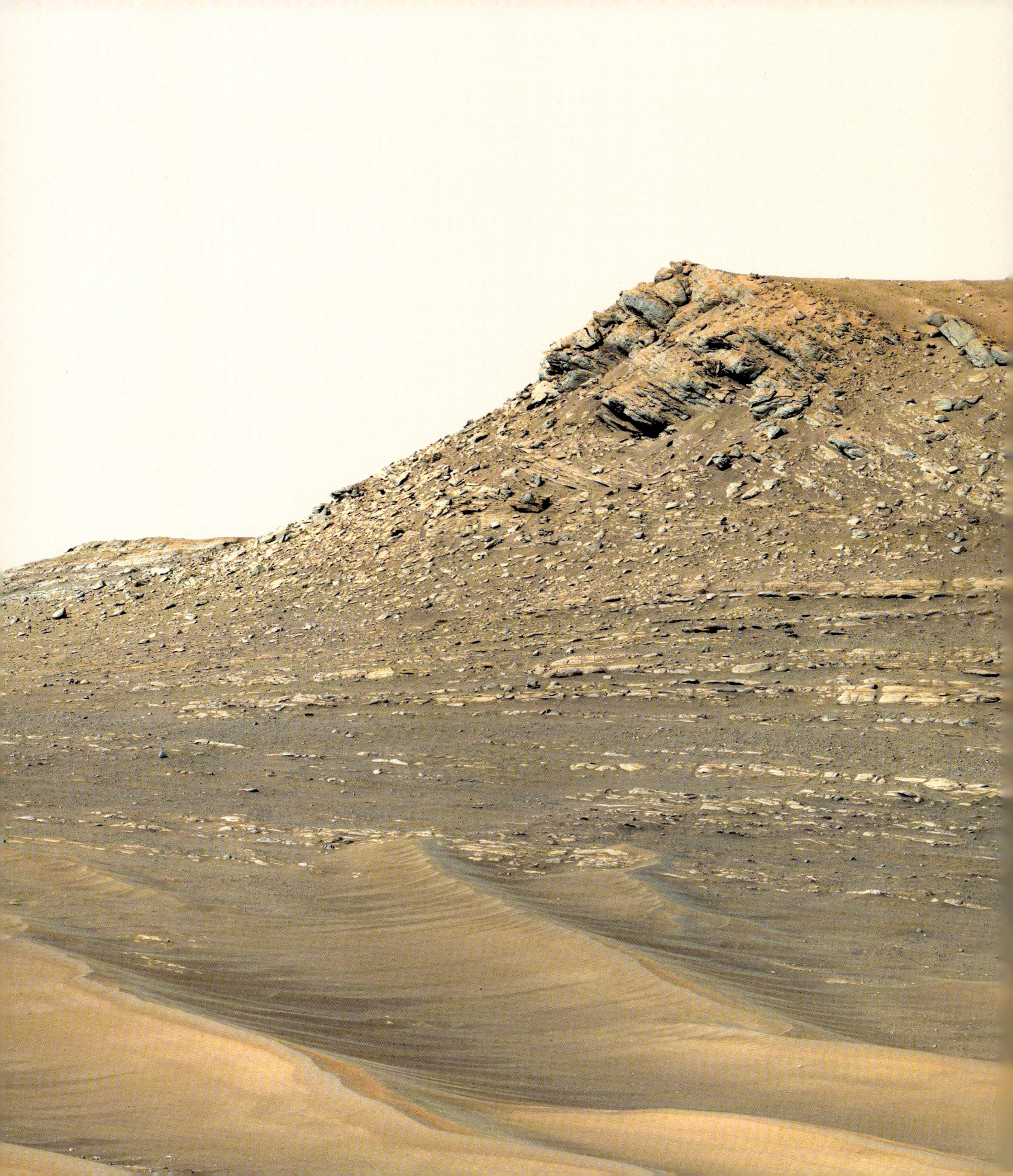

STERNENLICHT
— UND
WISSENSDURST

DIE FASZINIERENDE WELT
DER ASTRONOMIE ENTDECKEN

Frag KOSMOS
Seit 1822

KOSMOS

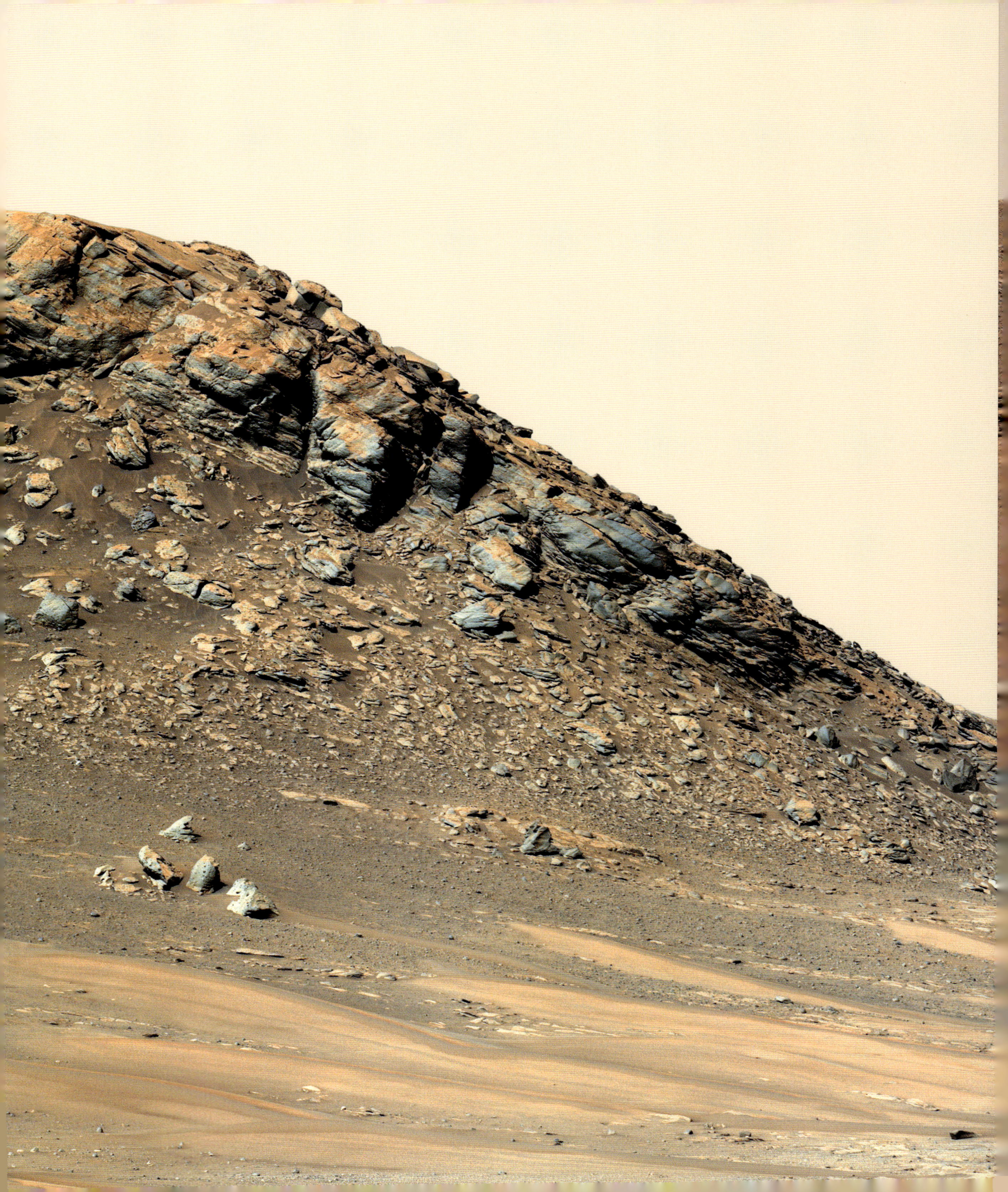

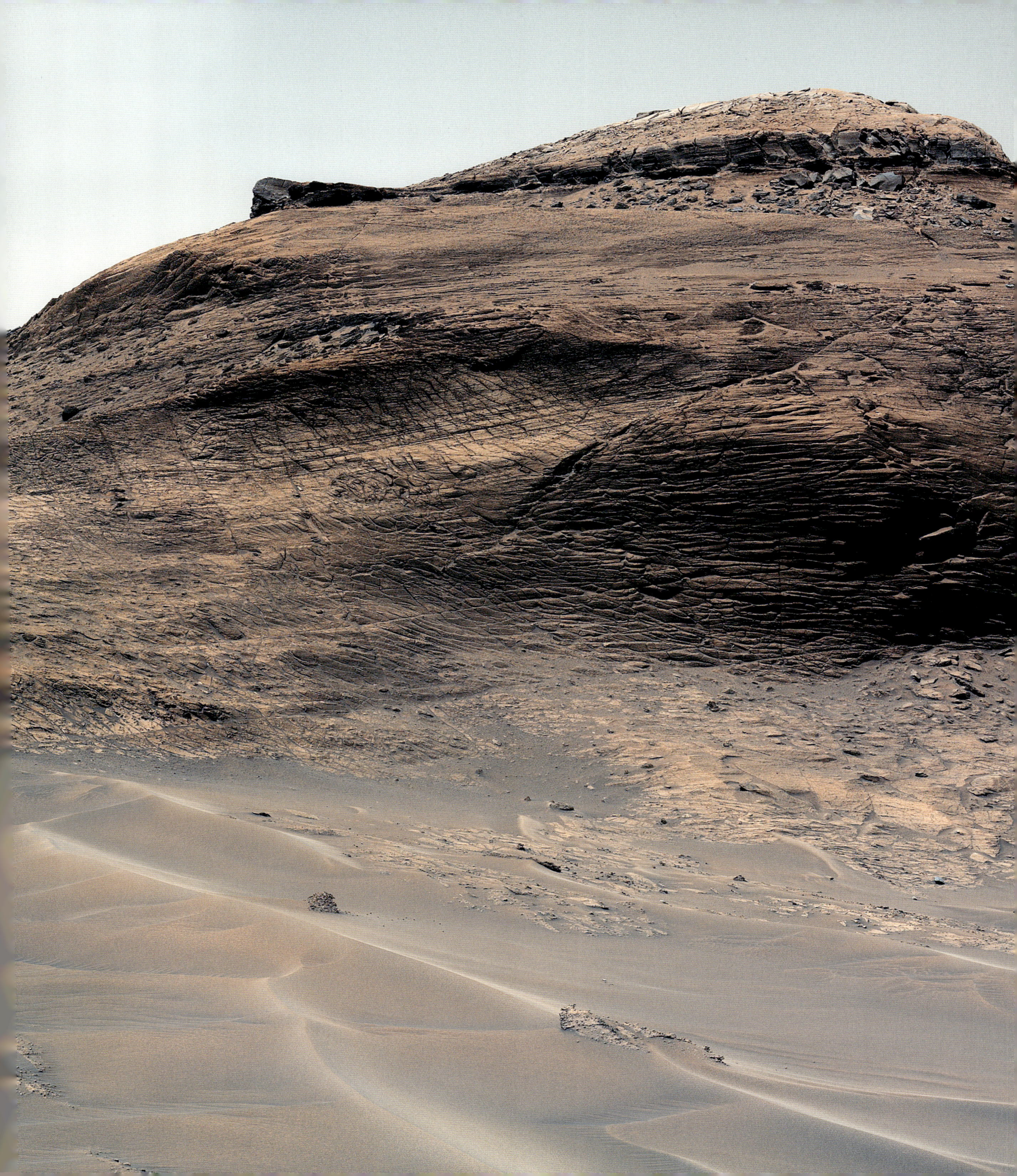

Ein Hügel namens Pinestand

→ Dieses Fotomosaik eines beeindruckenden Hügels mit dem informellen Namen Pinestand hat PERSEVERANCE östlich des Belva-Kraters aufgenommen. Die Forscher glauben, dass er einst durch einen schnell fließenden Fluss entstand, der die einzelnen Schichten aus Sedimenten übereinander ablagerte. Allerdings sind diese Schichten verglichen mit irdischen Standards ungewöhnlich hoch. Die 18 Fotos dieser Ansicht stammen vom 26. Februar 2023, bereits wenige Tage zuvor hatte die kleine Drohne INGENUITY auf ihrem 45. Flug den Hügel abgelichtet. Subtile Farbunterschiede wurden in diesem Bild zur Kontrastverbesserung verstärkt.

Belvas Innenansicht

↑ In seinem Landekrater namens Jezero hat PERSEVERANCE auch kleinere Einschlagkrater besucht, darunter „Belva". Dieser misst immerhin 900 Meter und liegt inmitten der Delta-Ablagerungen von Jezero. Hier eine Szene aufgenommen von dessen Westrand. Der auffällige Felsbrocken ganz rechts hat einen Durchmesser von etwa 1,5 Metern und liegt in etwa 20 Meter Abstand zum NASA-Rover. Bis zum am weitesten entfernten Punkt des Belva-Randes sind es etwa 1060 Meter. Solche Krater gewähren nicht nur beeindruckende Ausblicke, sie sind auch Einschnitte ins Gelände, die Hinweise auf die lokale geologische Geschichte bieten. An mehreren Stellen erkennt man freiliegendes Grundgestein, das die Experten in diesem Zusammenhang besonders interessiert. Richtung Horizont schweift der Blick der PERSEVERANCE-Kamera bis zum 40 Kilometer entfernten Wall von Jezero. Bei der Bearbeitung wurden subtile Farbunterschiede etwas verstärkt. Das Panorama entstand am 22. April 2023.

Im Land der Härtlinge

← Der Hügel rechts im Bild wird Bolivar Butte genannt. Die Zuschreibung „Butte" meint einen isolierten Hügel mit steilen, manchmal senkrechten Seiten und einem kleinen, eher flachen Gipfel – sozusagen ein Tafelberg en miniature. Weit verbreitet ist die Verwendung des Wortes im Westen der USA, wegen ihrer charakteristischen Formen sind Buttes häufig Orientierungspunkte. Im deutschen Fachjargon werden solche Hügel manchmal als Härtlinge bezeichnet. Im Gale-Krater auf dem Mars ist der Rover vielerorts an Buttes vorbeigefahren. Bolivar Butte und die benachbarten Dünenkämme hat CURIOSITY am 23. August 2022 aufgenommen, das Panorama besteht aus 23 Fotos.

Curiositys Schwefel-Stein

Diese gelben Kristalle hat der CURIOSITY-Rover am 7. Juni 2024 fotografiert, nachdem er einige Tage zuvor über den betreffenden Stein gefahren und diesen dabei zerbrochen hatte. Später benutzte er sein Alpha Particle X-ray Spectrometer (APXS), um die chemische Zusammensetzung der Kristalle zu messen. Es war das erste Mal, dass Schwefel in reiner Form auf dem Mars gefunden wurde. Generell ist Schwefel auf dem roten Planeten keine Seltenheit. Zum Beispiel ist die Region, in der CURIOSITY diese Entdeckung gelang, für reichhaltige Vorkommen von Sulfaten bekannt. Sie steht für eine Periode der Marsgeschichte, als vor Jahrmilliarden das Wasser versiegte. In den Steinen der Umgebung suchen die Forscher nach Hinweisen, durch welche Prozesse der elementare Schwefel entstanden sein könnte.

Ein Stein namens Snow-Lake

Die Nahaufnahme des Steins Snow Lake gelang CURIOSITY ebenfalls am 8. Juni 2024. Neun Tage zuvor hatte der Rover einen ähnlichen Felsen zertrümmert und Schwefelkristalle in dessen Innerem freigelegt, wie es auch das APXS-Instrument bestätigte. Der Rover durchfuhr zu dieser Zeit offenbar ein Gebiet, wo ähnlich aussehende Felsen häufig sind; viele davon dürften elementaren Schwefel enthalten. Das Bild wurde von CURIOSITYS Lupenkamera am Ende des Roboterarms des Rovers aufgenommen.

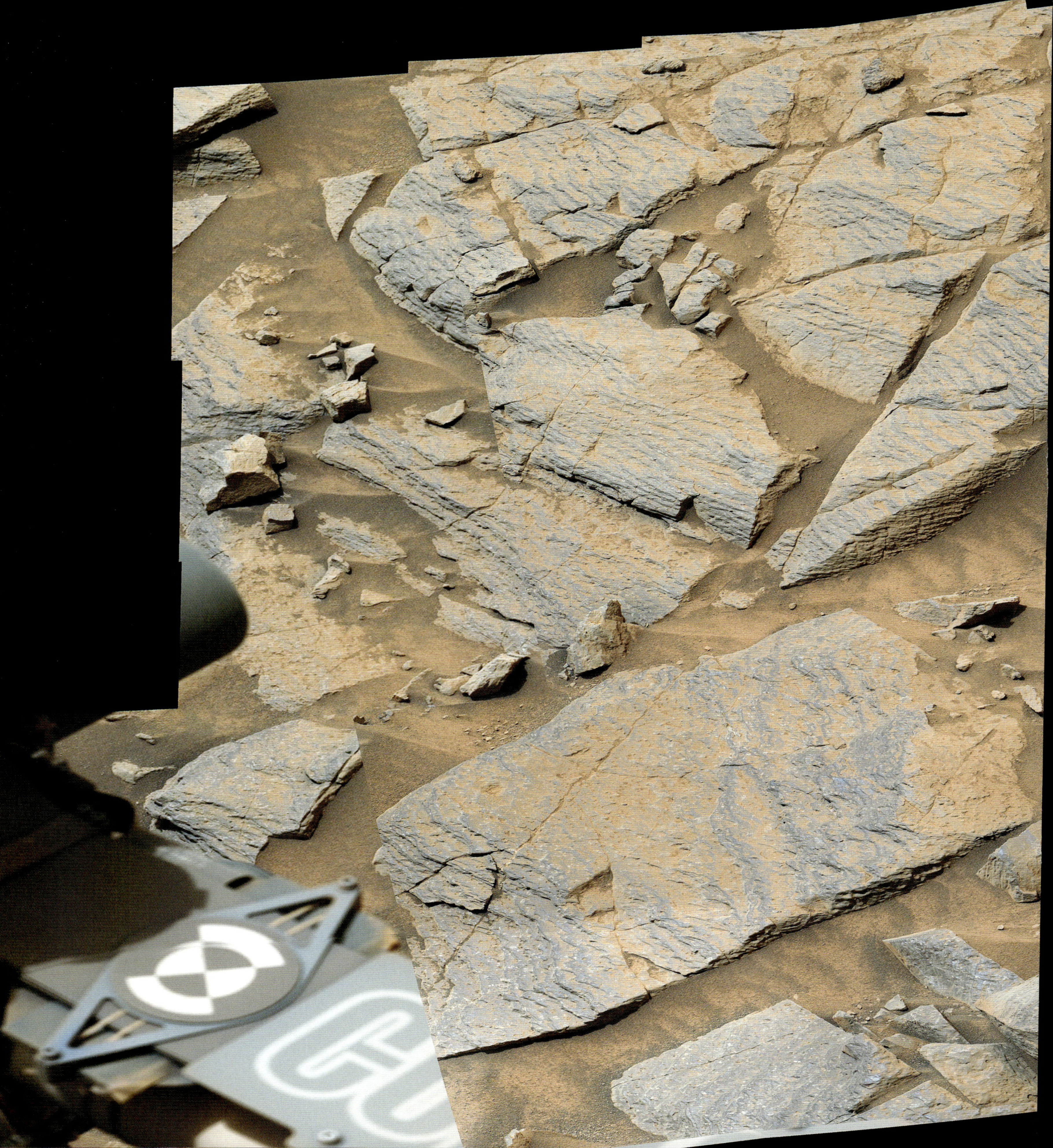

Versteinerte Klimazyklen

Auf dieser Aufnahme erkennt man Gesteinsschichten mit einem wiederkehrenden Muster in Bezug auf Abstand und Dicke. Die Forscher vermuten, es könne sich um den steingewordenen Ausdruck von Wetter- oder Klimazyklen handeln, beispielsweise die Wiederkehr periodischer Staubstürme, die während der Ablagerung der Sedimentschichten auftraten. Das Fotomosaik besteht aus 17 Einzelbildern, die von CURIOSITY am 7. November 2022 in der Region Marker Band aufgenommen wurden.

Am Nadelöhrpass

CURIOSITY verwendete seine Mastkamera, um diese Marslandschaft am „Paraitepuy Pass" aufzunehmen. Der Hügel rechts ist Bolivar Butte, links davon Deepdale Butte. Später hat sich der NASA-Rover seinen Weg durch das schmale Nadelöhr des Passes gebahnt. Oben rechts im Hintergrund ist der Boden des Gale-Kraters zu erkennen. Das Panorama vom 14. August 2022 wurde aus 146 Bildern montiert, die Farbe so angepasst, dass sie den Lichtverhältnissen entsprechen, wie das menschliche Auge sie auf der Erde wahrnehmen würde.

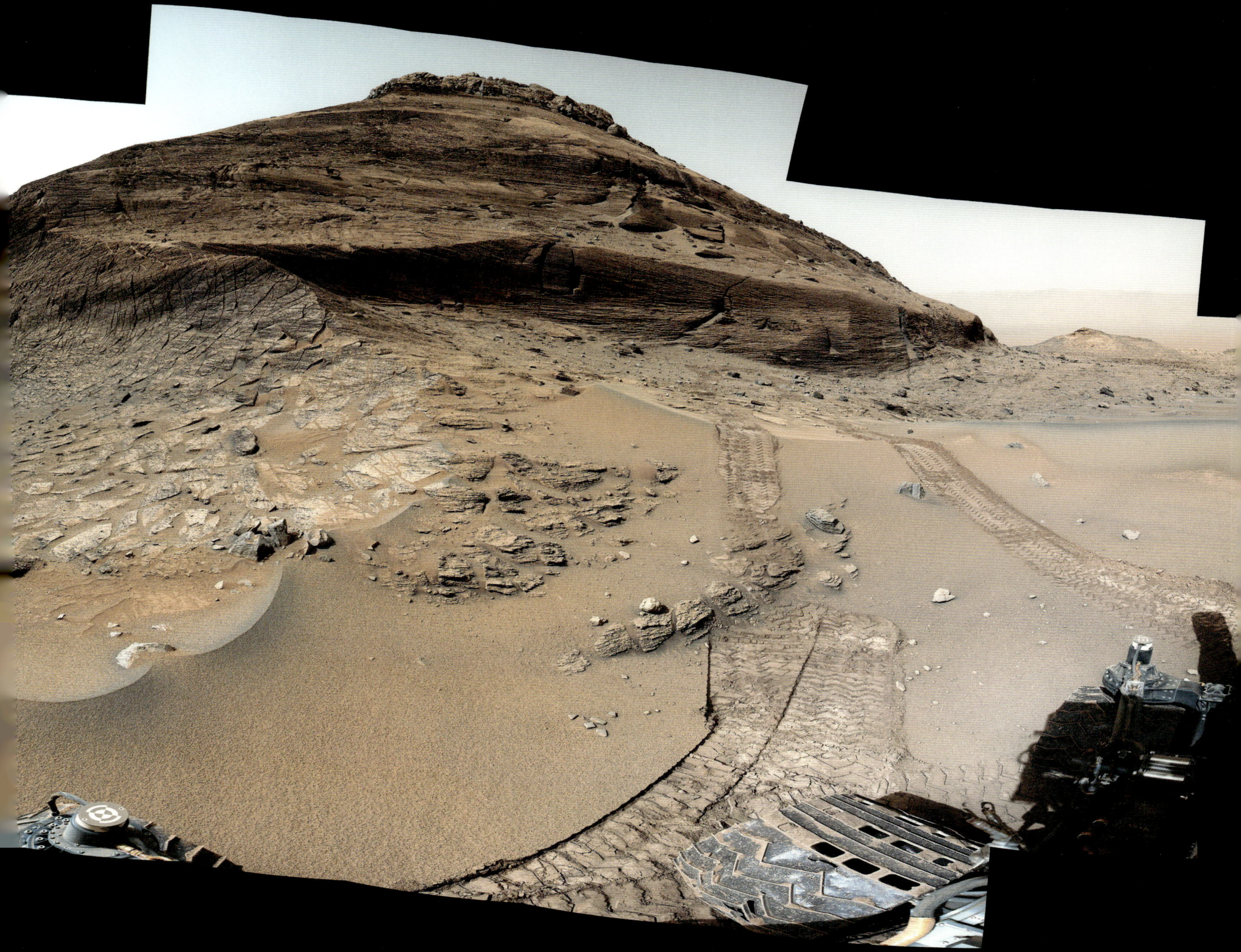

Eine Mauer auf dem Mars

↑ Die wie eine dunkle Mauer erscheinenden Felsbrocken sollen sich einst aus Sand geformt haben, der hier in Wasser abgelagert wurde. Rechts am Hang erkennt man verstreut liegende, graublaue Felsen. Die Forscher deuten sie als Relikte einer Deckschicht aus Sandstein. In der Bildmitte, hinter den dunklen Felsbrocken, befindet sich ein Berg, der einen Teil der sulfathaltigen Region des Kraters bildet. Seine Gesteinsschichten sind als Streifen am Hang erkennbar. In den Schichten könnte dokumentiert sein, wie aus dem feuchten und lebensfreundlichen Mars die eisige Trockenwüste von heute wurde. Das Panorama besteht aus zehn Einzelbildern, die CURIOSITY am 2. Mai 2022 aufgenommen hat.

Marsgeschichte in Schichtgestein

↓ Der NASA-Rover CURIOSITY hat dieses Porträt von einem zerbrochenen und stark geschichteten Marsstein geschossen, der vermutlich einst in einem alten Flussbett oder Teich entstanden ist. Wahrscheinlich war es die Erosion durch den Wind, welche die feinen Schichten freigelegt hat. Das Mosaik umfasst sechs Fotos, sie stammen vom 2. Juni 2022.

Killersteine für die Räder

↓ CURIOSITY hat dieses Panorama am 23. März 2022 aufgenommen. Vom Wind scharf geschliffene Felsen wie diese sind dafür verantwortlich, dass CURIOSITYS Räder schneller abnutzen als erwartet. Aber die Ingenieure haben Wege gefunden, um den Verschleiß zu verlangsamen: dem Rover wurde eine neue Fahrtsoftware gesendet und sie planen die Routen nun so, dass die Überfahrt solcher Felsen vermieden wird. Diese Felsen bilden die Oberfläche des „Greenheugh Pediment", einer breiten, abfallenden Ebene in den Ausläufern von Aeolis Mons, dem über fünf Kilometer hohen Berg im Gale-Krater.

Pannenservice für Marsrover

→ Seit 2013 beobachten die NASA-Ingenieure, dass CURIOSITYS Aluminiumräder stärker als erwartet abnutzen. Das geschieht insbesondere, wenn er in hügeligem Gelände über spitzes Marsgestein klettert. Eine neue Software für die Antriebssteuerung wurde deshalb im Juni 2017 zum Rover gefunkt. Sie reduziert die Belastung der Räder in kritischen Situationen bis zu 20 Prozent – ein vorbeugender Pannenschutz. Dieses Bild belegt, dass die Marssteine bereits größere Löcher in das mittlere Metallrad gebohrt haben.

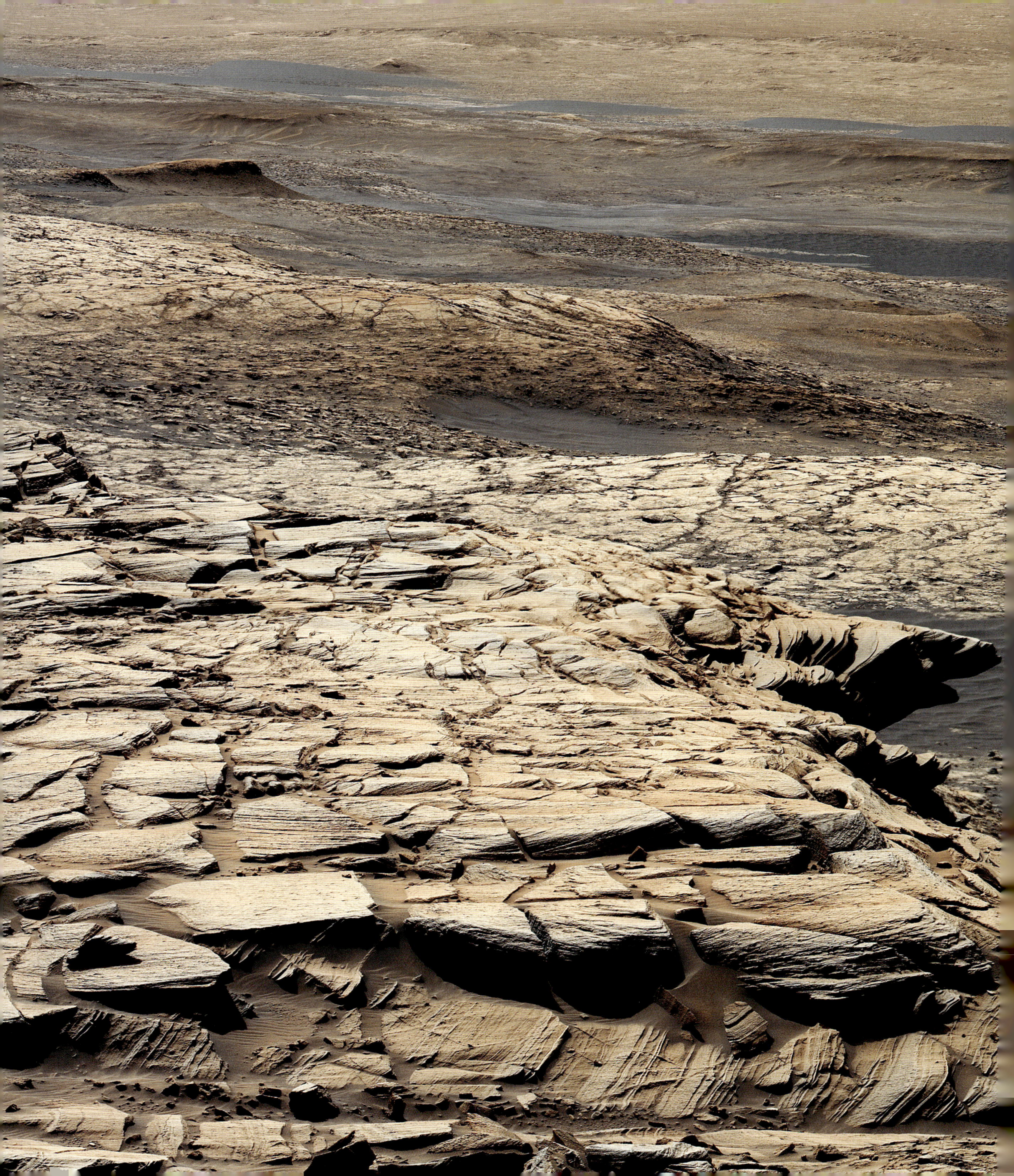

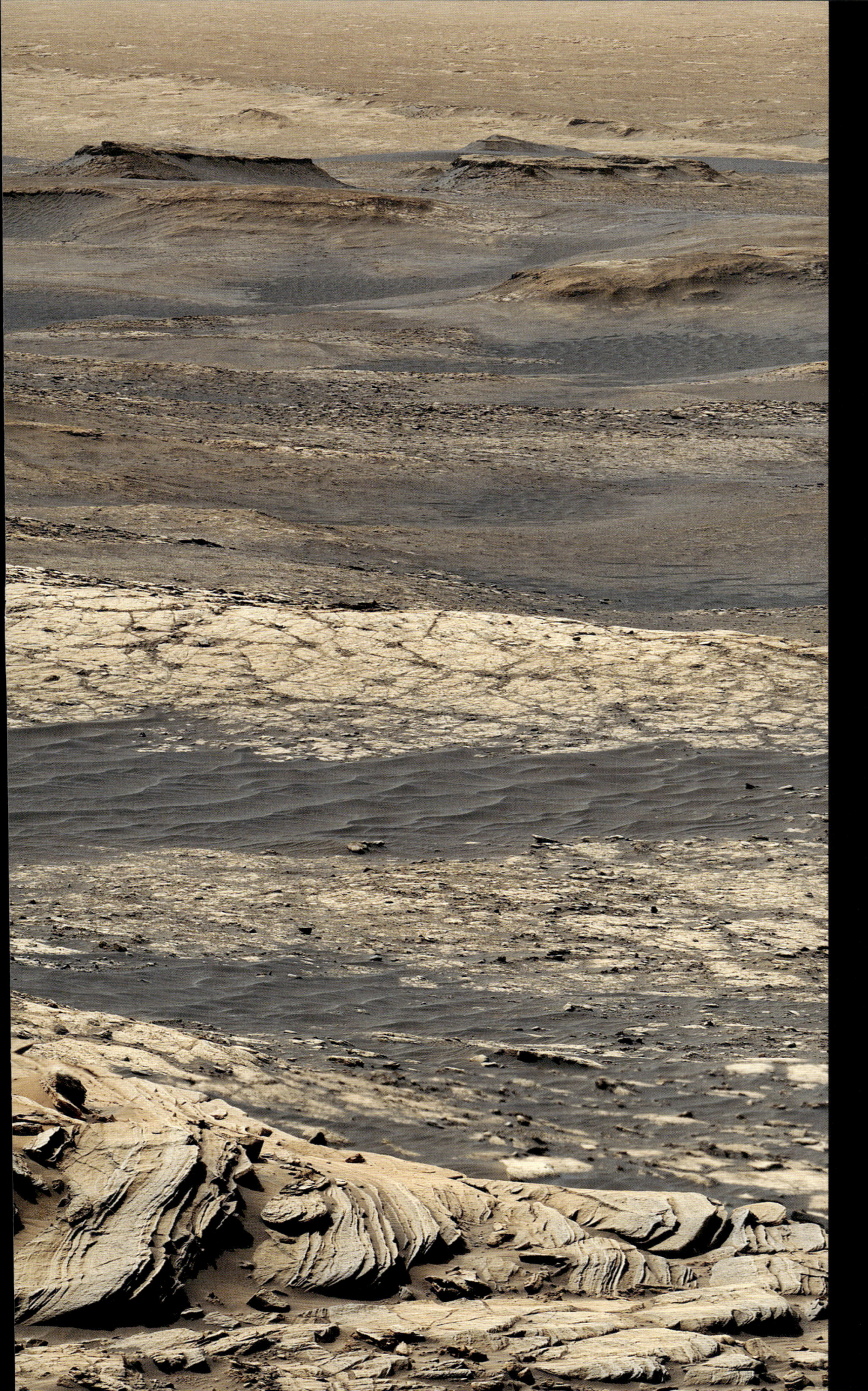

Feuchte Vergangenheit

Nachdem CURIOSITY einen steilen Hang erklommen hatte, bot sich dieses Bild. Es zeigt eine Formation namens „Greenheugh Pediment". Geologen bezeichnen mit „Pediment" geneigte Flächen, die mit einem scharfen Knick an ein höher gelegenes, steileres Gelände grenzen. Die hellen Sandsteinfelsen im Vordergrund des Pediments bilden an einigen Stellen überhängende Vorsprünge. Weiter in der Bildmitte ist neben den dunklen Sanddünen Gelände erkennbar, wo tonartige Minerale vorherrschen. Diese entstanden in feuchten Klimaphasen der Marsgeschichte, gewissermaßen erzählen sie die Geschichte des Wassers am Aeolis Mons. Die Hänge dieses über fünf Kilometer hohen Berges besteigt CURIOSITY seit 2014. Weit entfernt, oben im Bild, ist der Boden des 154-Kilometer-Kraters Gale zu sehen. Das Mosaik aus 28 Fotos hat der NASA-Rover am 9. April 2020 aufgenommen.

Ein bewegtes Sandmeer

CURIOSITY am Bagnold-Dünenfeld, das sich entlang der Nordwestflanke des Berges Aeolis Mount erstreckt. Der Sand erscheint sehr dunkel, sowohl wegen der langen Schatten der flach stehenden Sonne als auch durch die dunklen Mineralien selbst, aus denen der Sand besteht. Man erkennt zwei Größen von Rippeln auf diesem Foto, die der Wind den Dünen aufgeprägt hat. Die größeren sind etwa drei Meter voneinander entfernt und haben stärker als die kleineren Rippel gebogene Kammlinien. Sie bilden einen eigenständigen Typus, der auf der Erde unbekannt ist. Die Kamera des NASA-Rovers schoss die Fotos für dieses Mosaik frühmorgens, auf der Erde war es der 13. Dezember 2015. Teilweise wurden die Bilder etwas aufgehellt, um die Oberfläche der Dünen besser erkennbar zu machen. Es war die erste Vor-Ort-Untersuchung von aktiven – also beweglichen – Sanddünen jenseits der Erde überhaupt.

Am Marsstrand

Auch auf diesem Foto des NASA-Rovers CURIOSITY erkennt man zwei verschieden große Rippel im dunklen Sand des Bagnold-Dünenfelds. Die Kämme der längeren Wellen liegen einige Meter voneinander entfernt. Das ist ein Merkmal aktiver sichelförmiger Marsdünen, wie es CURIOSITY bereits zuvor entdeckt hatte. Bei Dünen auf der Erde wurden Rippel dieser Größe bislang nicht beobachtet. Die Mars-Rippel werden von viel kleineren Exemplaren überlagert, deren Kämme etwa zehnmal näher beieinander liegen. Das Grundgestein vorne im Bild ist Teil der sogenannten Murray-Formation, die im Gale-Krater einst aus den Sedimenten am Grund eines urzeitlichen Sees entstand. Das Foto stammt aus dem März 2017 von einem Ort mit dem informellen Namen Ogunquit Beach, benannt nach einem Städtchen im Bundesstaat Maine an der Ostküste der USA.

Eberswalde auf dem Mars

→ Der 65 Kilometer große Eberswalde-Krater liegt auf der Südhalbkugel des Mars. Benannt wurde er nach der gleichnamigen Stadt in Brandenburg. Der Krater ist mehr als 3,7 Milliarden Jahre alt und von seinem Kraterwall ist nur noch der nordöstliche Teil intakt. Orbitersonden haben in seinem Innern die Überbleibsel eines Flussdeltas entdeckt. Es entstand, als sich ein Zufluss seinen Weg zu dem See im Kraterinneren gebahnt hatte. Solche „fossilen" Deltastrukturen gibt es an mehreren Stellen auf dem Mars, seit April 2021 untersucht der NASA-Rover PERSEVERANCE das Delta im Krater Jezero auf der nördlichen Marshalbkugel. Das Foto stammt von der ESA-Sonde MARS EXPRESS und wurde am 15. August 2009 aufgenommen.

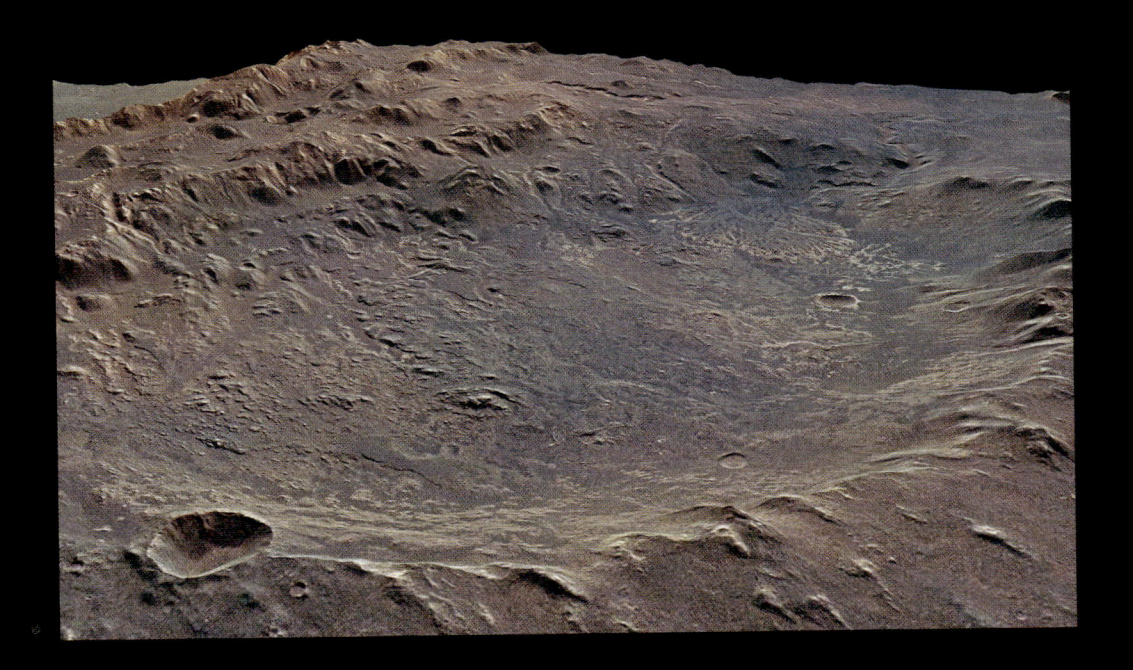

Eberswalde-Krater in Falschfarben

↓ Heute fließt kein Wasser mehr auf dem Mars, doch viele Strukturen auf seiner Oberfläche belegen, dass es dort einst eine wichtige Rolle spielte. Dieses urzeitliche Flussdelta im Eberswalde-Krater entstand beispielsweise durch Wasserfluten. Die 100 Meter dicke Fächerstruktur bildete sich durch Sedimente, die einst ein Fluss ablagerte, als dieser in den damaligen See im Kraterinnern mündete. Ein analoges irdisches Beispiel ist das Nildelta.

Dieses Foto zeigt das Eberswalde-Delta zwar in wässrigen Blau- und Grüntönen, doch es sind Falschfarben. Gelb steht hier für oxidierte Eisenablagerungen. Sie deuten darauf hin, dass dort Gestein durch Wassereinfluss chemisch verändert wurde. Blautöne bedeuten weniger stark verändertes Material. Offenbar nahm der Einfluss des Wassers mit der Zeit ab – womöglich ein Hinweis auf sich ändernde Umweltbedingungen. In einem zweiten Schritt sammelten sich jüngere Sedimente im Krater – womöglich durch Wind herbeigeweht. Ein Großteil der Verbindungskanäle im Delta wurden dabei bedeckt. Diese sekundären Sedimente wurden später wieder erodiert, wodurch das umgekehrte Relief freigelegt wurde, wie es heute zu beobachten ist. Dieses Foto deckt eine Fläche von 17 mal 7,5 Kilometer ab und wurde am 16. November 2018 vom EXOMARS-Orbiter der ESA aufgenommen.

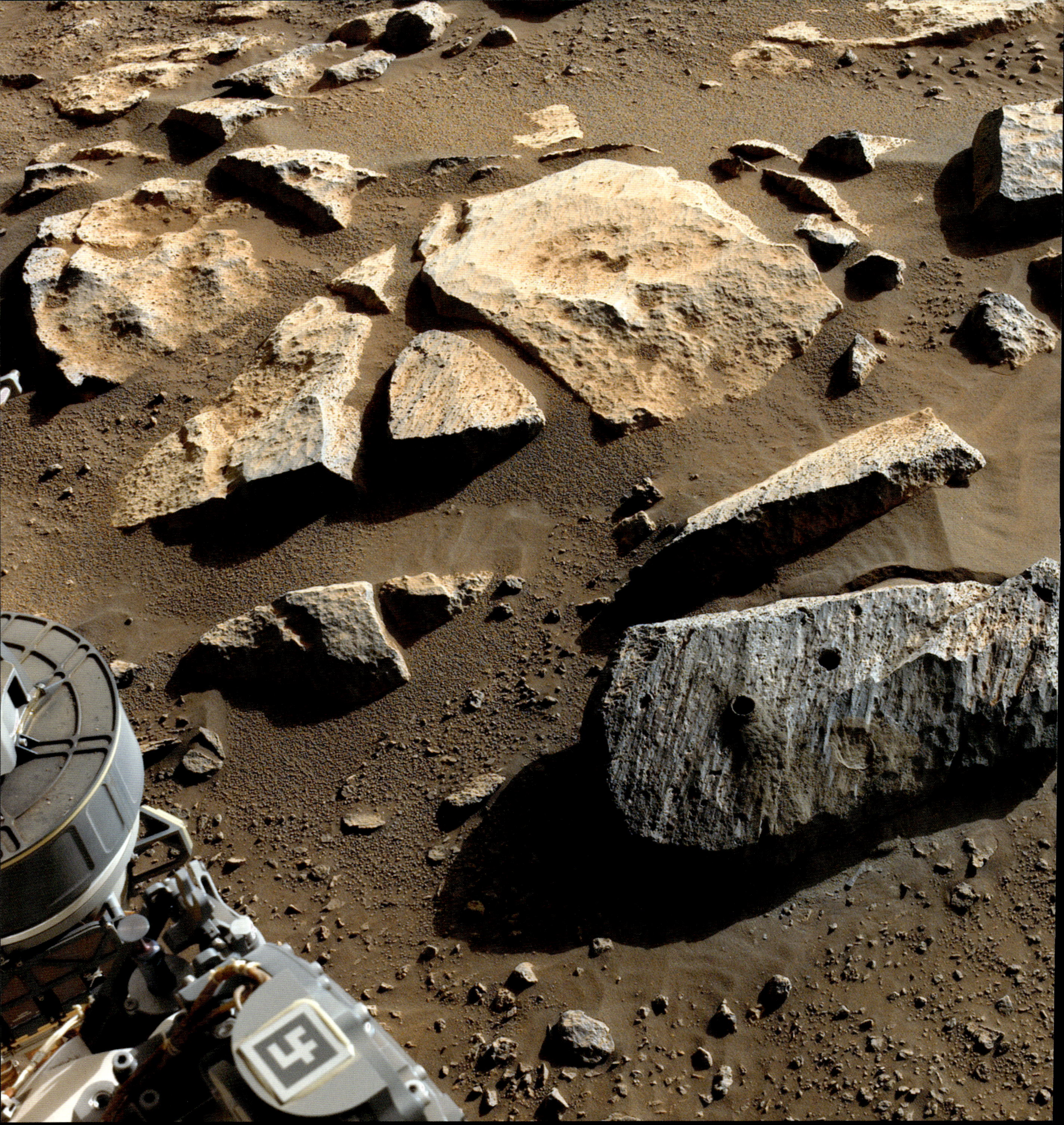

4

Rochette doppelt angebohrt

Am 8. September 2021 schoss PERSEVERANCE diese beiden Bilder. Sie zeigen zwei Löcher in einem Stein namens Rochette, wo der Bohrer jeweils Proben entnommen hat. Unter dem rechten Loch ist ein rundlicher Fleck erkennbar, dort hat der Rover einen Teil von Rochettes Gesteinsrinde abgeschliffen. Etwas von dem Bohrstaub darüber ist dorthin gerutscht. Auf dem Übersichtsbild erscheint das Rad des Rovers durch den Weitwinkeleffekt der Kamera verzerrt. Beide Aufnahmen wurden zur Kontrastverstärkung bearbeitet.

Abwechslung für Perseverance

Anders als bei den ersten Marssonden zeigt sich der Planet heute von seiner besten Seite. So auch am 16. Februar 2022, als PERSEVERANCE auf die abwechslungsreiche Landschaft seines Landekraters Jezero blickte. Die Rillen und Vertiefungen der nahe gelegenen Felsbrocken sind wahrscheinlich im Laufe der Zeit durch Winderosion entstanden. Dahinter erkennt man viele weitere Felsbrocken, bis hin zu einem Felsgrat im Mittelgrund des Bildes. Etwa 2,5 Kilometer entfernt dominiert der rund 50 Meter hohe Hügel namens Santa Cruz rechts den Hori-

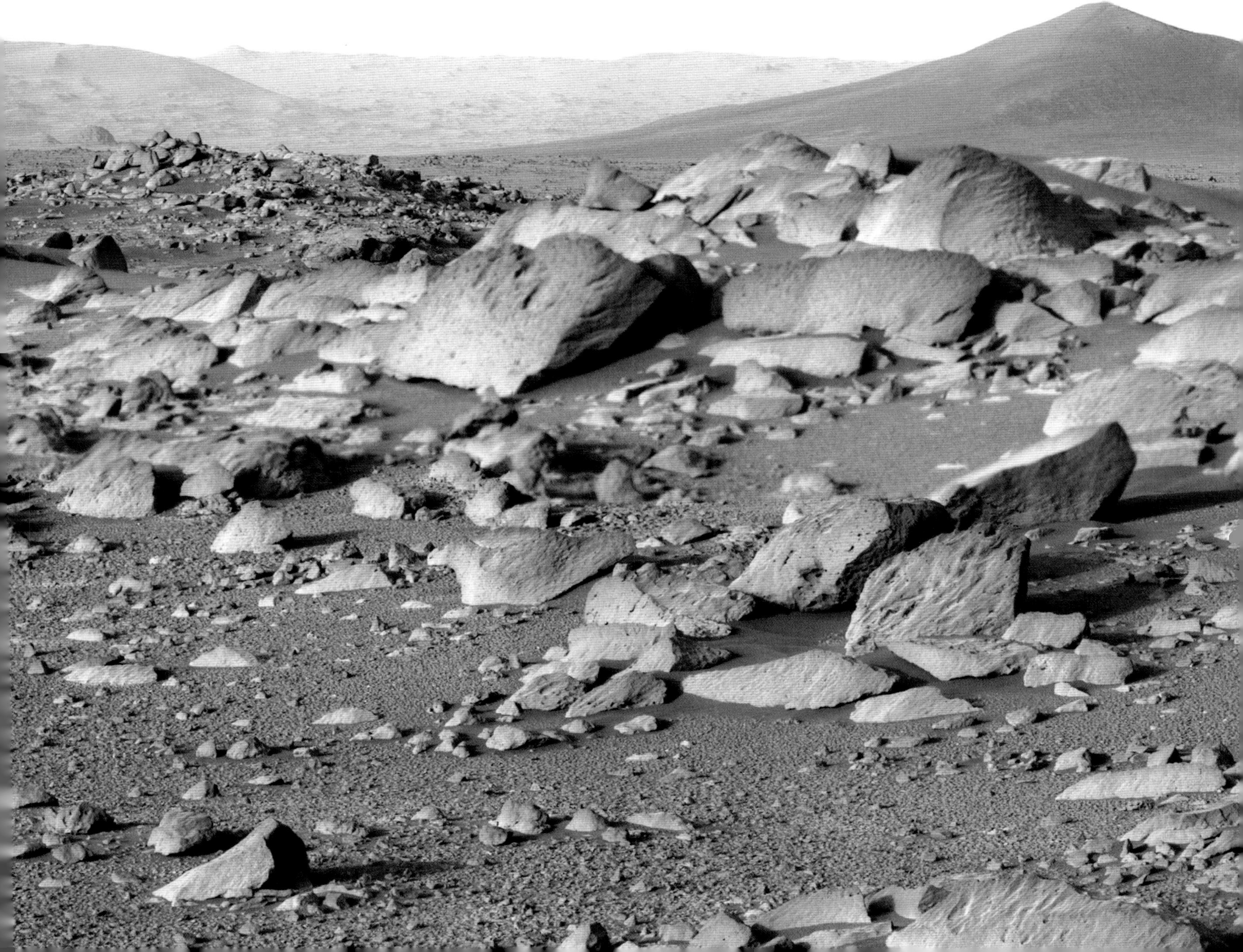

Nirgal Vallis von oben

Das Tal Nirgal Vallis erstreckt sich über 700 Kilometer durch das Hochland der Südhalbkugel. Die Gestalt des Haupttals und seine auffallend kurzen Nebentäler sind verglichen mit Flusstälern auf der Erde ungewöhnlich. Insbesondere fallen die sehr steilen, mehrere hundert Meter tiefen Abhänge an den Seiten und der flache und breite Talgrund auf. Interessant sind auch zwei etwa annähernd gleich große, aber unterschiedlich stark erodierte Einschlagkrater am rechten unteren beziehungsweise linken oberen Bildrand. Sie messen jeweils rund 20 Kilometer. Das Bild stammt von der ESA-Sonde MARS EXPRESS und datiert auf den 16. November 2018. Norden ist rechts im Bild.

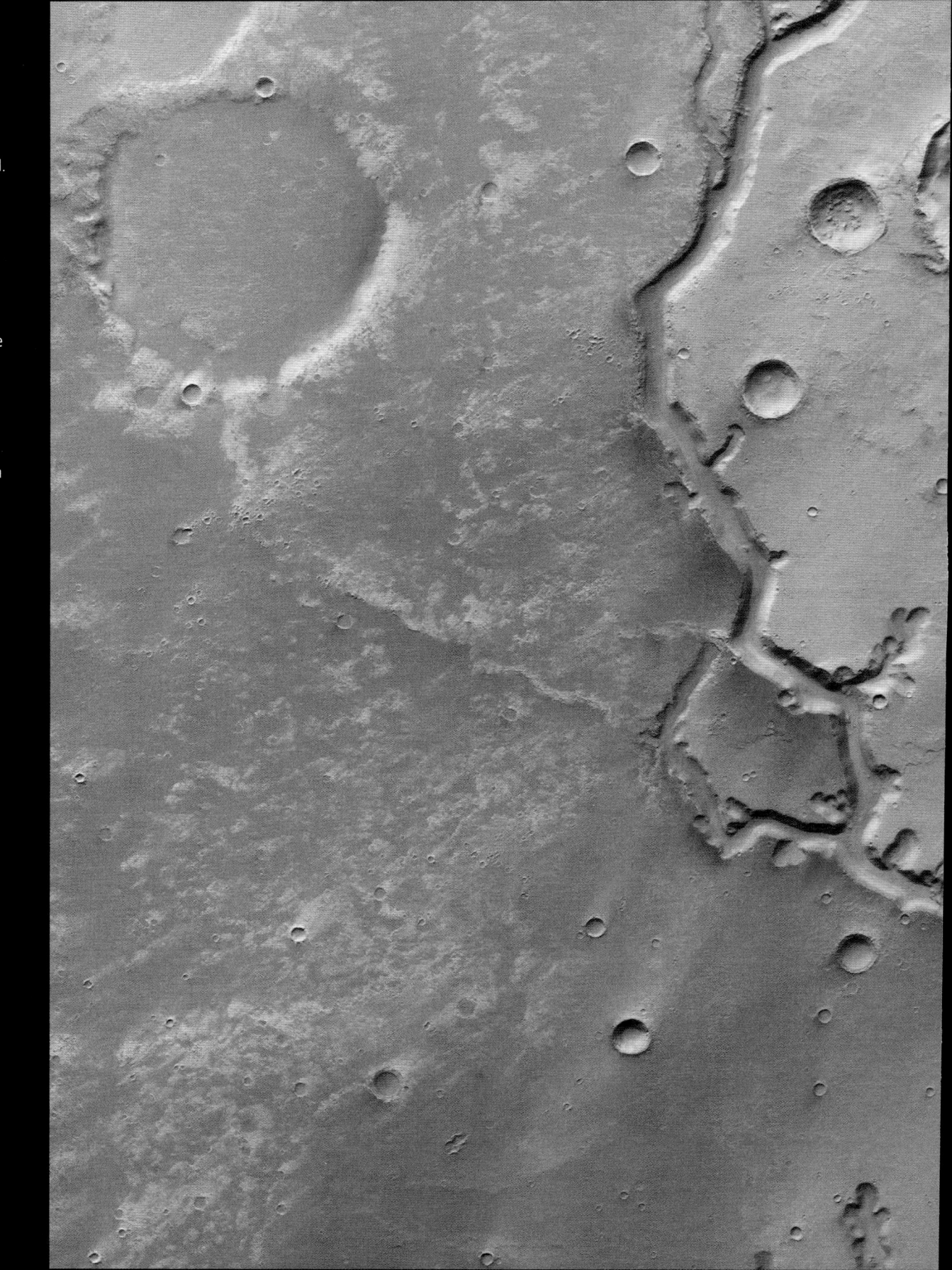

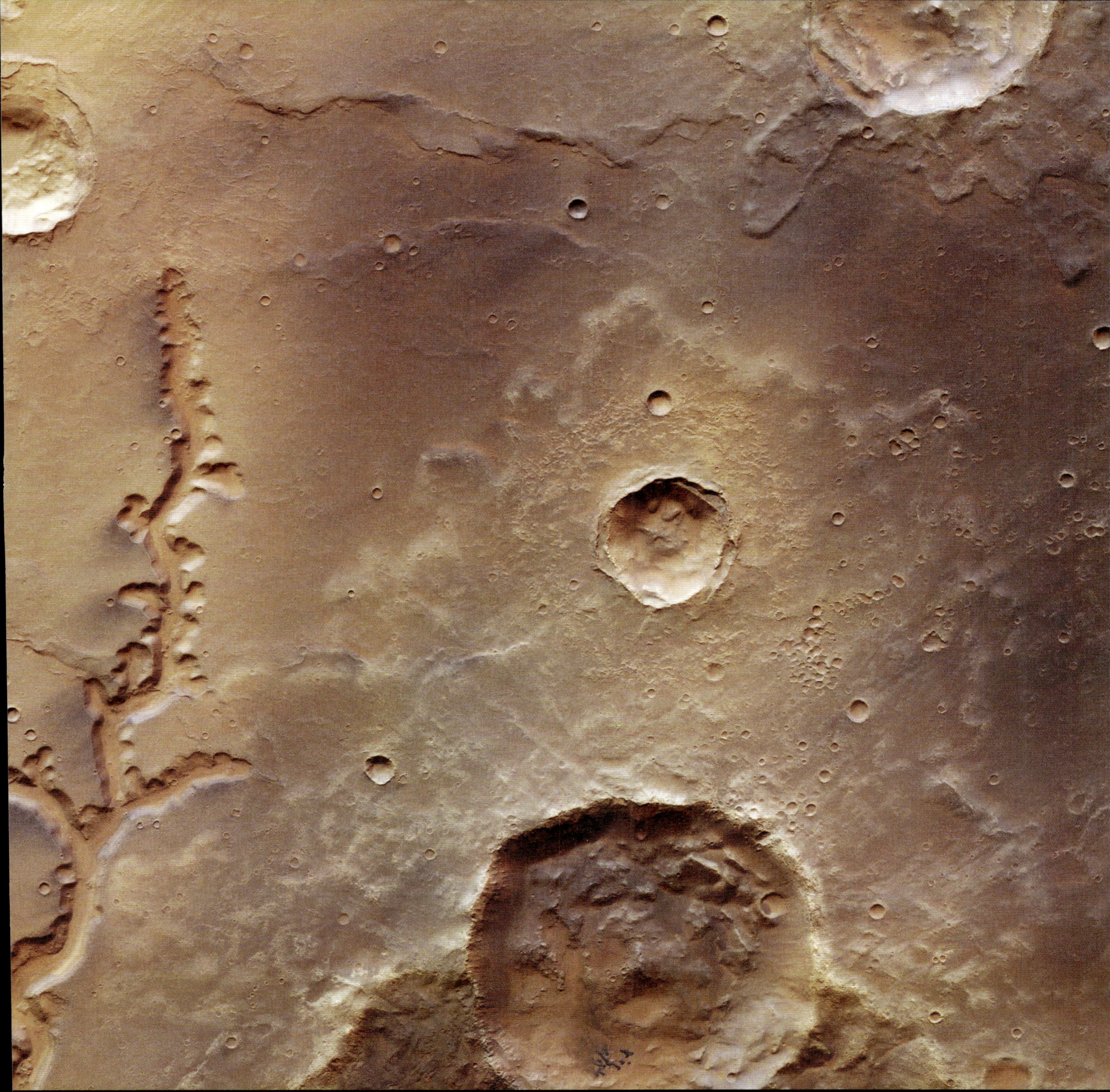

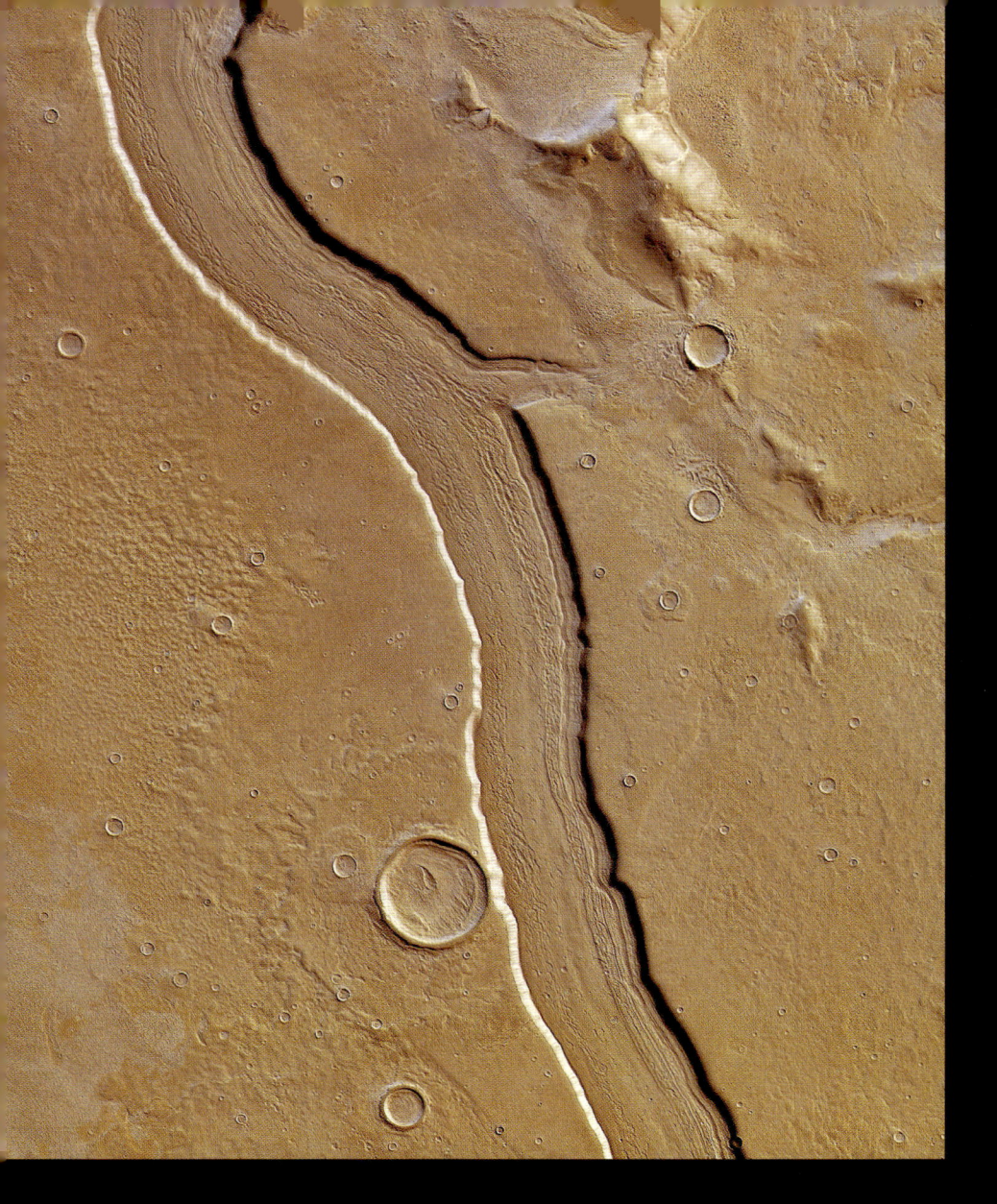

Eisspuren in Reull Vallis

↑ Das gälische Wort für Planet heißt „Reull", und danach wurde dieses uralte, etwa 1500 Kilometer lange und gewundene Flusstal auf der südlichen Marshalbkugel benannt. Die Länge entspricht etwa derjenigen des Rheins von seiner Quelle in den Alpen bis zur Mündung. Ebenso wie dieser erfährt auch Reull Vallis dabei einen Höhenunterschied von rund 4000 Metern. Bevor es in das tiefe Einschlagbecken von Hellas mündet, vereinigt es sich mit zahlreichen Nebenarmen, einer davon trifft in diesem Ausschnitt auf das Haupttal, das hier etwa sieben Kilometer breit und 300 Meter tief ist. Das auffällige Strömungsmuster auf dem Talboden wiederholt sich bei mehreren benachbarten Kratern. Es geht vermutlich auf Eisströme zurück, die von Schutt und Felsbrocken überdeckt waren und nach der Eisschmelze ihre Sedimente zurückließen; einige Gletscher auf der Erde zeigen ähnliche Strukturen. Das Bild stammt von der europäischen Sonde MARS EXPRESS und stammt aus dem Jahr 2012.

Laserschüsse auf dem Mars

↓ Kurz nach Mittag lokaler Marszeit schoss CURIOSITY dieses Foto eines etwa 70 Zentimeter großen Marsfelsens. Bei den acht überlappenden Fotos dieser Ansicht wurden die Farben und der Kontrast etwas verändert, um die Struktur der Felsoberfläche hervorzuheben. Links des Blocks erkennt man eine Linie aus kleinen Löchern. Dort trafen die Laserstrahlen des ChemCam-Instruments den Marssand. Das verdampfende Material erzeugte dabei Licht, das wiederum mit dem Spektrometer an Bord analysiert wurde, um die Zusammensetzung der chemischen Elemente im Boden zu ermitteln. Das Foto stammt vom 17. August 2015.

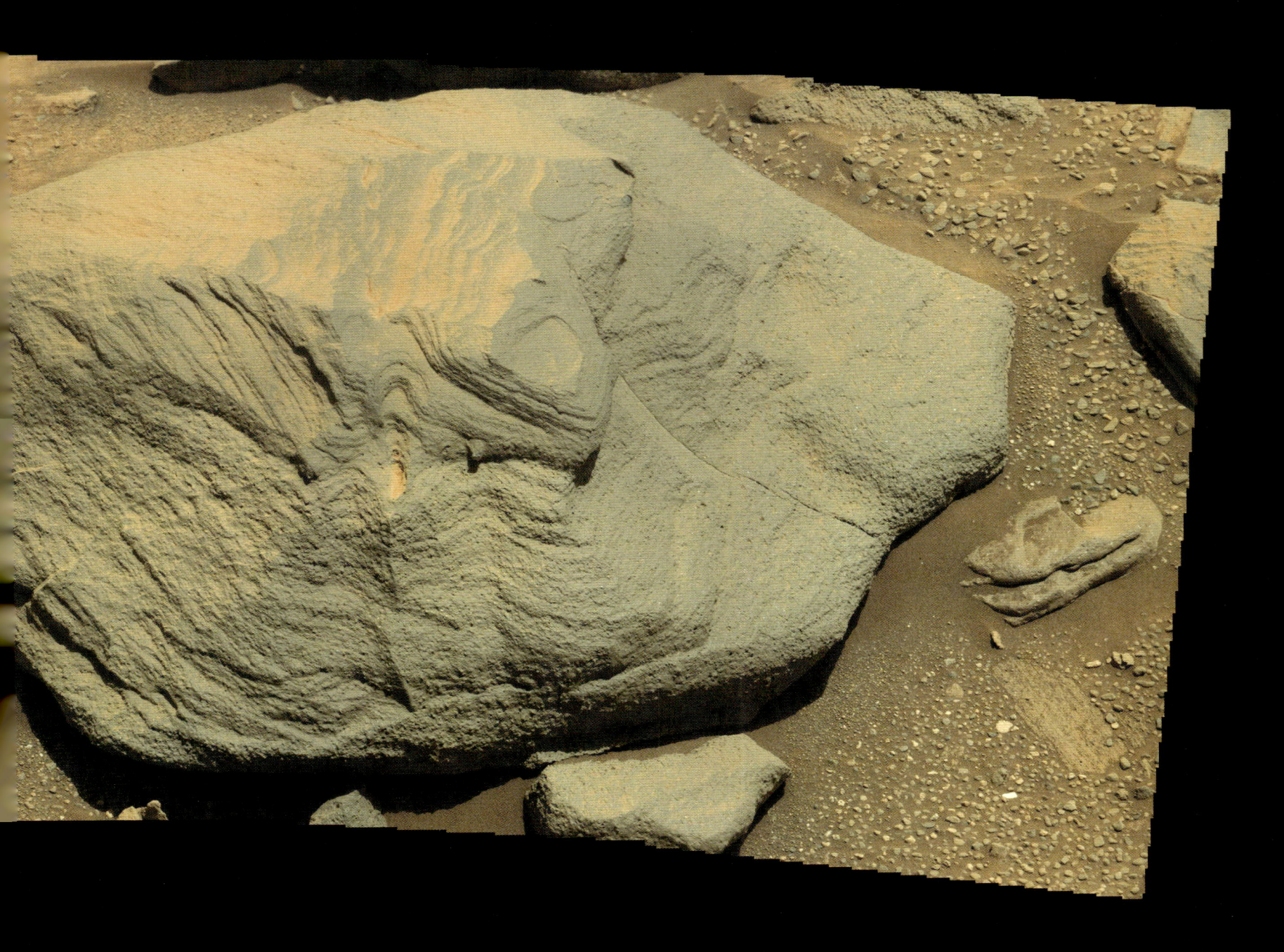

5
LEBEN AUF DEM MARS?

Aufnahmen und Erkenntnisse von Raumsonden und Robotern haben alle Spekulationen über Marsianer beendet. Könnten sich dennoch mikroskopisch kleine Wesen im roten Sand verbergen? Vor einem halben Jahrhundert war die NASA solchen Marsmikroben bereits auf der Spur. Wie steht es um die fossilienähnlichen Strukturen im Innern eines Meteoriten, der einst vom Mars abgesprengt und in der Antarktis geborgen wurde? Die Frage nach Leben auf dem Mars ist noch nicht beantwortet, auch wenn er niemals zu einer zweiten Erde werden wird.

→ **Das nördliche Urmeer**
So könnte der Mars vor Milliarden von Jahren ausgesehen haben. Der junge Planet hatte damals wohl genügend von dem lebensspendenden Nass, um die gesamte Oberfläche mit einer 140 Meter tiefen Wasserschicht zu bedecken. Möglicherweise gab es ein großes Nordmeer mit bis zu 1,6 Kilometern Wassertiefe.

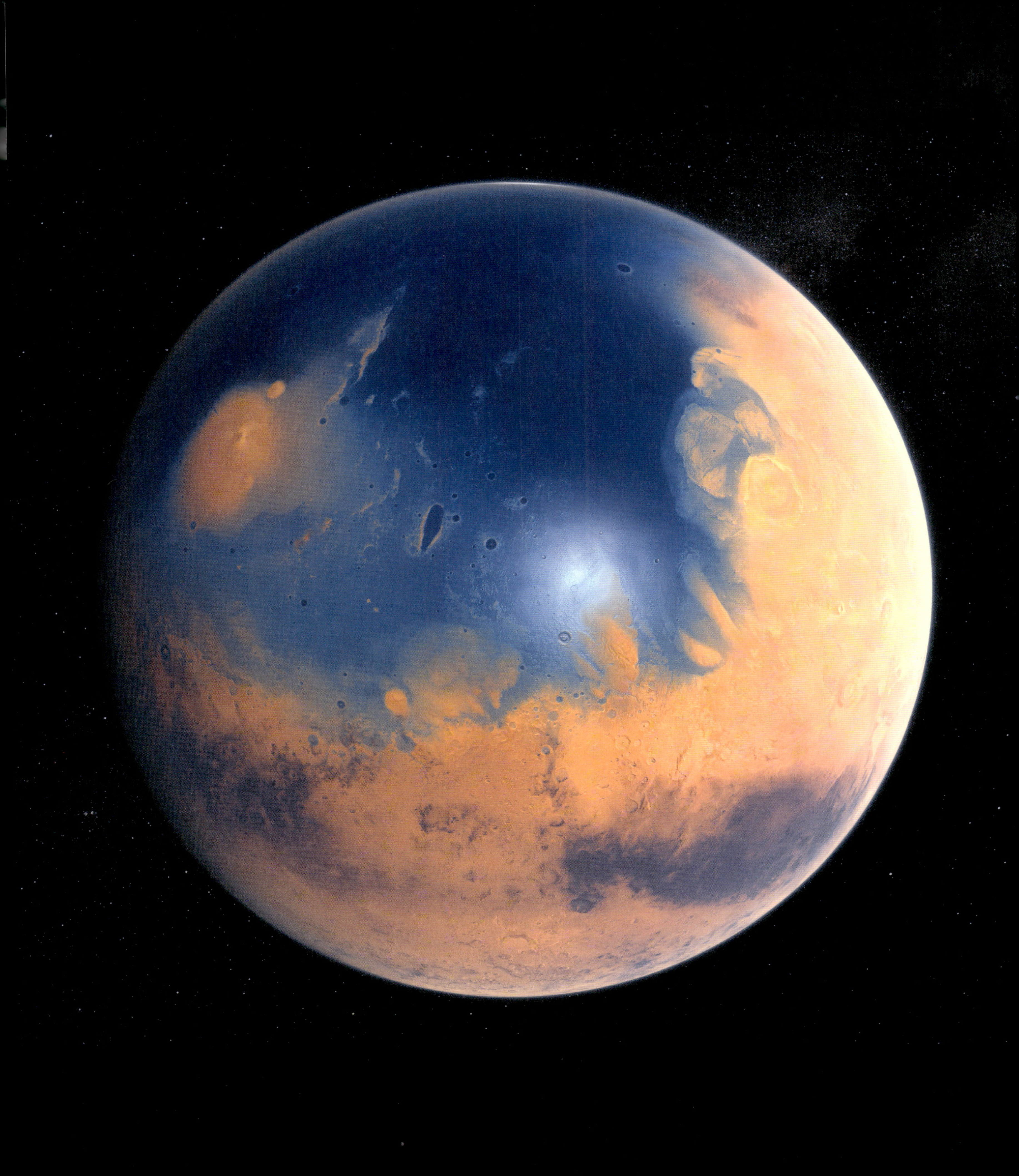

DIE LANGE SUCHE NACH DEN MARS-MIKROBEN

Ob sich im Marsboden Mikroorganismen regen, konnte die Wissenschaft bis heute nicht klären. Einiges spricht dafür, anderes dagegen. Die ersten Untersuchungen von Mars-Gestein schienen vielversprechend, später kamen jedoch Zweifel auf.

← **Vom Weltall zum Südpol**
Die Antarktis ist eine Fundgrube für Meteorite, das erste Exemplar dort ging zu Beginn des 20. Jahrhunderts einer australischen Expedition ins Netz. Hier bergen ein Jahrhundert später Alex Meshik und Morgan Martinez einen dunklen Himmelsstein im Rahmen der amerikanischen ANSMET-Kampagne („Antarctic Search for Meteorites"). Das Suchprogramm erbrachte bereits zehntausende Meteorite – einige davon auch vom Mars.

Schaut man sich die Fotos der Landesonden von der Marsoberfläche an, so ist nichts Lebendiges zu sehen. Weder Tiere noch Pflanzen zeigen sich am Boden und auch am Himmel fliegen keine Wesen umher. Einöde beherrscht die Szenerie. Das ist der nüchterne Befund, den die heutige Marsforschung fantasievollen Ideen früherer Zeiten entgegengesetzt hat. Denn jahrhundertelang hatten Schriftsteller, und teils auch die damaligen Gelehrten, das Bild einer von intelligenten Wesen bewohnten Welt gezeichnet und so einen Mythos rund um den roten Planeten erschaffen. Doch die Idee, dass zumindest winzige, für die Sondenkameras unsichtbare Lebensformen in der rotbraunen Wüste

← **Eine marsianische Berühmtheit**
Etwa ein Promille der weltweit gefundenen Meteorite stammen vom Mars. Dieses Exemplar namens ALH-84001 genoss 1996 kurzzeitig weltweite Prominenz, als darin vermeintliche Spuren von Marsmikroben entdeckt wurden. Die Aufregung um den Brocken legte sich bald wieder.

↓ **Kontroverse Nanobakterien**
Ominöse Gebilde im Marsmeteoriten ALH-84001: Manche Forscher deuteten diese im Rasterelektronenmikroskop entdeckten Strukturen als Fossilien von bakterienähnlichen Lebensformen, sogenannten Nanobakterien. Die Strukturen haben einen Durchmesser von 20 bis 100 Nanometern, wobei ein Nanometer einem Millionstel Millimeter entspricht. Sie sind somit deutlich kleiner als alle bekannten zellulären Lebensformen. Die Interpretation, der Fund sei ein Beleg für Leben auf dem Mars, löste heftige Kontroversen aus. Konsens besteht unter den Forschern aber, dass die Gestalt solcher Nano-Objekte allein nicht zur Erkennung primitiver Lebensformen ausreicht.

gedeihen könnten, ist beileibe nicht tot. Oft machen deshalb Nachrichten über Leben auf dem Mars die Runde. Ein Fall mit besonderer Breitenwirkung datiert auf den Sommer 1996. Damals präsentierten Planetenforscher der Weltpresse die vermeintlichen fossilen Überreste von Marsmikroben. Diese hatten sie in dem über vier Milliarden Jahre alten Meteoriten ALH-84001 entdeckt, der chemischen Analysen zufolge ursprünglich vom Mars stammt. Zwölf Jahre zuvor war der knapp zwei Kilogramm schwere Brocken aus dem Eis am Südpol geborgen worden.

„Wenn sich die Ergebnisse bestätigen", kommentierte der Astronom Carl Sagan die angeblichen Mikrofossilien, „so ist dies ein Wendepunkt in der Geschichte der Menschheit." Der Hype wurde politisch verstärkt, als der damalige US-Präsident Bill Clinton durch eine Rede dem Fund quasi seinen amtlichen Segen erteilte. Doch bereits kurze Zeit später traten Skeptiker auf den Plan, die nichtbiologische Deutungen anführten, die die „Fossilien" ebenso erklärten. „Wir haben die Öffentlichkeit nicht überzeugt, und das ist ein wenig enttäuschend", räumte NASA-Forscher David McKay Jahre später im Rückblick ein. Er hatte das Team geleitet, das die fraglichen Strukturen in dem Himmelsstein aufgespürt hatte. Doch die enorme Aufmerksamkeit für den uralten Marsstein hatte auch ihr Gutes: Er gehört nun zu den am besten untersuchten Meteoriten überhaupt.

RADIOAKTIVE LEBENSSPUREN?

Wenn man sich die Fülle der bisherigen Marssonden in Erinnerung ruft, dann überrascht es, dass biologische Experimente auf der Marsoberfläche überhaupt nur zweimal durchgeführt wurden. Das geschah vor fast einem halben Jahrhundert mit den beiden identischen VIKING-Landern der NASA. Diese hatten 1976 die gefährliche Landung gemeistert und begannen dann umgehend, ihre

↑ Tot oder lebendig?

Ist der Mars tot oder lebendig? Forscher wie der US-Astronom Carl Sagan (1934–1996) wollten schon in den 1970er-Jahren die Frage mit Experimenten beantworten. Hier steht Sagan im kalifornischen Death Valley vor einem Modell der beiden VIKING-Lander, die solche Experimente an zwei verschiedenen Orten der Marsoberfläche durchführten. Der Forscher von der Cornell University hatte bei der Planung der Mission und der Auswahl der Landeplätze geholfen. Zudem war er an vielen anderen Planetenmissionen beteiligt. Einem breiten Publikum wurde er durch seine Bücher und TV-Auftritte bekannt.

jeweiligen Landestellen zu erforschen. Dabei kratzte auch ein Greifarm etwas Marsboden aus der Oberfläche und beförderte die Probe in den Bauch des Landegerätes. Dort nahm sie ein automatisches Biolabor entgegen. Dieser Hightech-Kasten von den Ausmaßen einer Getränkekiste wog knapp 16 Kilogramm und sollte möglichen Mikroben mit ausgeklügelten Experimenten auf die Schliche kommen.

Doch deren Resultate stürzten die beteiligten Forscher in eine Kontroverse. Das betrifft insbesondere das sogenannte LR-Experiment, mit dem der Stoffwechsel von Mikroben nachgewiesen werden sollte. Das Kürzel steht für „Labeled Release", dabei wurde eine Probe des Marsbodens mit einem Tropfen wässriger Nährlösung angefeuchtet. Die sieben verschiedenen Nährstoffe darin waren mit Kohlenstoff-14 markiert, sie hatten somit eine Art von radioaktivem „Label". Als Nächstes wurde die Luft in der Versuchskammer daraufhin untersucht, ob sich darin radioaktives Kohlendioxid oder andere strahlende kohlenstoffhaltige Gase ansammelten. Denn dann – so das

Kalkül – hätten Mikroben im Marsboden einen oder mehrere der Nährstoffe verstoffwechselt.

In Chryse Planitia, der Landestelle von VIKING 1, begann das Experiment zehn Tage nach dem Touchdown. Und das Ergebnis überraschte: „Oh mein Gott – es ist positiv", entwich es Patricia Straat vom LR-Team, die als eine der ersten die Messdiagramme in Augenschein nahm. Tatsächlich gab der Marsboden unmittelbar nach der Nährstoffgabe einen steten Strom radioaktiver Gase ab. Das Resultat musste überprüft werden. Es vergingen Tage, bis ein Kontrollversuch mit einer sterilisierten Bodenprobe durchgeführt werden konnte. Dazu war diese drei Stunden lang auf 160 Grad Celsius erhitzt worden, um eventuell vorhandene Mikroben abzutöten. Dann wurde wieder Nährlösung zugeführt, und nun entwickelte sich kein radioaktives Gas! Wiederholungen des Versuchs erhärteten das Ergebnis weiter. Einige Monate später kam das LR-Experiment am Landeort von VIKING 2 zum selben Resultat, fast 6500 Kilometer entfernt in der Utopia-Region. Auch dort hatte man offenbar stoffwechselähnliche Prozesse im Marsboden beobachtet.

POSITIV-RESULTAT UNTER BESCHUSS

Der leitende Wissenschaftler Gilbert Levin war begeistert, sein Experiment schien Leben auf dem Mars gefunden zu haben! Doch seine Hochstimmung sollte bald verfliegen, denn die Schlussfolgerung geriet unter Beschuss. Einer der Hauptgründe waren die Messungen eines weiteren Experiments an Bord beider VIKING-Lander, das sogenannte Gaschromatographen-Massenspektrometer, kurz GCMS. Mit dem rund 25 Kilogramm schweren Gerät wollten die Forscher organische Substanzen im Marsboden aufspüren, also Moleküle, die essenziell für Lebensprozesse sind. Aber GCMS fand keine organischen Moleküle, weder in Chryse noch in Utopia. Die positiven Ergebnisse des LR-Experiments seien auf rein chemische Reaktionen zurückzuführen, womöglich durch die Existenz stark oxidierender Substanzen im Boden. Ähnliche Resultate wie im LR-Experiment könnten auch ganz ohne Marsmikroben hervorgerufen werden, so die Kritiker.

Generell sei der Mars auch viel zu lebensfeindlich. Als Showstopper für Mikroben wurden die hohen Strahlungswerte auf der Oberfläche, die niedrigen Temperaturen dort und das Fehlen von genügend Wasser angeführt. All dies zusammen untermauere die nichtbiologische Deutung der VIKING-Resultate, resümierte Harold Klein, der Chef des VIKING-Biologie-Teams im Jahr 1999. Doch die Debatte war damit nicht beendet, jüngst nimmt sie eher wieder Fahrt auf. Eines der Hauptargumente gegen das positive LR-Resultat, die fehlenden organischen Substanzen im Marsboden, ist heute weitgehend hinfällig. Denn die mit moderneren Instrumenten ausgerüsteten Rover CURIOSITY und PERSEVERANCE waren bei der Jagd nach diesen Molekülen mittlerweile erfolgreich. Experimente, die Marsmikroben nachweisen könnten, haben diese Marsmobile allerdings nicht an Bord.

In einem Interview mit dem Magazin *Scientific American* äußerte sich Patricia Straat 2019 enttäuscht, dass mit diesen Landemissionen nicht nach Leben gesucht wird. „Ich verstehe es nicht. Sie haben nur die Umwelt und deren Potenzial als Lebensraum untersucht." Straat meint, die NASA hätte eine weitere Mission wie VIKING durchführen sollen, um die Ergebnisse des LR-Experiments zu bestätigen und weiter zu charakterisieren. Skeptisch äußerte sie sich zudem über die Planungen, Marsproben zur Erde zu bringen: „Das ist zwar sehr aufregend, aber ich mache mir Sorgen wegen der Rückkontamination" – also die Verseuchung der Erde mit womöglich gefährlichen Erregern vom Mars.

↑ **Patricia Ann Straat**
Die amerikanische Biochemikerin Patricia Straat (1936–2020) war an den Bioexperimenten an Bord der VIKING-Lander beteiligt. Zudem gehörte sie zum Team des Infrarotspektrometers des ersten Mars-Satelliten MARINER 9. Das Foto zeigt sie Mitte der 1970er-Jahre bei Arbeiten zu VIKINGs „Labeled Release"-Experiment, mit dem der Stoffwechsel möglicher Marsmikroben nachgewiesen werden sollte.

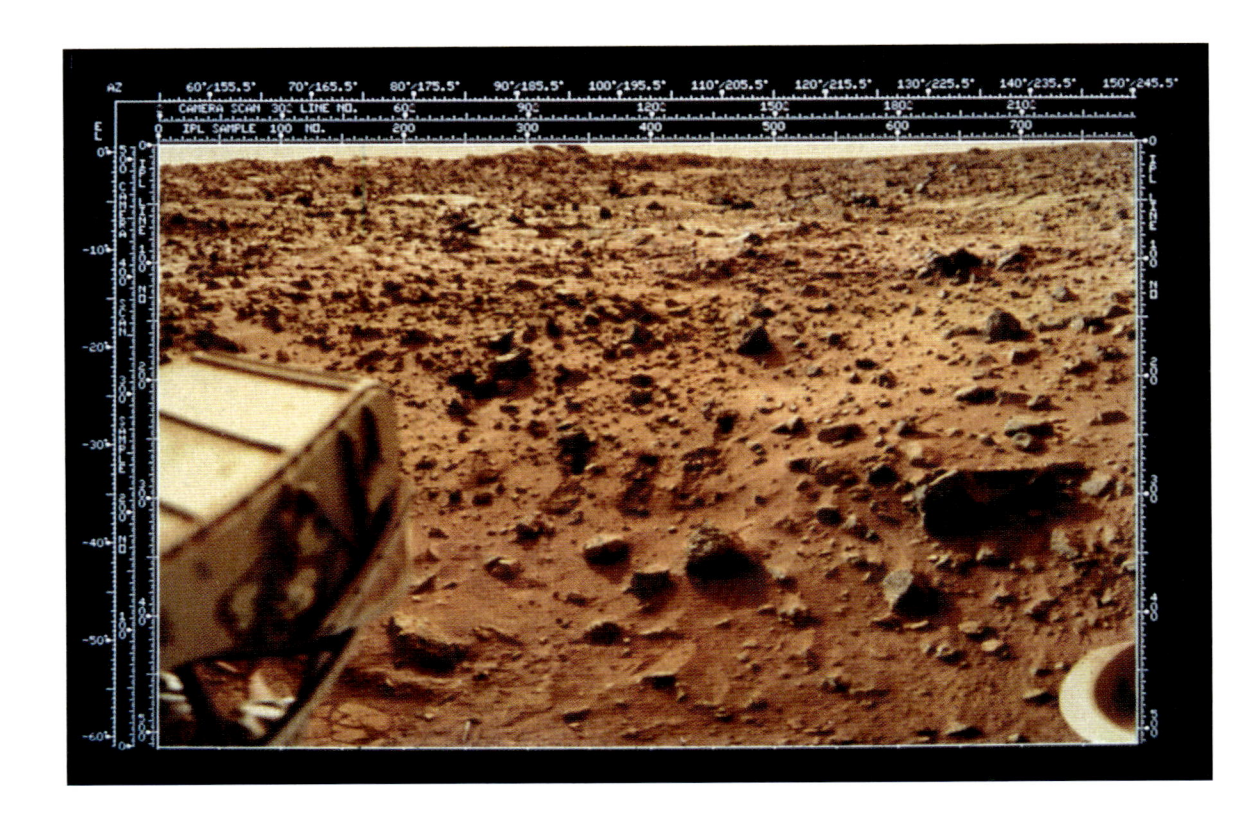

← **Pioniertat in Chryse Planitia**
Als erster funktionsfähiger Mars-Lander setzte VIKING 1 am 20. Juli 1976 sanft in Chryse Planitia auf, einer weiten Ebene in den mittleren nördlichen Breiten. Seine Kameras schickten Tausende Fotos des von Felsbrocken übersäten, leicht welligen Geländes rund um die Landestelle. Der Himmel ist ebenso wie die Oberfläche durch den allgegenwärtigen roten Staub gefärbt. Rechts erkennt man den Teil eines der drei VIKING-Landefüße, links das Gehäuse des Roboterarms zur Probennahme. Der Horizont ist rund drei Kilometer entfernt.

← **Kratzspuren im Sand**

Hier sieht man rechts den Roboterarm von VIKING 1. Am linken Bildrand sind zwei Grabspuren erkennbar, sie belegen, dass der Arm zum Aufnahmezeitpunkt bereits tätig geworden ist. Die aus dem Boden gekratzten Proben wurden an Bord in drei automatischen Bioexperimenten auf mögliche Marsmikroben untersucht. Insgesamt waren die Ergebnisse widersprüchlich.

← **Mögliches Leben im Untergrund**

Bei der Untersuchung des Marsbodens auf dessen chemische und biologische Aktivität hat der VIKING-1-Lander auch tiefere Gräben ausgehoben. Sie sind hier in der Bildmitte zu sehen, unmittelbar neben dem Mast, der die Wetterstation hält. Weiter rechts davon sind flachere Furchen erkennbar. Für beides benutzte VIKING seinen ausfahrbaren Greifarm. VIKING 2 entnahm sogar Bodenproben unterhalb eines zur Seite geschobenen Steins. Die Idee dahinter: Tiefer im Boden oder unter einem Felsen wären mögliche Marsmikroben vor der schädlichen Strahlung geschützt. Gleichwohl ist man nie weiter als etwa 30 Zentimeter in den Marsuntergrund vorgedrungen – auch bei späteren Missionen nicht.

↑ Warten auf die Rücksendung
Diese Abbildung illustriert, wie mit der MARS-SAMPLE-RETURN-Mission Gesteinsproben vom roten Planeten zur Erde gebracht werden sollen. Bisher war eine komplexe Abfolge von Einzelschritten geplant: Eine Landefähre sollte nahe des PERSEVERANCE-Rovers (links) aufsetzen. Die von der NASA bereitgestellte Fähre (rechts) würde eine Rakete tragen, das MARS ASCENT VEHICLE. PERSEVERANCE hätte die Aufgabe, seine Probenröhrchen zur Fähre zu bringen, wo sie dann von einem Roboterarm in einen Behälter im ASCENT VEHICLE verstaut werden würden; den Arm sollte die ESA bereitstellen. Mit der Rakete sollte der Behälter samt Probenröhrchen dann in den Mars-Orbit geschossen werden. Dort würde ihn der europäische EARTH RETURN OBITER (im Bild über dem Rover) einfangen und zur Erde chauffieren. An Bord des Orbiters wäre dazu ein von der NASA gebautes Gerät zum Einfang des Behälters. Ebenfalls hier abgebildet ist einer von zwei Helikoptern (links), welche die NASA der Landefähre mitgeben würde. Sie sollen als Backup fungieren, falls PERSEVERANCE seine Probenröhrchen nicht selber zur Fähre bringen kann. Wegen der Komplexität der Mission und den damit verbundenen erheblichen Kosten ist dieses Konzept in die Kritik geraten. Momentan sucht die NASA nach alternativen Wegen.

AUF DER JAGD NACH LEBENSSPUREN

Auf dem Mars fahnden die NASA-Gefährte PERSEVERANCE und CURIOSITY nach organischen Molekülen. In den Sedimenten zweier Urzeitseen sind sie bereits fündig geworden. Führen diese Funde zu Lebensspuren auf dem Mars?

Wenn die Rover CURIOSITY und PERSEVERANCE durch die staubtrockene Wüste ihrer Landekrater rollen, sehen die Bordkameras etwas anderes als die beteiligten Forscher. Denn vor deren innerem Auge durchschneiden breite Flüsse die rote Landschaft. Die Wassermassen fließen durch ein gewundenes Delta in einen See, vielleicht war dessen Oberfläche von einer Eisschicht bedeckt. So stellte sich der Mars vor mehreren Milliarden Jahren dar, doch die geologischen Belege für das lebensfreundliche Klima existieren noch immer. Der rote Planet ist sein eigenes Museum, zumindest geologisch betrachtet. „Im Gegensatz zur Erde hat der Mars eine sehr alte Oberfläche", erklärt Ralf Jaumann von der Freien Universität Berlin. „Er gibt uns die Möglichkeit, sehr weit zurückzuschauen. Das geht auch zurück bis in die Zeit der Entstehung des Lebens", so der Planetengeologe.

Im August 2012 landete CURIOSITY (engl., Neugier) nur fünf Grad südlich des Marsäquators im 154 Kilometer großen Einschlagkrater Gale; er trägt den Namen des Australiers Walter Gale (1865–1945). Der Bankier und Astronom war ein passionierter Marsbeobachter und entdeckte mehrere Kometen. Im Gale-Krater ist der CURIOSITY-Rover auf einer langen Entdeckungstour. Bis Ende April 2024 hatte er 4166 eisige Nächte überstanden und war tagsüber mehr als 31 Kilometer durch die Marswüste gefahren. Die Expedition des automatischen

↓ **Der Gale-Krater in 3D**
Der amerikanische CURIOSITY-Rover landete im Sommer 2012 im äquatornahen Marskrater Gale. Hier zeigt ein grüner Punkt, wo das Gefährt in der anvisierten Landeellipse (blau) aufsetzte. Der Blick geht nach Südosten. Das Bild des Kraters mit dem rund 5,5 Kilometer hohen Berg Mount Sharp in der Mitte wurde aus einer Kombination von Höhen- und Bilddaten von drei Mars-Satelliten erstellt. Es kombiniert die Höhendaten der Stereokamera des europäischen MARS-EXPRESS-Orbiters mit den Bilddaten der Kontextkamera des MARS RECONNAISSANCE ORBITER der NASA. Zudem stützt es sich auf Farbinformationen von Fotos der VIKING-Orbiter.

Gefährts vom Format eines Kleinwagens markiert den siebten erfolgreichen Landgang eines Roboters auf dem Mars. Insgesamt sind es zehn weiche Landungen, wobei fast alle auf das Konto der NASA gehen. Nur die chinesische TIANWEN-1-Mission, die im Mai 2021 in der Utopia-Region aufsetzte, bildet die einzige Ausnahme.

CURIOSITYS Landegebiet wurde mit Bedacht gewählt, denn dort existierte über lange Zeiträume ein See, der heute ausgetrocknet ist. Wie Forscher um Joel Hurowitz bereits im Jahr 2017 berichteten, ähnelte der Marssee irdischen Gewässern, die Umweltbedingungen dort waren nämlich abhängig von der Wassertiefe. CURIOSITYS Messungen an verschiedenen Proben im Landegebiet zeigen, dass der See chemisch geschichtet war. Das flache Wasser war demnach stärker oxidierend, das belegen die Analysen von Sedimenten am Kraterrand. In größerer Tiefe, also weiter zum Inneren des Kraters hin, war die Oxidation deutlich schwächer.

WO SIND DIE BIOMOLEKÜLE?

Fachleuten ist das nicht fremd. „Irdische Seen sind oft ebenso geschichtet", so der Geochemiker von der New Yorker Stony Brook University. „Wenn damals auf dem Mars Mikroben lebten, hätten sie vielfältige Nischen zur Auswahl gehabt." Vor etwa 3,1 bis 3,8 Milliarden Jahren waren auf dem Mars die Umweltbedingungen also für einfache Lebensformen günstig. Etwa in diese Periode fällt auch die Geburt des irdischen Lebens. Haben sich damals auch auf unserer Nachbarwelt Lebensformen geregt? Wenn ja, sind womöglich uralte Moleküle als Relikte dieser Organismen erhalten geblieben?

Es geht um sogenannte organische Moleküle, von denen es zahllose Varianten gibt. Ihnen ist gemein, dass sie zumindest Kohlenstoff- und Wasserstoffatome, oft auch Sauerstoff enthalten. Weitere Atome wie Schwefel, Stickstoff oder Chlor können hinzukommen.

> Brillante Aussicht im Winter
Kurz vor der winterlichen Sonnenwende legte sich im Gale-Krater der Staub in der Marsluft, was die Fernsicht verbesserte. CURIOSITY war damals unterwegs zur Wegmarke „Vera Rubin Ridge", die nach der prominenten US-Astronomin benannt ist. Der Rover war schon über 320 Höhenmeter emporgeklettert, als die Bordkamera am 1856. Marstag ein Panorama aufnahm. Hier ist ein Ausschnitt davon abgebildet: Der Kraterboden stellt sich als weite Ebene dar, lediglich im Vordergrund durchziehen dunkle Dünenfelder die Szenerie, an ihrem Rand reihen sich Zeugenberge aneinander. Die weit entfernten Gebirge markieren den Kraterrand, sie überragen den Rover teils um zwei Kilometer. Die „Twin Crater" sind etwa 40 Kilometer, der Hügel „Eastern Hill" knapp 20 Kilometer entfernt. Jenseits des Ausschnitts zeigt sich sogar ein 85 Kilometer entfernter Gipfel, er liegt weit außerhalb des Gale-Kraters. Links im Bild ist „Yellowknife Bay", benannt nach einem kanadischen Städtchen am Großen Sklavensee. Auf dem Mars ist Yellowknife eine fünf Meter große Mulde, wo CURIOSITY ab dem 125. Marstag erstmals genauere Analysen durchführte. Die Fotos für das Panorama stammen aus dem Oktober 2017. Mit ihnen wurde ein Weißabgleich durchgeführt, um die geologische Auswertung zu erleichtern.

← Curiosity am Schafstall
Früh auf seiner Tour kam CURIOSITY an einer Stelle vorbei, welche die Forscher Sheepbed (etwa: Schafstall) getauft haben. Dort wurde mit der rechten Mastkamera dieser Felsen aufgenommen. Man erkennt klar definierte Gesteinsadern, die mit weißen Mineralien gefüllt sind – wahrscheinlich handelt es sich um Kalziumsulfat. Solche Adern bilden sich, wenn Wasser durch Risse im Felsen sickert und dort Mineralien ablagert. Es war CURIOSITYS erster Blick auf Zeugnisse, wie vor Äonen Wasser im Untergrund versickerte. Das Bild stammt vom 126. Marstag der Mission, dem 13. Dezember 2012. Ein Weißabgleich sorgt bei dem Bild dafür, dass der Fels so erscheint, als würde er sich auf der Erde befinden.

Twin craters

Yellowknife Bay

Eastern hill

Einige dieser Moleküle, etwa Aminosäuren, sind die Bausteine der Proteine. Würde man sie aufspüren, könnte man sie unter Umständen als Überbleibsel von Organismen deuten. Andererseits gibt es auch unbelebte, rein chemische Prozesse, die organische Moleküle produzieren. Deshalb wird ihr Vorhandensein in einer Probe lediglich als potenzielle Biosignatur eingestuft.

CURIOSITY ist neben Kameras und Wetterfühlern auch mit Geräten für chemische Untersuchungen ausgerüstet. Aber selbst für diese empfindlichen Instrumente ist die Suche nach organischen Molekülen schwierig, so NASA-Forscher Daniel Glavin. Insbesondere das SAM-Instrument ist zuständig, das Kürzel steht für „Sample Analysis at Mars", Glavin gehört zum SAM-Forscherteam. „Erst mussten wir die Stellen im Gale-Krater finden, wo sich organische Moleküle in den Sedimenten angereichert haben." Damit nicht genug, denn „dort mussten die Moleküle auch den Prozess überstanden haben, der Sedimente zu Steinen macht. Dabei können nämlich Flüssigkeiten in den Poren der Steine die Moleküle oxidieren." Hinzu kommt: Der Marsboden ist chemisch aggressiv und die intensive Ultraviolettstrahlung der Sonne wirkt zerstörerisch. Frühere Landesonden waren daran gescheitert, organische Moleküle aufzuspüren. So fand sich an den beiden Landestellen der VIKING-Sonden in den 1970er-Jahren nichts dergleichen. Ein folgenschwerer Misserfolg, der jahrzehntelang die Suche nach Leben auf dem Mars ausbremste. Erst eine Neuanalyse der alten VIKING-Daten, vorgenommen über vier Jahrzehnte nach der Landung, ergab zumindest Hinweise, dass die Forscher manche Moleküle übersehen haben könnten.

Bei CURIOSITY lief es von Anfang an besser: Ab dem 290. Marstag nach der Landung fand SAM im sogenannten Sheepbed-Tongestein mehrfach kohlenstoffhaltige Substanzen, allen voran Chlorbenzol. Trotz der geringen Konzentration von 0,15 bis 0,3 ppm konnte das Molekül klar identifiziert werden, wobei ein ppm *parts per million* bedeutet und 0,0001 Prozent entspricht. Chlorbenzol ist ähnlich wie ein sechseckiger Benzolring aufgebaut, eines der Wasserstoffatome ist jedoch durch ein Chloratom ausgetauscht, die Summenformel lautet also C_6H_5Cl. In geringeren Mengen konnte SAM auch Dichlorbenzol identifizieren, dabei sind zwei H-Atome durch Chlor ersetzt.

→ **Mineralien im Gale-Krater**
In einer ungewohnten Ansicht zeigt sich hier der Gale-Krater, der Landeplatz von CURIOSITY. Das Bild basiert auf Daten des THEMIS-Instruments *(Thermal Emission Imaging System)* des NASA-Orbiters MARS ODYSSEY, das bei sichtbaren und infraroten Wellenlängen die Marsoberfläche ablichtet. In Falschfarben dargestellt, werden die Unterschiede der Mineralien im Krater sichtbar. So erscheint vom Winde verwehter Staub blassrosa und olivinreicher Basalt violett. Leuchtendes Rosa auf dem Kraterboden markiert eine Mischung aus basaltreichem Sand und verwehtem Staub. Hingegen stammt das Blau auf dem Gipfel des zentralen Bergs namens Mount Sharp von dort freigelegten lokalen Materialien. Die typische Marsoberfläche stellt sich in dieser Darstellung graugrün dar. Marsforscher verwenden solche Bilder, um geologisch potenziell interessante Orte aufzuspüren. MARS ODYSSEY umkreist den Mars seit Oktober 2001 und ist noch immer in Betrieb.

← **Asteroid mit Aminosäuren**
Dieses Mosaik des Asteroiden Bennu stammt von der NASA-Sonde OSIRIS-REx, die ihn über zwei Jahre lang observierte und sogar Proben nahm. Der Kleinplanet mit 492 Metern mittlerem Durchmesser umrundet die Sonne in 437 Tagen auf einer erdnahen Bahn und kann sich uns dabei immer wieder gefährlich nähern. Im September 2023 war auch OSIRIS-REx wieder in Erdnähe und warf eine Landekapsel mit den Proben ab, die in der Großen Salzwüste des US-Bundesstaates Utah geborgen wurde. Erste Analysen belegen, dass es auf Bennu Aminosäuren gibt.

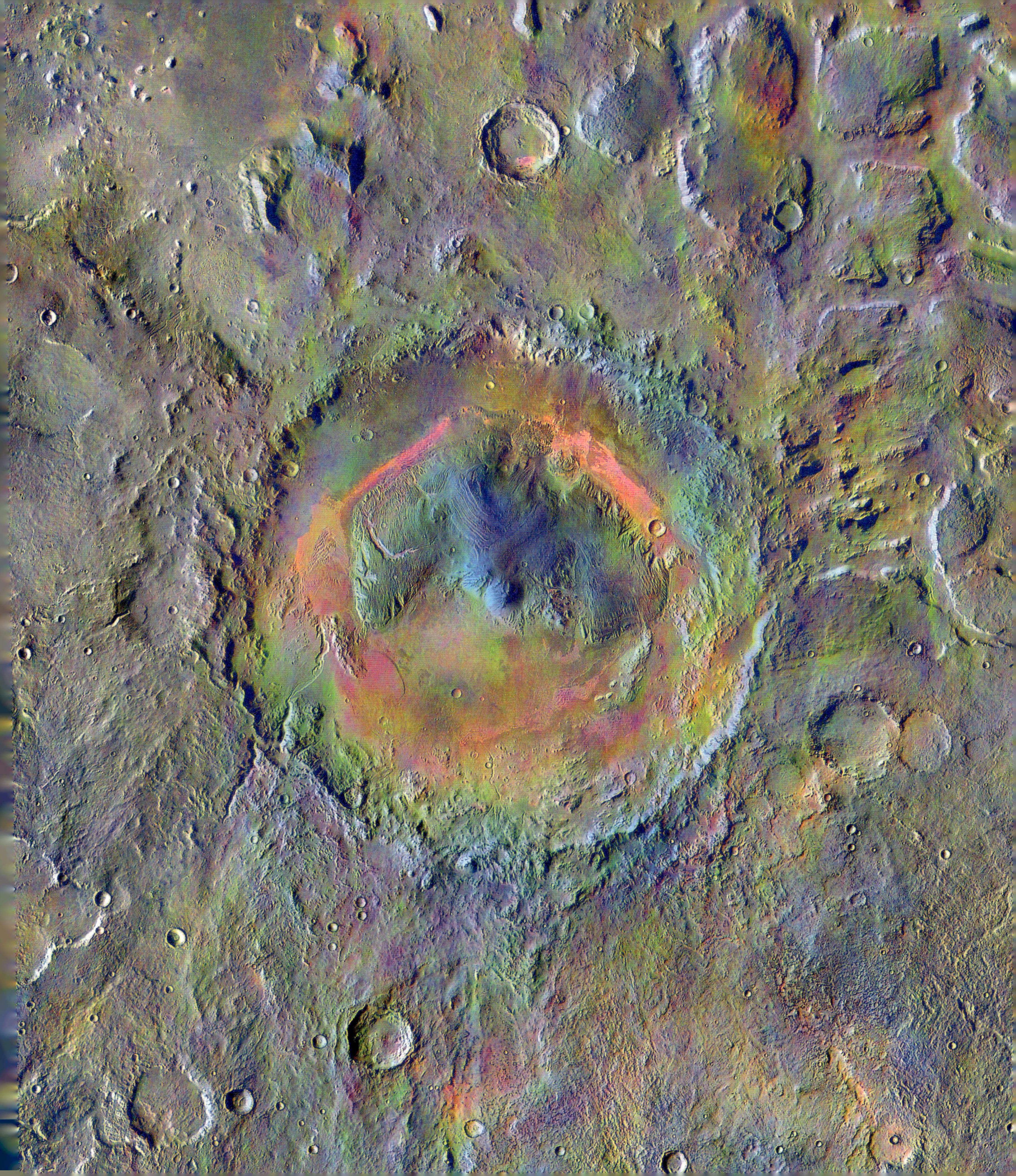

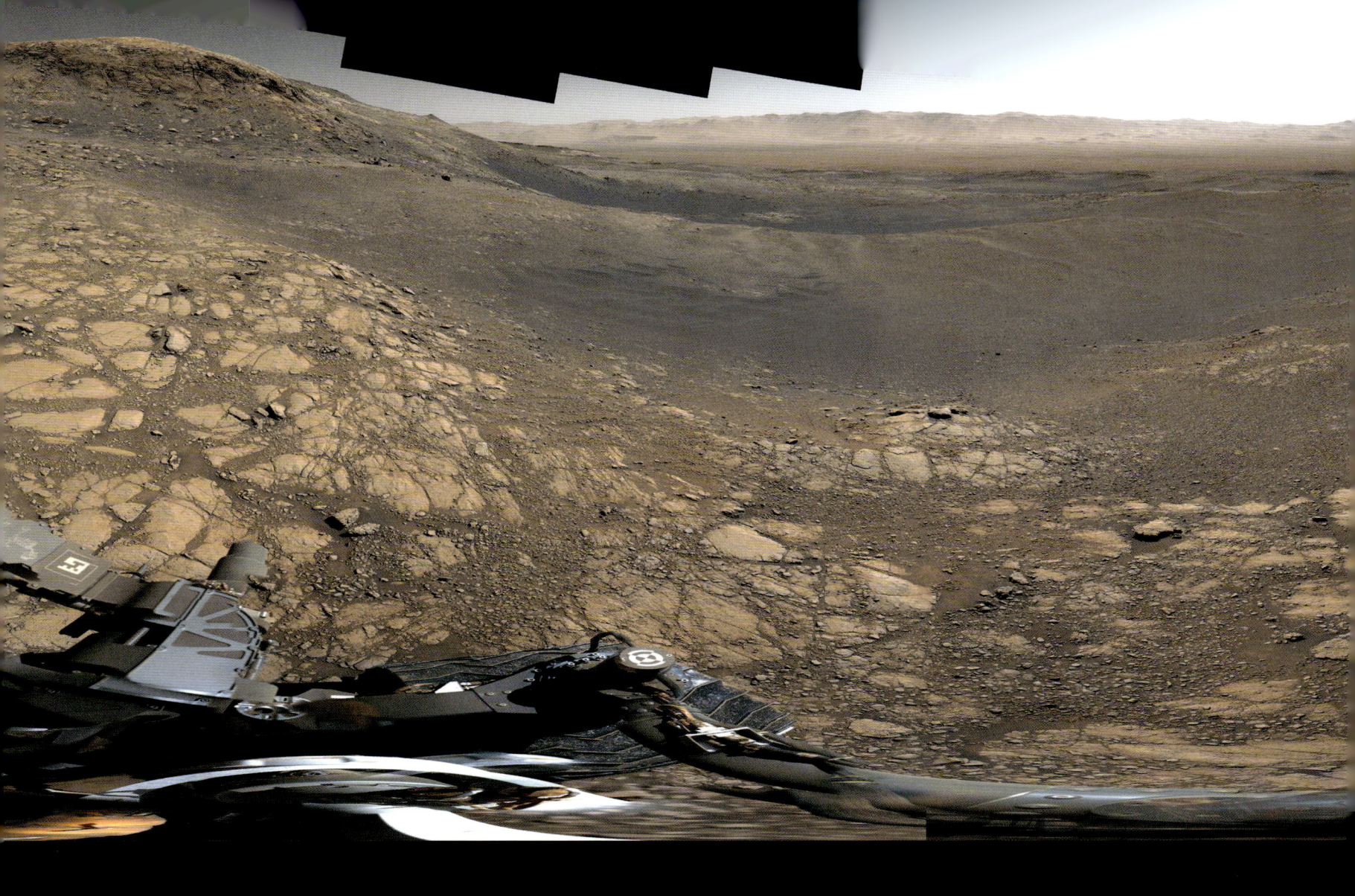

GIFTIGE PERCHLORATE

Moleküle im Kosmos sind für die Wissenschaft keine Unbekannten, hauptsächlich Radioastronomen haben in den Wolken zwischen den Sternen zahlreiche chemische Verbindungen gefunden; die Mehrzahl davon ist organisch. Die Liste umfasst – Stand 2022 – über 250 verschiedene Spezies. Auch innerhalb des Sonnensystems wurde man fündig: Im Jahr 2016 identifizierte die europäische ROSETTA-Sonde auf ihrem Zielkometen sogar Glycin, das ist die einfachste der Aminosäuren. Sie ist ein wichtiger Bestandteil nahezu aller Proteine, diejenigen des Hühnereis bestehen beispielsweise zu 3,4 Prozent aus Glycin. Und im Probenmaterial, das die NASA vom Asteroiden Bennu zur Erde brachte, fanden die Chemiker sogar 27 individuelle Aminosäuren. Das wurde im März 2024 auf einer Fachkonferenz berichtet.

Offenbar ist die Jagd nach organischen Molekülen auf dem Mars mühsamer als im Kometeneis oder auf den Asteroiden. Klar ist aber, dass der rote Planet durch Meteoritenfälle immer wieder mit diesen Molekülen geimpft wurde. Denn auch in den auf der Erde geborgenen Himmelssteinen wurde eine reichhaltige organische Fracht gefunden – auf dem Mars wird es daher kaum anders gewesen sein. Seit längerem vermuten die Planetologen deshalb, dass sich die organischen Moleküle auf der Marsoberfläche nach und nach zu einer chemisch stabilen, festen Substanz verändern, die mit den bisher eingesetzten Instrumenten nur schwerlich nachweisbar ist.

Womöglich hat sich im SAM-Instrument das Chlorbenzol zwischen 200 und 500 Grad Celsius aus diesem organischen Material zusammen mit

Perchloraten gebildet. Denn diese reaktiven und giftigen Salze existieren im Marsboden, was 2008 der US-Lander PHOENIX herausfand. Verglichen mit der „Non-Detection" der VIKING-Sonden sei der Chlorbenzolfund eine wichtige Entdeckung, ist Glavin überzeugt. Gleichwohl betont er, dass SAM nicht dazu ausgelegt ist, Mikroben aufzuspüren. Das sei späteren Sonden vorbehalten.

Die Jagd nach organischen Marsmolekülen ging weiter, im Sommer 2018 wurde von neuen Ergebnissen berichtet: Als SAM eine drei Milliarden Jahre alte Gesteinsprobe analysierte, die sich einst aus feinkörnigen Sedimenten gebildet hatte, fand sich darin die Substanz Thiophen. Dessen Moleküle bestehen aus Kohlenstoff, Wasserstoff und Schwefel und sind aus Ringen mit je fünf Atomen aufgebaut. Auf der Erde kommen sie beispielsweise gemeinsam mit Erdöl, Kohle und Bitumen vor. Sie entstehen dort meist durch nichtbiologische Vorgänge. Allerdings sind die fossilen Grundstoffe, aus denen sich Thiophenmoleküle bilden, durchaus biologischen Ursprungs. Somit könnte Thiophen als „sekundärer Biomarker" gedeutet werden, kommentierten 2020 die Berliner Astrobiologen Jakob Heinz und Dirk Schulze-Makuch in der Fachpresse die CURIOSITY-Resultate. Das Thiophen könne sowohl durch Meteorite zum Mars gelangt oder dort durch unbelebte, rein chemische Prozesse entstanden sein. Jedoch sei auf Basis der verfügbaren Daten auch eine biologische Entstehung keineswegs auszuschließen. Die Forscher empfehlen weitergehende Untersuchungen, etwa durch den geplanten EXOMARS-Rover. Wann das stark verzögerte ESA-Projekt tatsächlich zum Einsatz kommt, ist allerdings völlig offen.

↑ CURIOSITYS Super-Panorama
Ende November 2019 hat CURIOSITY sein bis dato höchst aufgelöstes Panoramafoto geschossen. Diese Version enthält fast 650 Millionen Pixel. Für die Landschaft verwendete die Mastkamera des Rovers ihr Teleobjektiv, lediglich der Rover und sein Roboterarm wurden mit niedrigerer Auflösung erfasst. Insgesamt besteht das Panorama aus mehr als 1000 Einzelbildern, die in den Folgemonaten sorgfältig zusammengesetzt wurden.

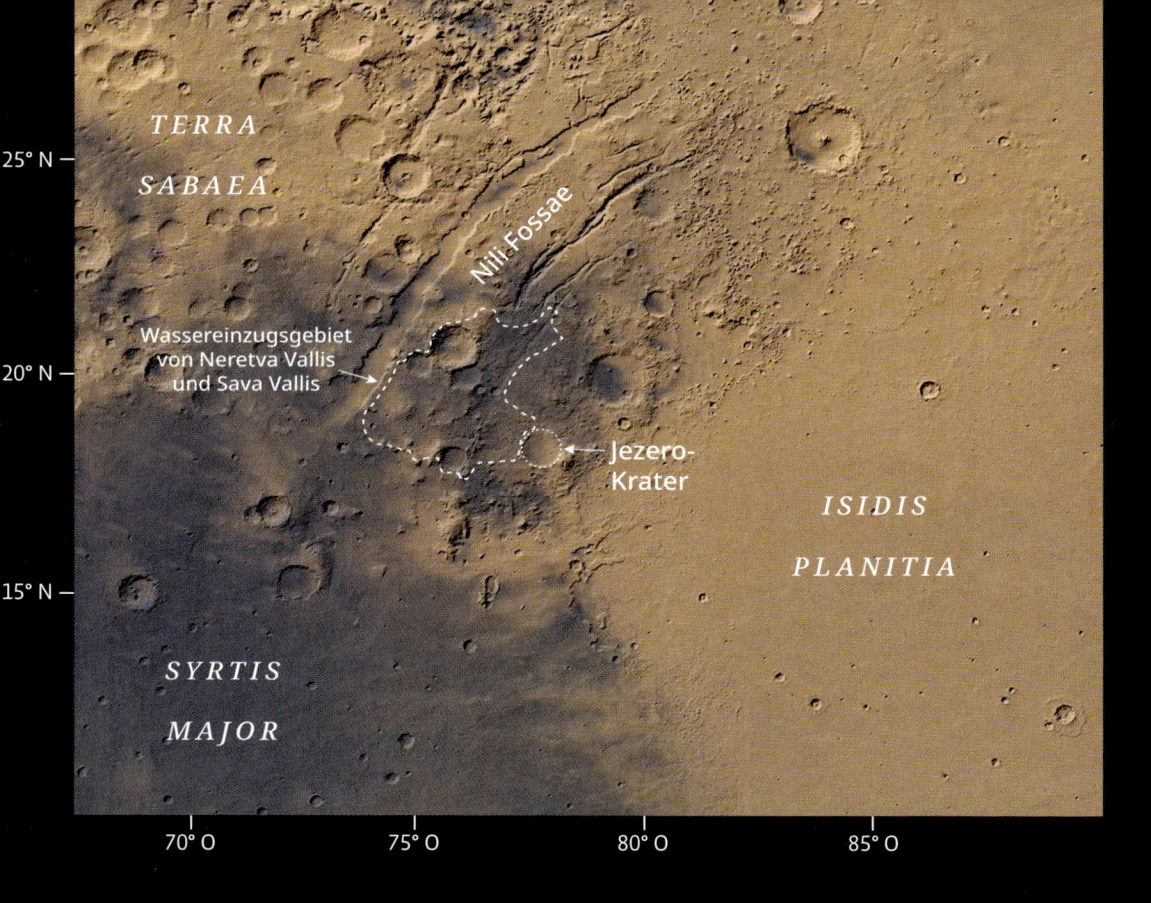

← Landeregion von PERSEVERANCE
Die Fläche der hier dargestellten Umgebung des Jezero-Kraters entspricht etwas mehr als dem Doppelten der Iberischen Halbinsel. Die geologische Vielfalt gab den Ausschlag, dass der Jezero-Krater bei der langwierigen Auswahl als Landestelle das Rennen machte. Er liegt an der Grenze zwischen dem uralten Hochland Terra Sabaea, in dem noch Gesteine aus dem Marsaltertum zu finden sind, und dem ähnlich alten Isidis-Einschlagbecken, das vor etwa 3,9 Milliarden Jahren entstand. Dessen heutige Ebene Isidis Planitia wird aber von meist deutlich jüngeren Ablagerungen gebildet, die dem Mars-Mittelalter, also vor 3,7 bis 3,0 Milliarden Jahren, und der Mars-Neuzeit zugeschrieben werden. Das benachbarte Grabensystem Nili Fossae, dessen Biegung etwa die Form des Isidis-Beckens nachzeichnet, ist beim Isidis-Einschlag entstanden. Südwestlich von Jezero schließt sich die Vulkanregion Syrtis Major an. Deren jüngste Lavaströme werden ebenfalls neuzeitlich gedeutet. Somit entstammen die Gesteine und Ablagerungen in und um Jezero aus allen drei Mars-Epochen.

CURIOSITY UND NOSTRADAMUS

Im Herbst 2021, kurz vor CURIOSITYS zehnjährigem Marsjubiläum, berichtete ein Team um die Forscherin Maëva Millan vom Goddard Spaceflight Center der NASA von einem interessanten Fund: SAM hatte am Rand eines mächtigen, 35 Kilometer langen Feldes aus dunklen Dünen die Moleküle der Benzoesäure aufgespürt. Die organische Substanz mit der Summenformel $C_7H_6O_2$ ist in vielen Pflanzen enthalten. Auf der Erde kennen Chemiker den farblosen Feststoff bereits seit 1556, als der französische Apotheker Michel de Nostredame, besser bekannt als Nostradamus, ihn erstmals aus einem Baumharz destillierte. Der Stoff verströmt einen angenehmen Geruch und wird als Konservierungsmittel verwendet. Es war das erste Mal, dass die Marsforscher das Benzoesäuremolekül nachweisen konnten.

Mittlerweile operiert CURIOSITY nach langer Anfahrt in einem Gelände, wo die Jagd nach organischen Verbindungen besonders aussichtsreich ist. Im September 2022 publizierte das Millan-Team weitere Resultate, die in den tonreichen Sedimenten der Glen-Torridon-Region gemessen wurden. Solche Tonminerale gelten als geeignet, um organisches Material für lange geologische Zeiträume zu konservieren. Millans NASA-Kollege und Coautor Daniel Glavin fasst zusammen: „Wir haben mit SAM eine große Vielfalt von schwefelhaltigen organischen Verbindungen identifiziert. Darunter auch aromatische Kohlenwasserstoffe." Das sind ringförmige Strukturen, ähnlich wie beim Benzol. Mehrere der gefundenen Moleküle seien wahrscheinlich in den Proben „heimisch", so Glavin, was bedeutet, sie entstanden nicht erst im Verlauf des Analyseprozesses.

Ortswechsel zum Westrand des Einschlagbeckens Isidis, das nach der altägyptischen Isis benannt ist, der Göttin für den Himmel und die Fruchtbarkeit. Dort, rund 3700 Kilometer nordwestlich von CURIOSITY, erkundet PERSEVERANCE (engl., Beharrlichkeit) einen 45-Kilometer-Krater; er liegt nahe des 18. nördlichen Breitengrades. Lange schon vor der Raumfahrt war diese Region den Marsbeobachtern bekannt. Ihnen erschien „Isidis Planitia" wegen ihrer Bedeckung mit Staub relativ hell und wurde so in die klassischen Marskarten eingezeichnet. Der Zielkrater der PERSEVERANCE-Mission heißt Jezero, seinen Namen erhielt er nach einem Dorf in Bosnien und Herzegowina.

PERSEVERANCE UND SHERLOCK HOLMES

Technisch ähnelt der PERSEVERANCE-Rover stark seinem Vorgänger CURIOSITY. Und es gibt eine weitere Parallele: Auch im Jezero-Krater existierte ein Urzeitsee. Seit Februar 2021 rollt nun das jüngste Marsgefährt der NASA auf seinen sechs Rädern durch das lange schon trocken gefallene Feuchtgebiet. Sein eigentliches Ziel sind die Sedimente am Westrand des Kraters. Sie bilden das fossile Relikt eines Deltas. Es entstand, als vor etwa 3,5 Milliarden Jahren die Wassermassen eines Zuflusses in den Kratersee strömten.

Bereits Monate vor der Ankunft am Delta steuerte der Rover durch interessantes Terrain. Dort dominiert vulkanisches Gestein den Boden des Kraters, also Felsen, die einst durch die Erstarrung von Magma entstanden sind. Das geschah entweder tief im Untergrund oder bei Vulkanausbrüchen an der Oberfläche. Zumindest teilweise sind die Felsen, die PERSEVERANCE hier unter die Lupe nahm, wohl älter als das Delta-Gestein. Die vulkanischen Felsen dort anzutreffen, war eine Überraschung für die Forscher. „Der Fund besagt, dass Jezero komplexer als die Vorstellung eines Seebeckens ist, das sich im Laufe der Zeit mit Sedimenten füllte, wobei das Delta die letzte Landform war", erläutert Bethany Ehlmann vom California Institute of Technology. Die Planetenforscherin spricht von einer reichen geologischen Geschichte des Kraters.

Eine Besonderheit, die PERSEVERANCE von allen anderen Mars-Landern unterscheidet, ist sein SHERLOC-Instrument. Es sitzt auf dem Roboterarm des Rovers und nutzt neben einem Ultraviolett-Laser auch Kameras und Spektrometer. Das Kürzel steht für „Scanning Habitable Environments with Raman and Luminescence for Organics and Chemicals". Der Name ist an den berühmten Detektiv Sherlock Holmes angelehnt, geht es doch auch bei diesem Instrument um das größte Marsrätsel: Gab es dort jemals Lebewesen? SHERLOC kann den genauen Ort organischer Moleküle innerhalb einer Gesteinsprobe kartieren. Bereits früh in der Mission trat das Instrument in Aktion. Damals suchte sich der Rover einen sicheren Weg am Rand eines unpassierbaren Dünenfeldes namens Séítah, was in der Sprache der Navajo etwa „inmitten des Sandes" bedeutet.

Forscher um die Astrobiologin Sunanda Sharma haben die Messungen analysiert, ihre Ergebnisse wurden erst im Sommer 2023 publik. Das Team konzentrierte sich dabei neben Séítah auf die benachbarte geologische Einheit namens Máaz, was in der Navajo-Sprache schlicht „Mars" bedeutet. An allen zehn Messpunkten fanden die Forscher Signale, die auf organische Moleküle schließen lassen. Eingeschlossen waren diese Moleküle in Sulfatkristallen, und zwar in Máaz stärker konzentriert als in Séítah. „Es war überraschend, dass sich die möglichen organischen Signale zwischen den beiden Einheiten des Kraterbodens unterscheiden", so Sharma. Das eröffne die Möglichkeit, dass verschiedene Mechanismen am Werk waren, als sich die Moleküle bildeten und konserviert wurden. Auch die Transportwege im Krater könnten unterschiedlich gewesen sein.

→ **Südlich der Séítah-Dünen**
Das Mosaikfoto vom 201. Marstag der PERSEVERANCE-Mission zeigt die Wegmarke „South Séítah" im Jezero-Krater. Es besteht aus 84 einzelnen Bildern mit verstärkter Farbwirkung und stammt von einem erhöhten Punkt, wo der Rover eine gute Aussicht hatte. Oben links ist ein Teil des Randes des Flussdeltas sichtbar, das vor Milliarden Jahren den Jezero-Kratersee speiste. Rechts davon befindet sich eine Felsgruppe mit dem Spitznamen „Faillefeu". PERSEVERANCE war zu diesem „Aussichtspunkt" gekommen, weil er das unpassierbare Séítah-Dünenfeld umfahren musste. Das Bild wurde am 12. September 2021 aufgenommen.

↓ **Organischen Molekülen auf der Spur**
In einem Felsen namens Garde benutzte PERSEVERANCE seinen Bohrer, um ein Stück vom Gestein abzuschleifen und so dessen unverwittertes Innenleben freizulegen. Dann, am 207. Marstag der Mission, trat das SHERLOC-Instrument in Aktion. Die gefundenen Moleküle erwiesen sich als einfache Aromate, ähnlich denjenigen, die bereits zuvor CURIOSITY aufgespürt hatte. Die organischen Stoffe und ihre Einbettung ins Gestein ähneln zudem nichtbiologischen organischen Substanzen, die in Meteoriten vom Mars gefunden wurden. Dies könnte darauf hindeuten, dass auch die organischen Moleküle im Garde-Felsen durch geologische Prozesse gebildet wurden.

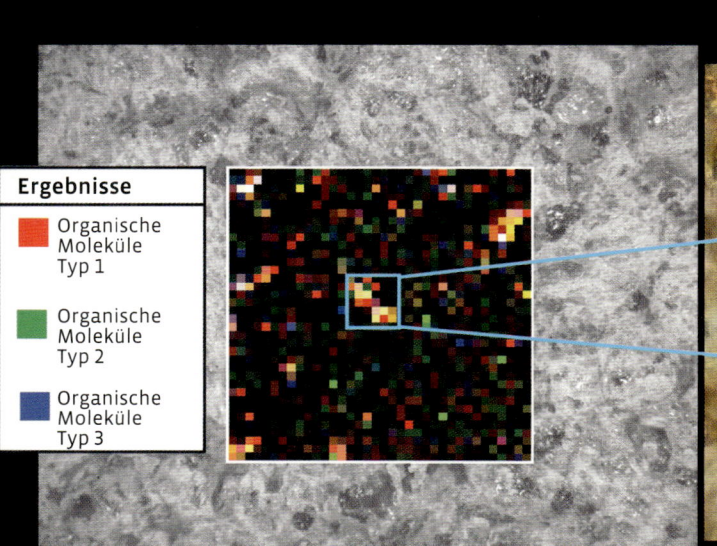

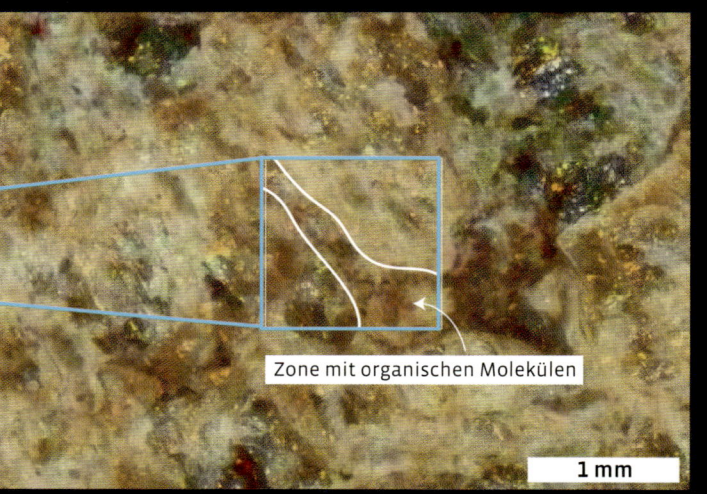

Ergebnisse
- 🟥 Organische Moleküle Typ 1
- 🟩 Organische Moleküle Typ 2
- 🟦 Organische Moleküle Typ 3

Zone mit organischen Molekülen

1 mm

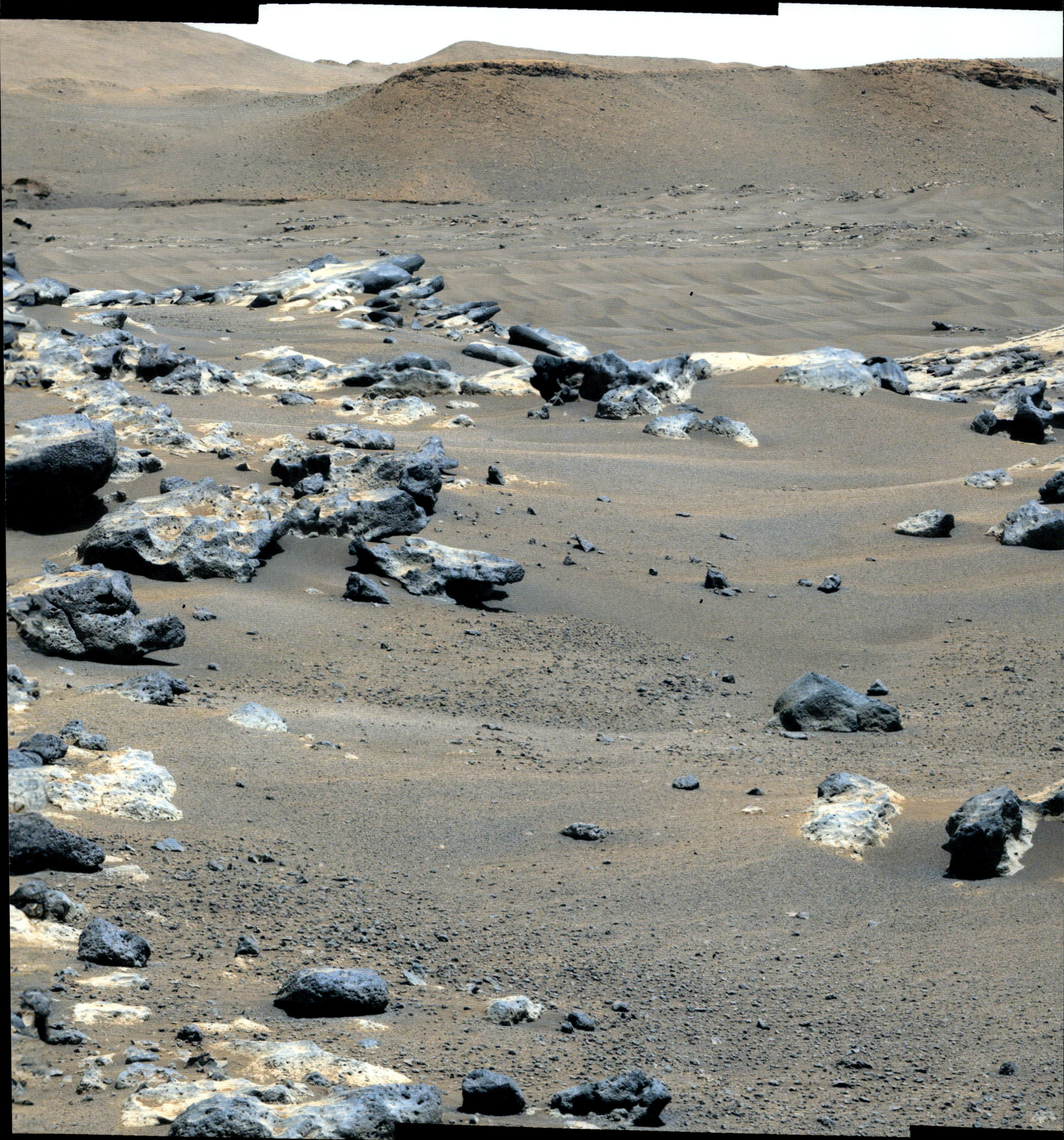

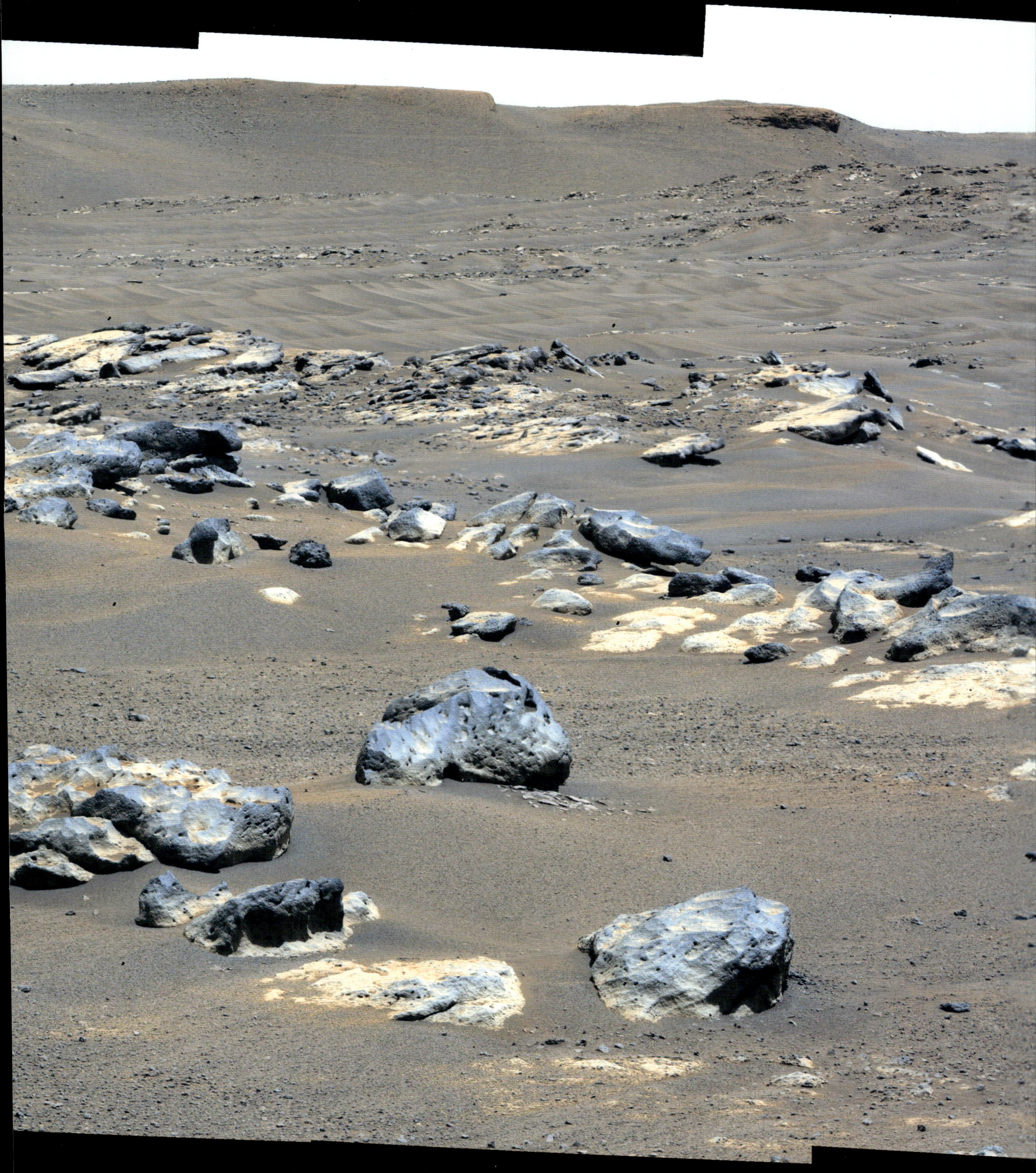

GEEIGNET FÜR FOSSILIEN

Sharmas Fazit: „Die Schlüsselbausteine für das Leben waren wohl über einen längeren geologischen Zeitraum vorhanden, und zwar gemeinsam mit anderen, noch unentdeckten chemischen Spezies." Woher kamen diese Moleküle? Zwar sei es denkbar, dass sie von Marsmikroben hinterlassen wurden, aber auch Sharma will sich noch nicht festlegen. „Die Hypothese, dass Lebensformen als Quelle verantwortlich waren, sei nur der letzte Ausweg", sagt die Forscherin. „Wir müssen erst jeden nichtbiologischen Ursprung ausschließen." Klarer sind heute schon die Indizien für Gesteinsveränderungen durch Wassereinfluss: Entlang ihrer Korngrenzen enthalten die Felsen in Séítah eisen- und magnesiumhaltige Karbonate. Das weist auf chemische Reaktionen mit zumindest etwas CO_2-reichem Wasser hin, das später verdunstete.

Eine wichtige Aufgabe von PERSEVERANCE ist es, Bodenproben zu nehmen und diese in zigarrenförmigen Metallröhrchen zu verstauen. Den späteren Transport zur Erde sollen dann weitere automatische Sonden übernehmen, die sogenannte Mars-Sample-Return-Mission. Bereits auf dem Weg zum Delta hatte man die Probennahme ausprobiert. Dabei zeigte sich allerdings, dass nicht alle Steine dafür geeignet sind. Ausgerechnet beim ersten Versuch zerbröselte ein offenbar besonders weicher Steintyp, und nichts davon gelangte in das dafür vorgesehene Röhrchen. Mittlerweile gelang diese Prozedur jedoch insgesamt 24-mal.

Nach rund fünf Kilometern Anfahrt erreichte PERSEVERANCE im April 2022 den Rand des Deltas – und stieß auf Sedimentgestein. Einst formten sich diese Felsen in einer wässrigen Umgebung aus feinen Gesteinskörnchen. Von dem etwa ein Meter großen Felsen mit dem informellen Namen Wildcat Ridge schliff der Rover etwas Gesteinsrinde ab und analysierte die freigelegte Stelle mit dem SHERLOC-Instrument. Das Ergebnis: Im Stein sind die organischen Moleküle eng benachbart mit Sulfatsalzen. Wahrscheinlich entstand er einst aus Schlamm und feinem Sand, die sich im Salzwasser des verdunstenden Jezero-Sees zusammenfügten. Es könnten Bedingungen gewesen sein, „unter denen womög-

↓ Ein Depot für den Notfall
Diese Fotomontage zeigt jedes Probenröhrchen, kurz nachdem es PERSEVERANCE auf der Marsoberfläche abgelegt hat. Die Fotos hat die WATSON-Kamera aufgenommen. Die Proben wurden zwischen dem 21. Dezember 2022 und dem 28. Januar 2023 abgelegt und bilden zusammen das Probendepot, das an der Wegmarke „Three Forks" errichtet wurde. Das Depot spielt eine wichtige Rolle für die internationale Mars-Sample-Return-Mission. Dabei sollen künftige Sonden diese Proben zur genaueren Analyse zur Erde bringen. Falls PERSEVERANCE die anderen Probenröhrchen, die er immer noch mit sich führt, nicht an eine künftige Landesonde übergeben kann, soll das Depot als Backup dienen. Es sind also Reserven verfügbar, falls dem Rover etwas zustößt.

lich Leben hätte gedeihen konnte", hofft Kenneth Farley, der Projektwissenschaftler der Mission. Von der Erde sei bekannt, dass in solchem Gestein uralte Fossilien gefunden werden, so Farley.

Die Hoffnung, auf Lebensspuren zu stoßen, wird die Forscher weiter antreiben. Beide US-Rover sind auch nach Jahren noch funktionsfähig. Doch die Suche ist ein langwieriges Geschäft, sie wird die Marsforschung wohl noch für Generationen beschäftigen. Beispielsweise wurden nirgendwo auf dem Planeten Aminosäuren gefunden. Welche Orte wären wohl am aussichtsreichsten? „Im Untergrund", meint der Berliner Chemiker Jakob Heinz. Geschützt vor der Strahlung aus dem All und vor den enormen Temperaturwechseln auf der Oberfläche, könnten Mikroben tief im Marsboden gedeihen. Zumindest deuten Experimente in irdischen Labors in diese Richtung. Auch auf der Erde fand man in Bohrkernen aus mehreren Kilometern Tiefe noch Lebensformen, die an die karge Umwelt dort angepasst sind. Hingegen ist die Unterwelt des Mars noch jungfräulich: Bislang grub dort keine Sonde tiefer als 30 Zentimeter.

↑ **Marsianische Wildkatze**
Am Felsvorsprung mit dem Namen „Wildcat Ridge" hat PERSEVERANCE zwei Gesteinsproben entnommen und zusätzlich ein kreisförmiges Areal abgeschliffen. Die Stelle befindet sich in dem fossilen Delta, wo vor Milliarden von Jahren ein Zufluss in den Jezero-Kratersee mündete. Dieses Gebiet halten die Forscher für einen der besten Orte auf dem Mars, um nach Anzeichen urzeitlicher Marsmikroben zu suchen. Der kreisrunde helle Abriebfleck rechts hat einen Durchmesser von etwa fünf Zentimetern. Das Bild wurde bearbeitet, um Farbunterschiede hervorzuheben. Die Fotos dieses Mosaiks entstanden am 4. August 2022, dem 518. Marstag der Mission.

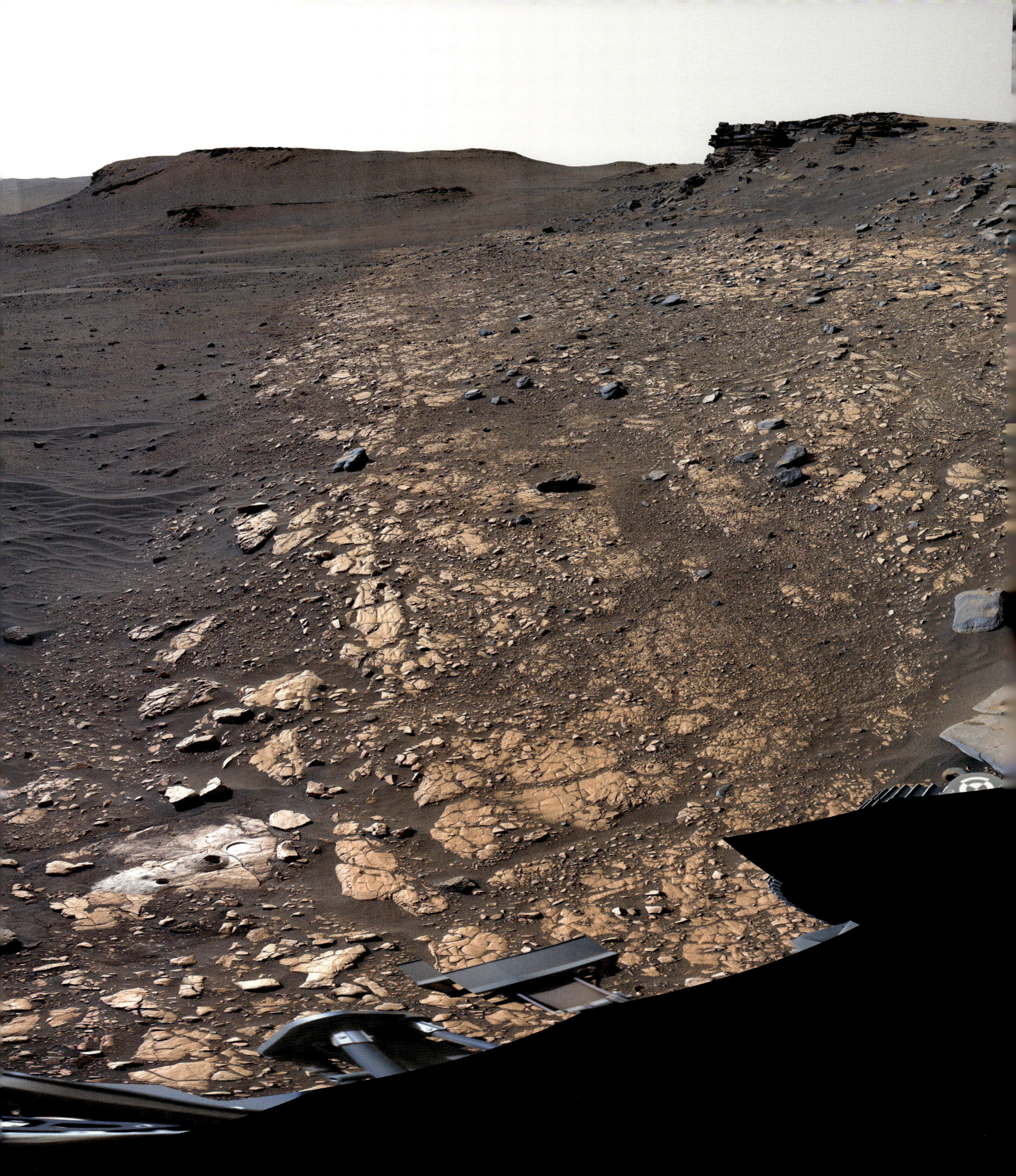

↑ **Wildcat Ridge und Skinner Ridge**
Wildcat Ridge (unten links) und Skinner Ridge (weit hinten rechts oben) sind zwei Wegmarken, wo PERSEVERANCE Proben für einen möglichen Transport zur Erde genommen hat. Beide Gesteinsaufschlüsse sind rund 20 Meter voneinander entfernt. Die Proben wurden in extrem reinen Probenröhrchen versiegelt, die momentan in PERSEVERANCE gelagert werden. Die Bilder, aus denen dieses Mosaik besteht, wurden am 4. August 2022 vom Mastcam-Z-Instrument aufgenommen. Die Farbunterschiede wurden verstärkt.

→ **Selfie am Probendepot**
PERSEVERANCE mit mehreren der Probenröhrchen, die er am Marsboden deponiert hat. Das Bild schoss die WATSON-Kamera *(Wide Angle Topographic Sensor for Operations and eNgineering)* am Ende seines zwei Meter langen Roboterarms. Vor dem Rover ist die neunte Probe zu sehen, die er an dieser Stelle abgelegt hat, weiter im Hintergrund liegen weitere Röhrchen. In der Ferne sind Reste des ehemaligen Flussdeltas und der Rand des Jezero-Kraters erkennbar.

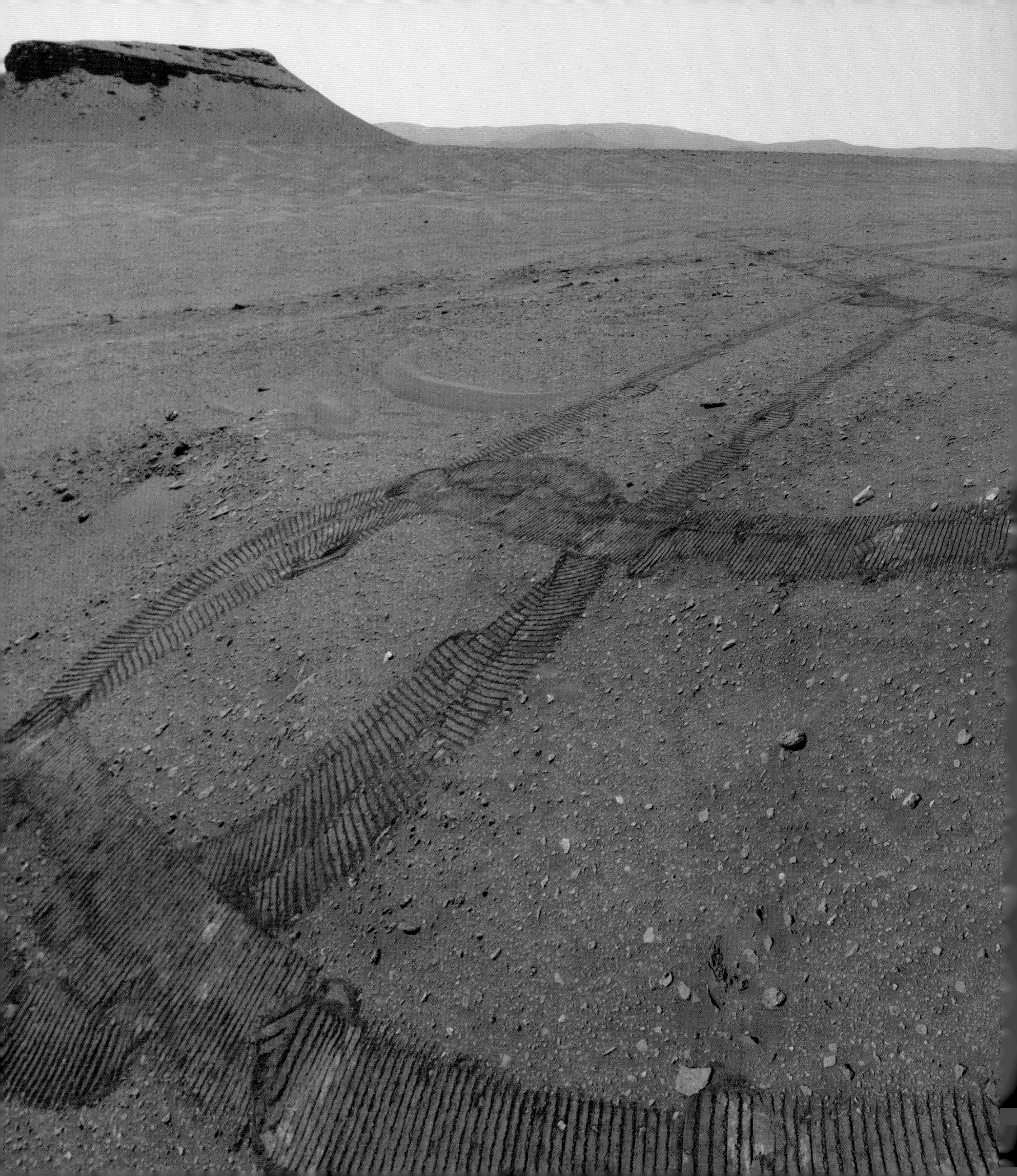

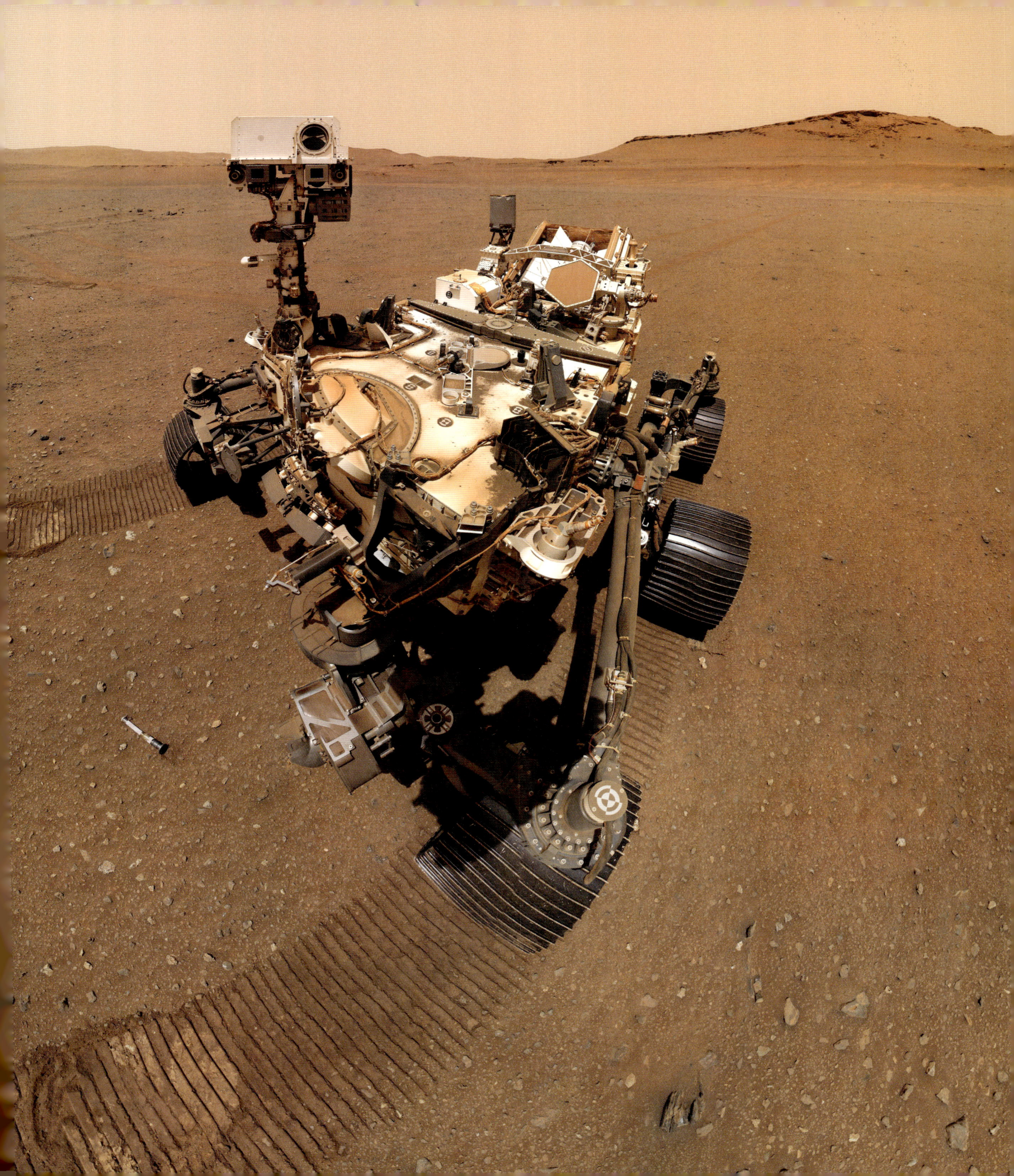

BEWOHNBAR FÜR HÖHLENMENSCHEN

Der Mars wird noch für lange Zeit lebensfeindlich bleiben: Sonnenstürme und geringe Schwerkraft würden die Gesundheit von Menschen auf seiner Oberfläche bedrohen. Und für eine Erwärmung per Treibhauseffekt fehlt es an Kohlendioxid.

← **Sport gegen Muskelschwund**
ESA-Astronaut Frank De Winne hält sich bei seinem Einsatz auf der Internationalen Raumstation ISS fit. Auf dem sechsmonatigen Flug im Jahr 2009 war der Belgier der erste Europäer, der die ISS kommandierte. Ein tägliches Sportprogramm, wie hier auf dem Laufband, kann zwar manche Gesundheitsprobleme lindern. Gegen andere Risiken, beispielsweise die kosmische Strahlung, wurde allerdings noch kein Gegenmittel gefunden. Links arbeitet die NASA-Astronautin Nicole Stott.

Fünfzig Jahre nach den ersten Schritten auf dem Mars läuft dessen Umgestaltung auf Hochtouren. Gigantische Spiegel im Marsorbit lenken zusätzliches Sonnenlicht auf den Nordpol und schmelzen dort das Eis. Auch künstliche Vulkane helfen, den Planeten aufzuwärmen. Stellenweise gedeihen bereits von der Erde importierte Pflanzen – der rote Planet ergrünt. So malte es sich Kim Stanley Robinson in seiner *Mars-Trilogie* vor drei Jahrzehnten aus. Der preisgekrönte Science-Fiction-Autor imaginierte den Nachbarplaneten als neue Heimat der Menschen. Umweltzerstörung und Überbevölkerung plagen hingegen die auf der Erde Zurückgebliebenen.

Von dem, was sich viele SF-Autoren erträumt haben und manche Wissenschaftler ebenso für möglich halten, sind wir noch sehr weit entfernt. Denn zahlreiche Probleme stehen dem Leben von Menschen auf dem Mars entgegen. Muskel-

und Knochenschwund sind bekannte Auswirkungen der Schwerelosigkeit, die Astronauten zusetzen. Nach Langzeitflügen wartet oft ein Rollstuhl auf die Rückkehrer, und erst nach längerem sportlichem Training erreicht ihre Muskelmasse wieder Normalwerte. Auch auf dem Mars könnte sich die geringere Schwerkraft als problematisch erweisen, warnen Mediziner. Weniger geläufig ist, dass ein teils deutlicher Verlust der Sehkraft bei Astronauten registriert wurde, der nach Ende der Mission andauern kann; die Gründe dafür werden noch untersucht. Offenbar nimmt auch das menschliche Immunsystem Schaden: Krankheitserreger, die unter Normalbedingungen davon in Schach gehalten werden, können im Weltall in Aktion treten. Das sind nur wenige Beispiele, tatsächlich ist die Liste körperlicher Probleme lang, mit der sich heute die Weltraummedizin befasst.

↑ Bad Hair Day im Orbit
Die Umweltbedingungen im Weltall bringen nicht nur die Frisuren durcheinander – sie sind gesundheitsschädlich. Muskel- und Knochenschwund, geschwächtes Immunsystem und ein erhöhtes Krebsrisiko sind nur einige der medizinischen Probleme auf längeren Raumflügen. Trotz solcher Probleme – und den offenkundigen Herausforderungen an ihre Frisur – genoss im Februar 2001 die NASA-Astronautin Marsha Ivins offenbar ihren Flug mit dem Space Shuttle Atlantis. Es war ihr fünfter und letzter Einsatz im Weltall.

← Gartenbau im Weltall
Auf der Internationalen Raumstation experimentieren Jessica Watkins und Bob Hines mit der Kultivierung von Grünpflanzen. Den NASA-Astronauten geht es darum, flüssigkeits- und luftbasierte Techniken zum Pflanzenanbau anstelle traditioneller Wachstumsmedien zu testen. Die Hoffnung ist, mit solchen Methoden eines Tages in größerem Maßstab die Produktion von Nutzpflanzen für künftige Weltraummissionen zu ermöglichen. Ob auch im Marsboden Pflanzen wachsen können,

KEINE MAGNETISCHE ABSCHIRMUNG

Auch die Psyche ist ein Unsicherheitsfaktor, wie Erfahrungen im Erdorbit und Simulationen am Boden belegen: Raumfahrer erleben Angst und Depressionen und verminderte kognitive Leistungsfähigkeit aufgrund von Stress. Hinzu kommen Schlafstörungen, schlechte emotionale Regulierung und gestörte Kommunikation innerhalb der Crew – um nur einige mentale Probleme bei Weltraumreisen zu benennen. In der etwas zugespitzten Titelstory „Warum wir nie im Weltall leben werden" hatte das Wissenschaftsblatt *Scientific American* im Oktober 2023 für all dies eine einleuchtende Erklärung: „Man stelle sich vor, mit einem kleinen Team in einer Blechbüchse eingeschlossen und einem unnatürlichen Tag-Nacht-Zyklus ausgeliefert zu sein. Draußen lauert eine tödliche Umgebung und die Missionskontrolle auf der Erde rückt einem beständig auf die Pelle."

Aber womöglich finden sich Methoden, um beim Hin- und Rückflug und beim Aufenthalt auf dem Mars dem menschlichen Körper das Schlimmste zu ersparen. Wenn allerdings die ersten Raumfahrer eines Tages mehr oder weniger wohlbehalten bis zur Marsoberfläche vorgedrungen sind, wird das Tageslicht für sie größtenteils tabu sein. Ihre Devise wird lauten: ab in den Untergrund!

Denn dorthin werden sie sich vor der gefährlichen kosmischen Strahlung flüchten. Bekanntlich hat der Mars – anders als die Erde – kein globales Magnetfeld, das ihn vor diesen Strahlen schützt, zudem ist seine Gashülle viel dünner. Beides sorgt dafür, dass die kosmische Strahlung kaum gedämpft auf die rote Wüste einprasselt. Das ist seit einem halben Jahrhundert bekannt, vor Ort gemessen wurde es erstmals durch den Mars-Rover CURIOSITY.

Forscher um Donald Hassler vom Southwest Research Institute in Colorado berichteten bereits 2013 über Messreihen, die ein spezielles Instrument an Bord des Rovers erhoben hatte. Demnach zeichnete der „Radiation Assessment Detector" (RAD), ein Gerät von der Größe eines Schuhkartons, schon während des 253 Tage dauernden Hinflugs die Strahlendosis auf, der auch Astronauten auf dem Weg zum Mars ausgesetzt wären. Dabei sorgte die Hülle von CURIOSITYS Raumkapsel und die anderen Bauteile im Innern der Kapsel für einen vergleichbaren Schutz, wie ihn Marsfahrer erwarten dürften. Nach der Landung blieb RAD eingeschaltet, akribisch registrierte es Tag für Tag die Strahlung aus dem All – damals ein Novum in der Marsforschung. Und es war ein Jubiläum: Genau 100 Jahre, nachdem die kosmischen Strahlen bei Ballonflügen auf der Erde entdeckt worden waren, fanden nun Messungen derselben Strahlung auf dem Mars statt.

↑ **Mars ohne Strahlenschutz**
Das RAD-Instrument *(Radiation Assessment Detector)* auf dem amerikanischen CURIOSITY-Rover ist auf diesem Foto zu sehen; es misst die kosmische Strahlung. Das Instrument registrierte beträchtliche Werte bereits auf dem Hinflug zum Mars. Dort gelandet, maß es die Strahlung auf der Marsoberfläche, die – anders als auf der Erde – nicht durch ein globales Magnetfeld geschützt ist. Die Messergebnisse des jüngsten Sonnenmaximums des Jahres 2024 stehen noch aus. Das Foto entstand am 9. August 2018, dem 2137. Marstag der CURIOSITY-Mission.

GENUG FÜR EIN ASTRONAUTENLEBEN

Bereits die Auswertungen der ersten 300 Tage dieser Messphase erlaubten es, die Strahlendosis für kommende Marsmissionen realistisch abzuschätzen. Die Strahlung aus dem Weltall hat zwei verschiedene Quellen: Einerseits die permanente galaktische kosmische Strahlung, die beispielsweise bei weit entfernten Sternexplosionen entsteht. Viel näher ist uns eine andere, unberechenbare Strahlenquelle, nämlich die Sonne. Bei plötzlichen Sonnenstürmen stößt sie hauptsächlich Protonen, Elektronen und schwerere Ionen aus, und zwar in einer Intensität, die Raumfahrern gefährlich werden kann. Fünf solcher Stürme, die jeweils wenige Tage dauerten, ereigneten sich auf CURIOSITYS Hinweg zum Mars, nur einer, als der Rover bereits angekommen war. Die Forscher hätten sich mehr Sonnenaktivität gewünscht: „Das ist frustrierend wenig", kommentierte Robert Wimmer-Schweingruber von der Universität Kiel, der an der Publikation beteiligt war. Während die Messungen liefen, war die Sonne eigentlich nahe ihres Aktivitätsmaximums, das durchschnittlich alle elf Jahre eintritt. Trotzdem blieb das Tagesgestirn relativ ruhig. Während die Wissenschaftler die Messdaten jedes einzelnen Sonnensturms begrüßten, werden sich Mars-Astronauten davor eher fürchten. Denn die Dosis, die ihr Körper während der rund 900 Tage dauernden Reise aushalten muss, ist besorgniserregend: Summiert man Hinflug, Aufenthalt und Rückflug, so ergibt sich eine Belastung von 1010 Millisievert, rechnen die Autoren auf Basis der RAD-Messungen vor. Ein horrender Wert, wenn man ihn mit der Belastung eines Arbeiters vergleicht, der beruflich radioaktiver Strahlung ausgesetzt ist. In Deutschland gilt dabei eine zulässige Höchstdosis von 20, in Ausnahmefällen von 50 Millisievert pro Jahr. Selbst ein sechsmonatiger Aufenthalt auf der Internationalen Raumstation ISS fällt mit etwa 130 Millisievert im Vergleich zum Marsflug noch moderat aus. Für europäische Astronauten gibt es die Empfehlung, eine maximale Strahlenbelastung von 1000 Millisievert nicht zu überschreiten, der Wert gilt für die aufsummierte Belastung in der gesamten Berufszeit. Das entspricht einem zusätzlichen Risiko, langfristig an Krebs zu sterben, von immerhin 2,7 Prozentpunkten. Dabei ist dieser Wert mit relativ hohen Unsicherheiten behaftet, bei einer realen Mission könne er vielfach höher liegen, räumt Günther Reitz vom Deutschen Zentrum für Luft- und Raumfahrt ein, der an der RAD-Studie beteiligt war.

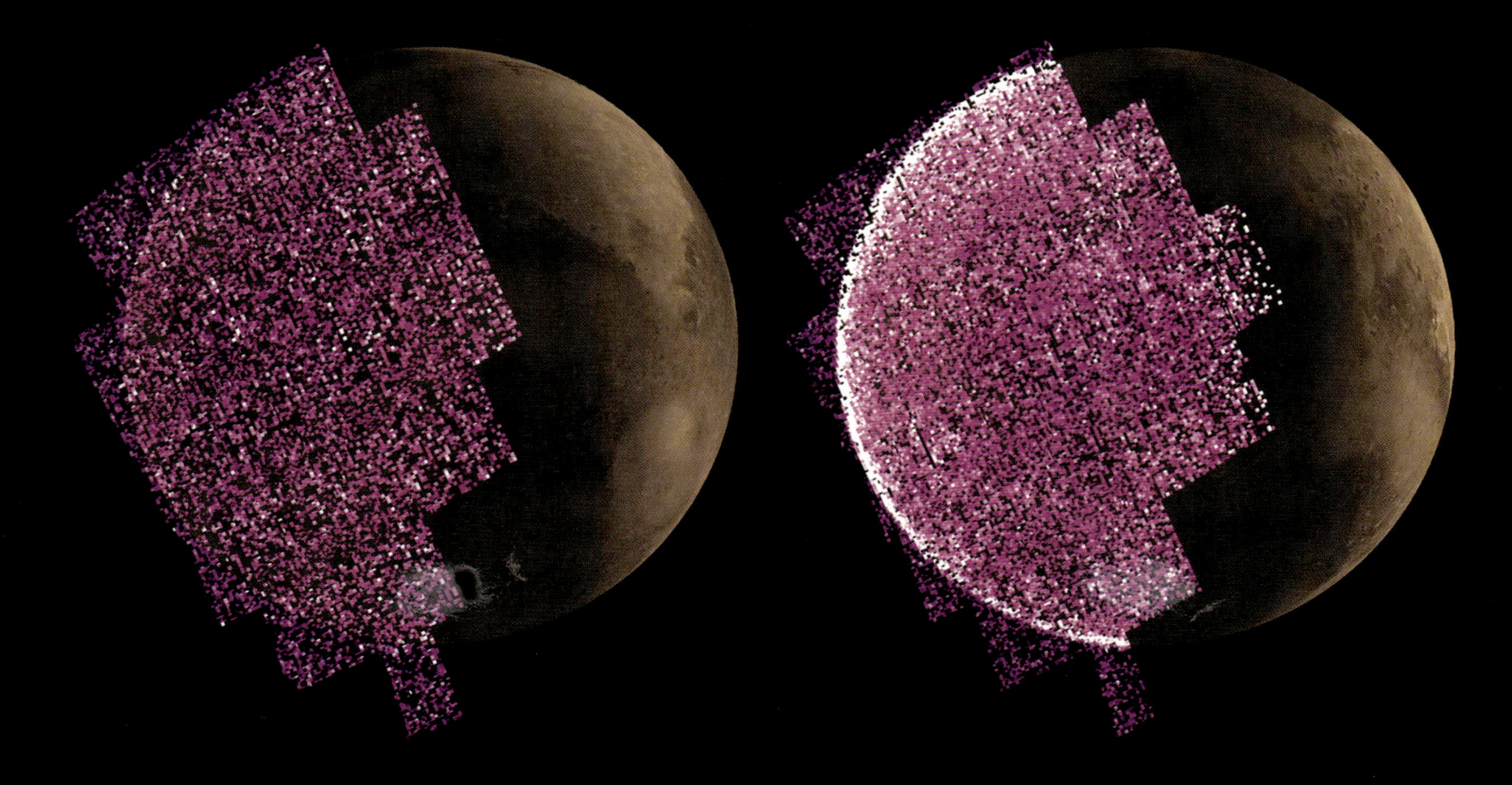

↓ **Mars im Sonnensturm**
Diese beiden Bilder der NASA-Sonde MAVEN zeigen das plötzliche Erscheinen eines hellen Polarlichts auf dem Mars während des Sonnensturms im September 2017. In violett-weißen Farben wird in dieser Darstellung die Intensität des ultravioletten Lichts widergegeben, das auf der Nachtseite des Mars vor (links) und während (rechts) des Ereignisses zu sehen war. Die Mars-Aurora war damals 25-mal heller als in den Jahren zuvor. „Wenn man auf einer Exkursion auf dem Mars unterwegs wäre und von einem solchen Ereignis erfahren würde – man würde sofort Schutz suchen", kommentierte RAD-Wissenschaftler Don Hassler den Sonnensturm.

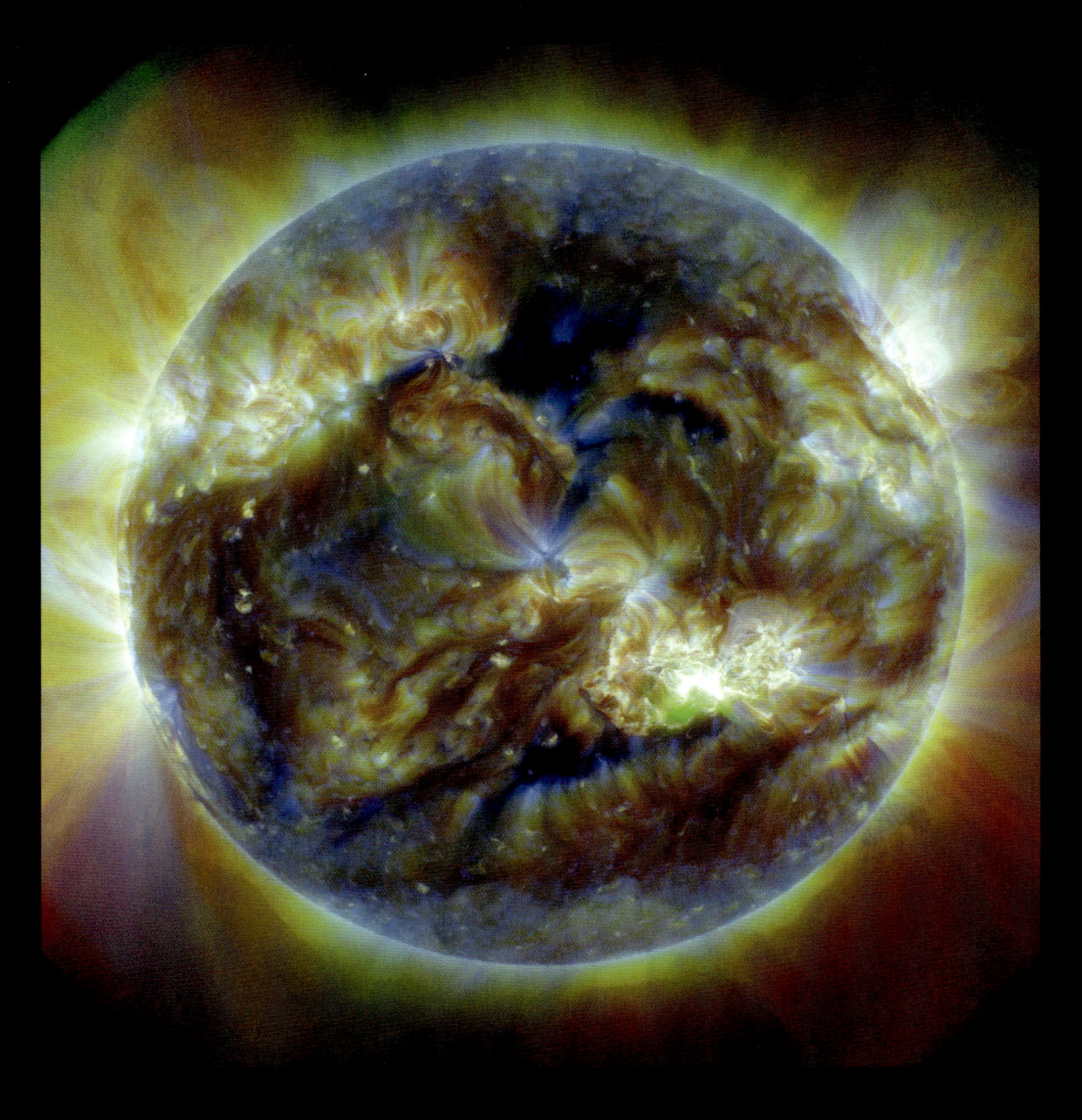

RÜCKSTURZ ZUR ERDE

Kritischer als die Langzeitfolgen schätzen Experten die Gefahr durch plötzliche Sonnenstürme ein, denn diese können sich akut auswirken: Wenn die Astronauten strahlenkrank werden, ist der Missionserfolg gefährdet. Tatsächlich hatte die NASA bei ihren Mondfahrten auch in dieser Hinsicht viel Glück. Hätte der Sonnensturm, der am 2. August 1972 losbrach und zehn Tage wütete, eine Apollo-Crew erwischt, wären die Astronauten definitiv in Gefahr gewesen. Womöglich wäre ein Abbruch der Mission und eine unverzügliche medizinische Behandlung auf der Erde die beste Option gewesen. Doch während des Sturms waren keine Astronauten unterwegs, und als vier Monate später Apollo 17 den Mond erreichte, hatte sich die Sonne wieder beruhigt. Der Abbruch eines Marsflugs ist hingegen aus himmelsmechanischen Gründen unmöglich.

Trotzdem sehen Risikoanalysen der NASA die Weltraumstrahlung als untergeordnetes Problem einer bemannten Marsmission, so Biophysiker Reitz. Man setze gleichwohl auf eine Minimierung der Strahlenbelastung: Da eine beträchtliche Dosis während der rund 600 Tage auf der Marsoberfläche entsteht, könnten die Astronauten diese mindern, indem sie ihr Habitat drei bis vier Meter tief im Marsboden eingraben. Dann wäre die Strahlung

← **Aktive Sonne gefährdet Astronauten**
Im Mai 2024 fand der schwerste Sonnensturm seit zwei Jahrzehnten statt. Auslöser waren starke Eruptionen und mehrere koronale Massenauswürfe am 8. und 9. des Monats. Ursache des stürmischen Weltraumwetters war eine große Sonnenfleckenregion, die eine Ausdehnung von bis zu 200.000 Kilometern erreichte. Die Folgen: Polarlichter wurden bis in den Mittelmeerraum gesichtet und rund um den Globus war die Funk- und GPS-Kommunikation beeinträchtigt. Der Internetservice, der auf den Starlink-Satelliten basiert, meldete vorübergehend eine Verschlechterung seiner Signalqualität. Wie sich künftige Marsfahrer vor den gefährlichen Strahlen schützen werden, die von solchen kaum zu prognostizierenden Ereignissen ausgehen, ist unklar. Das Foto vom 9. Mai, aufgenommen vom SDO-Sonnensatelliten (Solar Dynamics Observatory) der NASA, zeigt die turbulente Sonne mit dem hellen Lichtblitz eines Ausbruchs.

größtenteils abgeschnitten und die Marsfahrer bekämen nur noch bei Ausflügen ins Gelände nennenswerte Mengen ab. Oder sie würden ihr Camp gleich in einer Höhle einrichten, wie sie von Orbitersonden beispielsweise an den Flanken mancher Marsvulkane erspäht wurden. Die ersten Menschen auf dem Mars wären dann eben Höhlenmenschen.

Aber könnte man das Leben auf dem Mars nicht erleichtern, indem man die dortige Umwelt derjenigen unserer Erde angleicht? Einen solch kühnen Plan hatte SF-Autor Robinson in seiner Mars-Trilogie im Sinn. Zwar ist beim besten Willen keine Technik denkbar, um das Innere des Planeten so zu manipulieren, dass dort ein aktiver Dynamoprozess ein globales Magnetfeld erzeugt, aber womöglich ist die Marsluft veränderbar. Eine Studie auf Basis der Daten mehrerer Marsorbiter stellte diese Idee namens „Terraforming" auf den Prüfstand; sie wurde 2018 im Fachmagazin *Nature Astronomy* veröffentlicht. Der Begriff ist älter als die Raumfahrt. Er wurde 1942 von dem amerikanischen Autor Jack Williamson eingeführt und meint die Umgestaltung eines Planeten hin zu erdähnlicheren Verhältnissen. Seitdem wird das literarische Weltall konsequent umgebaut: Unser Mond, die Venus, der Jupitermond Ganymed und zahllose fiktive Himmelskörper – utopische Romane sind voller Terraforming-Welten.

↓ **Einstürzende Lavaröhren**
Pavonis Mons ist der zentrale Feuerberg der drei Tharsis-Vulkane. Er ist ein sanft geneigter Schildvulkan und besteht hauptsächlich aus Strömen einst dünnflüssiger Lava. Hier wurde die Südwestflanke des Berges von der Kamera der europäischen MARS-EXPRESS-Sonde abgelichtet. Forscher gehen davon aus, dass es sich bei diesen Gräben um Lavaröhren handelt. Die lange, durchgehende Röhre rechts im Bild erstreckt sich über 59 Kilometer und ist zwischen 280 und 1900 Meter breit. Zudem erkennt man Ketten kreisförmiger Vertiefungen, die vermutlich durch den Einsturz der Oberfläche entstanden.

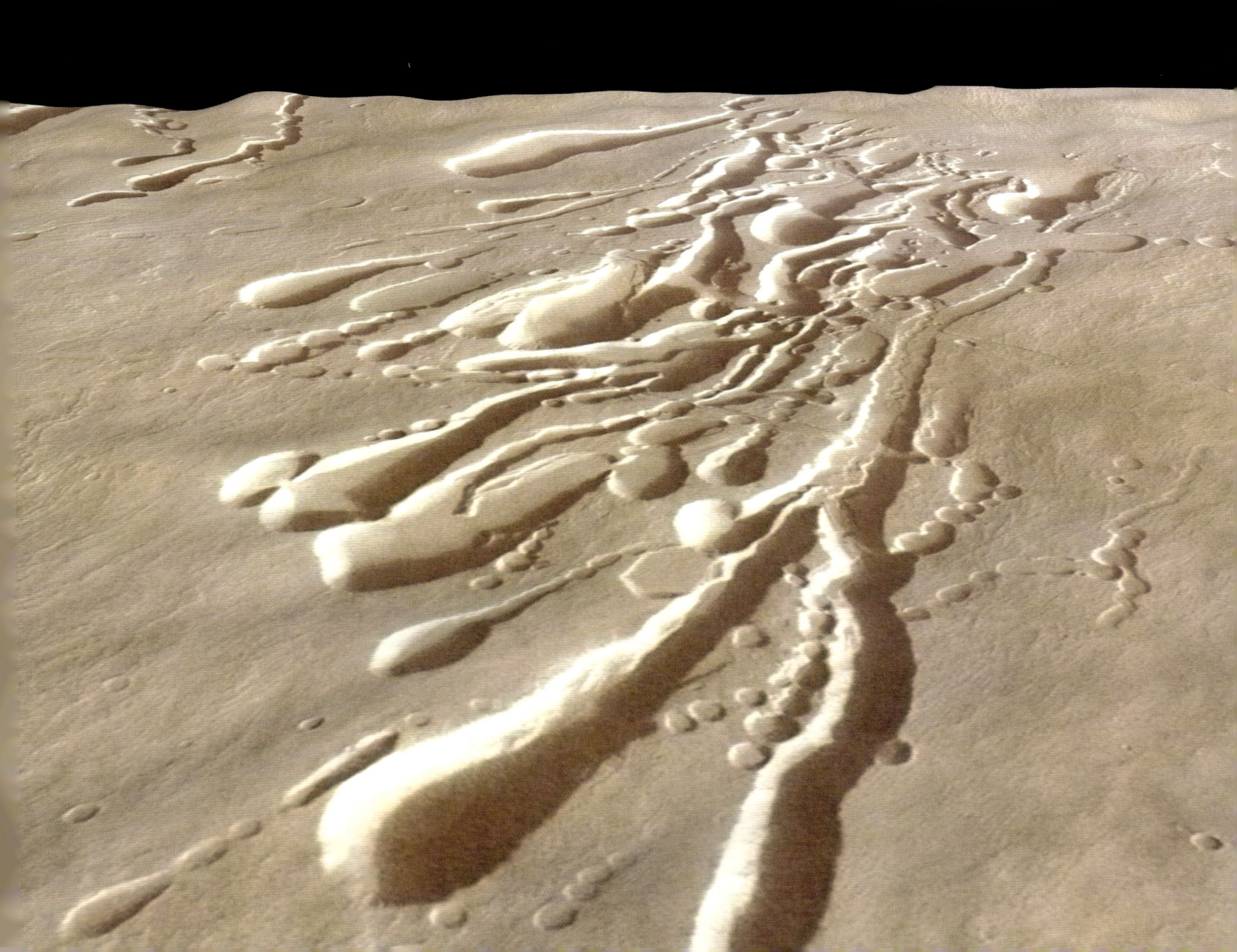

TREIBHAUSEFFEKT ERWÜNSCHT

Natürlich auch beim Mars, sein Naturzustand könnte einem „planetary engineering" unterworfen werden, schrieb Carl Sagan bereits 1973. Der seinerzeit populäre US-Astronom brachte die Idee ins Spiel, die vereisten Marspole zu schmelzen. Dazu solle künstlich die Aufnahme von Sonnenwärme verstärkt werden, beispielsweise indem man dort dunkle Pflanzen kultiviere. Sagan schränkte ein, dass so etwas kaum in naher Zukunft realisierbar wäre.

Aktuell beträgt die durchschnittliche Temperatur auf dem Mars minus 63 Grad Celsius, wobei kurzzeitig auch positive Werte möglich sind. In ihrer Studie geht das Team um Bruce Jakosky, heute emeritierter Professor an der Universität in Colorado, insbesondere einer Frage nach: Kann man die marsianische Gashülle so weit verändern, dass von ihr ein starker Treibhauseffekt bewirkt wird, der wiederum den Planeten auf angenehme Temperaturen erwärmt? Immerhin besteht die Marsluft zu 96 Prozent aus dem Treibhausgas Kohlendioxid, wenngleich der Druck am Boden nur sechs Promille von dem auf der Erde beträgt. Die Autoren haben sich also nach zusätzlichen Quellen umgesehen, wo auf dem Mars Kohlendioxid gespeichert ist und – zumindest theoretisch – in die Gashülle abgegeben werden könnte.

Tatsächlich existiert in den beiden Polkappen Trockeneis, das ist gefrorenes Kohlendioxid. Jeweils im Winter legt es sich dort über das Wassereis. Etwa ein Drittel des gesamten atmosphärischen Inventars ist so immer in fester Form gespeichert. Im jeweiligen Sommer schrumpfen die Kappen, weil dann das Kohlendioxideis sublimiert, das heißt übergangslos in den gasförmigen Zustand wechselt. Die nördliche Eiskappe verliert dabei praktisch ihr gesamtes Trockeneis, während am kälteren Südpol auch im Sommer etwas davon durchhält. Radarmessungen weisen im Süden zudem auf unterirdisches Trockeneis hin. Trotzdem: Allein mit dem polaren Vorkommen ist kein Terraforming zu bewerkstelligen. Wenn alles Trockeneis zu Gas sublimiert, würde sich der Atmosphärendruck lediglich auf rund 12 Millibar verdoppeln, so die Autoren.

→ **Oberlicht einer Marshöhle**
In vulkanischen Gebieten auf Mars, Erde und Mond kennt man solche „Skylights", die zu Höhlensystemen führen, in denen einst Lava floss. Diese beiden Exemplare hat der europäische EXOMARS-Orbiter in der Vulkanregion Tharsis, südöstlich von Jovis Tholus fotografiert. Der 1500 Meter hohe Schildvulkan hat einen Durchmesser von 58 Kilometern. Zwar ist seine Caldera mit 28 Kilometern Durchmesser ausgesprochen groß, verglichen mit den Ausmaßen von Olympus Mons wirkt er allerdings zwergenhaft.

← **Eingang in die Unterwelt**
Schutz vor der beträchtlichen Strahlungsgefahr auf der Marsoberfläche könnten künftige Astronauten in natürlichen Höhlen finden – womöglich in solchen „Skylights". Sie entstehen, wenn Lavaströme an der Oberfläche bereits erkaltet und ausgehärtet sind, unterirdisch ist die Lava aber noch heiß, flüssig und bewegt sich in einer Lavaröhre weiter. Ist dort die Lava abgeflossen, können Lavaröhren-Höhlen zurückbleiben. Wenn dann später Teile des Deckgesteins einstürzen, können sich solche Eingänge in den Untergrund bilden, die der MARS RECONNAISSANCE ORBITER am knapp neun Kilometer hohen Schildvulkan Pavonis Mons fotografiert hat. Das hier abgebildete Loch war ursprünglich rund 90 Meter tief, wurde aber mit den Trümmern der Gesteinsdecke mindestens zu 62 Metern wieder aufgefüllt.

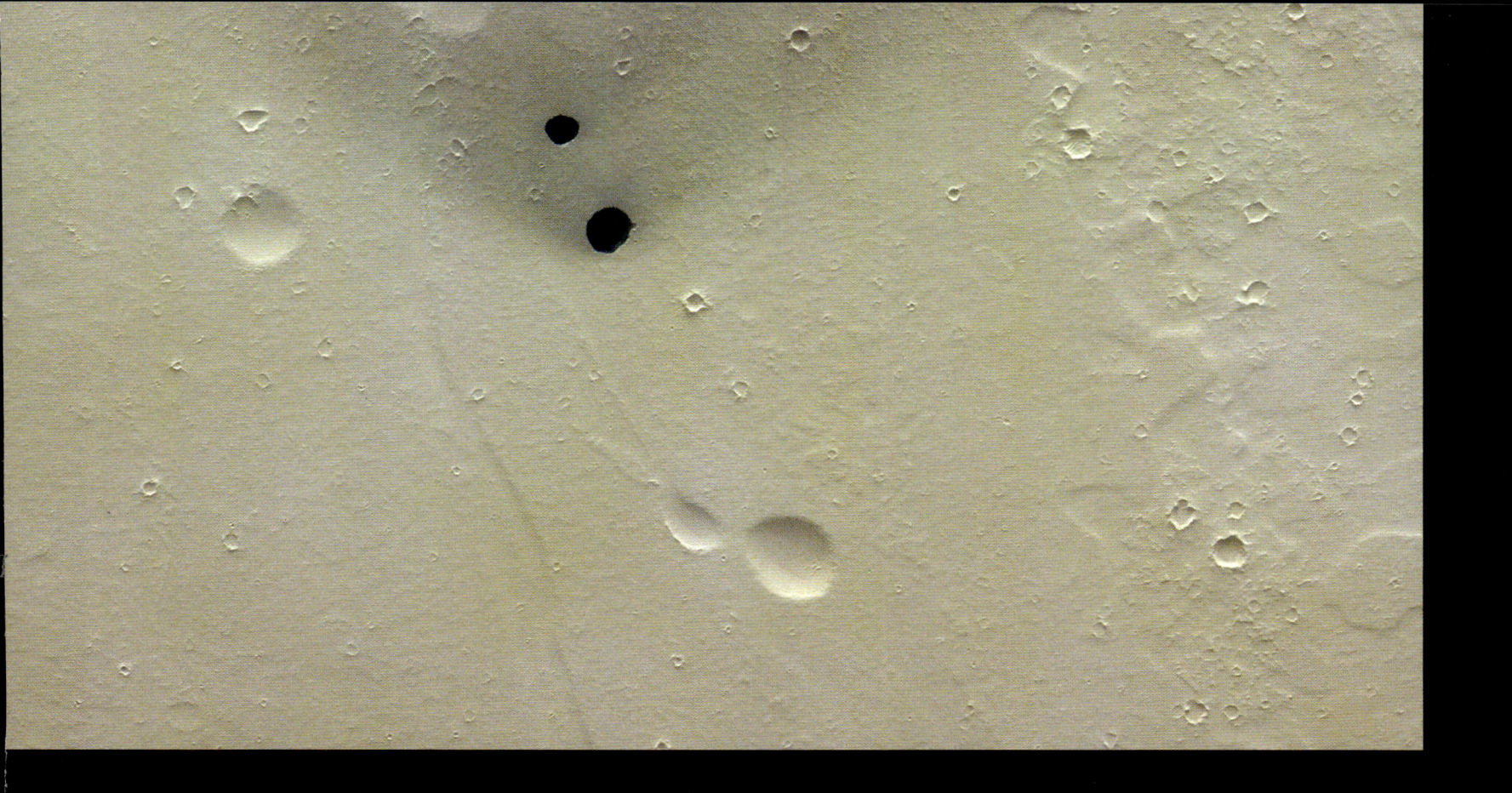

MARSIANISCHES LUFTSCHLOSS

Ähnlich verhält es sich mit den weiteren Kohlendioxid-Reservoirs: Anders als auf der Erde sind kohlenstoffhaltige Minerale auf dem Mars selten. Mehr als 50 Millibar gasförmiges Kohlendioxid kann aus solchen Karbonaten kaum gewonnen werden. Zwar kann auch der gesamte Marsboden Kohlendioxid speichern, weil CO_2-Moleküle auf der Oberfläche der feinen Sandkörnchen haften, doch auch dieser Effekt könne höchstens 50 Millibar beitragen, vorausgesetzt, es gelänge, diesen Vorrat planetenweit freizusetzen.

„Sogar, wenn man das alles zurück in die Marsatmosphäre bringen würde – wäre es nicht genug, den Planeten zu erwärmen", stellt Jakosky klar, denn für eine Aufheizung bis an den Schmelzpunkt von Wassereis müsste die Luft auf dem Mars etwa 1000 Millibar Kohlendioxid enthalten. Er kommt zu einem ernüchternden Fazit: Selbst wenn noch mehr Kohlendioxid von kommenden Marsmissionen entdeckt würde, müssten große Teile der Planetenoberfläche umgestaltet werden – ein Projekt, das mit der heutigen Technologie nicht durchführbar sei. Seit Sagan 1973 etwas Ähnliches schrieb, hat sich das Wissen über den Mars enorm vermehrt. Die schöne Idee, den Wüstenplaneten mittels seiner Gashülle in einen Garten Eden zu verzaubern, bleibt aber ein Luftschloss des Science-Fiction-Genres.

↓ **Wandelbare Nordpolkappe**
Innerhalb eines Marsjahres verändert die nördliche Eiskappe ständig ihre Gestalt: Im nördlichen Sommer beobachtet man die kleine, permanente Eiskappe, so wie sie auf diesem Bild ausschnittsweise zu sehen ist. Sie ist stellenweise bis zu zwei Kilometern dick und ihr Volumen entspricht etwa der Hälfte des Grönland-Eisschilds. Im Winter fallen die Temperaturen am Mars-Nordpol auf unter minus 125 Grad Celsius, auch in den höheren Breiten wird es deutlich kälter. Dort gefriert dann ein beträchtlicher Teil des Kohlendioxids aus der Marsatmosphäre zu Kohlendioxideis. Bis zum 70. nördlichen Breitengrad rieselt dieses Trockeneis zur Oberfläche und bildet eine ein bis zwei Meter dicke Schicht, die sogenannte saisonale Eiskappe. Als Quelle, um den Treibhauseffekt auf dem Mars zu verstärken, sind die Polkappen ungeeignet. Das Bild stammt von der europäischen Sonde MARS EXPRESS.

REGISTER

A
Acheron Dorsum 29
Acheron Fossae 29
Aeolis Mensae 98, 101
Aeolis Mons 128, 130
Alba Mons 25, 35
ALH-84001 181
Alunit 135
Amazonis Planitia 62
Aminosäure 190
Antarctic Search for Meteorites 180
Antoniadi, E. M. 61
Apollinaris Mons 37, 66
APOLLO 11 96
Ares Vallis 102 f.
Argyre Planitia 120
Arsia Mons 22, 30, 31
Ascraeus Mons 22
Asteroid 74 ff., 136 f.

B
Bad Hair Day 205
Bagnold, Dünenfeld 166, 167
BEAGLE 2, Marslander 122
Bella Vista Butte 128
Bennu, Asteroid 190, 192
Benzoesäure 194
Biomarker 96 ff., 186 ff.
Bolivar Butte, Hügel 154
Bowie, David 126
Brahe, Tycho 11
Bridgmanit 67 f.

C
Caldera 24, 37
Candor Chasma 46, 49
Ceraunius Fossae 35
Ceraunius Tholus 23, 40, 84
Cerberus Fossae 36 ff., 67 f., 70 f., 73
Chasma Boreale 55, 59
Cheyava Falls, Felsen 142
Chlorbenzol 190
Chryse Planitia 102 f., 120, 134, 182 f.
Coprates Chasma 31
Corioliskraft 57
CURIOSITY, Marsrover 122, 163, 186, 193, 206
Cydonia 8, 15

D
De Winne, Frank 204
Deimos 74 ff.

Der Marsianer, Film 102 f.
Dichotomie 19, 120
DRAGONFLY, Titan-Helikopter 114 f.

E
Elysium Mons 35, 105, 122
Elysium Planitia 35 f., 37, 66 ff., 122
Erde 18

F
Flammarion, Camille 14
Flaugergues, Honoré 102

G
Gale, Walter 186
Galle, Johann Gottfried 120
Garde-Feld 195
Gartenbau 205
Gediz Vallis 128
Glycin 192
Green, Nathaniel 12
Greenheugh Pediment 162, 165

H
Hadley-Zellen 88
Haeckel, Ernst 12
Hall, Asaph 74
Härtling 154
Hauber, Ernst 6
Hebes Chasma 49, 50 f., 53
Hecate Tholus 34, 35
Hellas Planitia 122
Herschel, William 54, 84, 122
Horst-und-Graben-System 29
Hubble-Weltraumteleskop 75
Huygens, Christiaan 54, 122

I
IIDEFIX, Phobos-Lander 79, 80 f.
INGENUITY, Marshelikopter 108 ff.
INSIGHT, Marslander 64, 122
Internationale Raumstation ISS 204
Isidis Planitia 96, 122, 194
Ius Chasma 51
Ivins, Marsha 205

J
Jardang 52
Juno 10
Jupiter 10
Juventae Chasma 46

K
Kalziumsulfat 142
Kant, Immanuel 11
Katabatische Winde 57
Kepler, Johannes 11, 122
Kodiak, Hügel 142
Kohlendioxid 54 ff., 86, 125, 210
Kosmische Strahlung 204 ff.

L
Labeled-Release-Experiment 182 f.
Laser 177
Lasswitz, Kurd 14, 122
Lavaröhre 209
Lowell, Percival 13, 15, 120
Lycus Sulci 23, 25 f., 27

M
Mantelplume 39
MARINER 4, Marssonde 14
MARINER 7, Marssonde 14, 96
MARINER 9, Marssonde 23, 42
Marker Band 157
Marker Band Valley 130
MARS 3, Marslander 104
Mars Aerial and Ground Intelligent Explorer 114
MARS SCIENCE HELICOPTER 113
Mars
— Atmosphäre 82 ff.
— Bahn 10
— Beben 62 ff.
— Blitze 104 f.
— Canyon 42 ff.
— Chasma 44
— Dünen 87, 118, 134, 166 f.
— Durchmesser 18
— Eiszeit 93
— Gesicht 8, 15
— global 17, 20
— in Zahlen 21
— innerer Aufbau 62 ff.
— Jahreszeiten 21, 88
— Kanäle 10 ff.
— Karte 19, 25, 43, 62, 67, 103, 104, 120 ff., 194
— Lavaröhre 32-33
— Leben 178 ff.
— Luft 108 ff.
— Magma 35, 36, 45
— Meer 178
— Meteorit 63

— Methan 96 ff.
— Mikroben 178 ff., 96 ff.
— Monde 74 ff.
— Opposition 10
— Polregionen 54 ff., 105, 125, 210 f.
— Raureif 82, 84, 86, 87
— Schlamm 127, 198
— Schlammvulkan 29, 31, 39
— Schnee 61, 82, 87
— Spinnen 126
— Staub(sturm) 102 ff.
— Tag 18
— Vulkane 22 ff., 71
— Wasser 46
— Wassereis 6, 54 ff., 63, 84, 93, 94
— Wolken 30 f., 82, 88, 90, 93, 95
Marskrater
— Belva 154
— Cross 135
— Eberswalde 168
— Gale 57, 127, 128, 133, 186, 190
— Galle 120
— Gamboa 134
— Herschel 122
— Jezero 110, 114 f., 139, 172, 194 ff.
— Kepler 122
— Korolev Cover, 94
— Lasswitz 122
— Limtoc 79
— Lowell 88, 120
— Schiaparelli 102 f., 120
— Stickney 77, 79
— Wirtz 118
— Yelwa 27
— Zunil 71
MARS-SAMPLE-RETURN-Mission 113, 185, 198 ff.
MARTIAN MOONS EXPLORATION 75, 80 f.
Maunder, Edward W. 15
Melas Chasma 49
Merkur 18
Meteorit 180 f.
Methanhydrat 98
Mount Sharp 186, 190

N

Neretva Vallis 114 f., 139
Nili Fossae 194
Nirgal Vallis 174
Noctis Labyrinthus 39, 44-45, 47
Noctis Mons 45
Nördlinger Ries 137

O

Olympia Undae 61
Olympus Mons 7, 17, 22 ff., 62, 82, 84, 120
Ophir Chasma 49
OPPORTUNITY, Marsrover 120
OSIRIS-Rex, Raumsonde 190

P

Paraitepuy Pass 158
PATHFINDER, Marslander 102 f., 120
Pavonis Mons 209
Perchlorate 192 f.
PERSEVERANCE, Marsrover 108 ff., 122, 139, 170 f., 185, 194 ff.
Phobos 23, 74 ff.
PHOENIX, Marslander 87, 120, 193
Pinestand, Hügel 154
Plattentektonik 68
Probendepot 198, 201

R

Radiation Assessment Detector 206
Remus 10
Reull Vallis 176
Rochette, Stein 171
Roche-Zone 77
Rom 10
Romulus 10
ROSETTA, Raumsonde 57, 192
Rückläufigkeit 10 f.

S

Sagan, Carl 181, 182
Santa Cruz, Hügel 172
Schiaparelli, Giovanni 12 f., 15, 22, 30, 82, 120
Schwefel 155, 194
SEIS-Detektor 62, 66, 67
Seismische Wellen 64, 68
Séítah-Dünen 195
Sheepbed 187
Skinner Ridge 201
Skylight 210
Smith, Hélène 14
Snow Lake, Stein 155
SOJOURNER, Marsrover 102 f.
Solar Dynamics Observatory 208
Solis Planum 88
Sonnenflare 208
Sonnensturm 207 f.
Sonnentransit 77
SPIRIT, Marsrover 106 f., 122

Stanley, Kim 204
Staubteufel 118
Stickney, Angeline 77
Stott, Nicole 204
Straat, Patricia 182, 183
Strathdon, Felsen 133
Swift, Jonathan 74, 81
Syria Planum 25
Syrtis Major 96 f., 122, 194

T

Tempe Terra 95
Terra Sabaea 96 f., 194
Terra Sirenum 135
Terraforming 209
Tharsis-Region 7, 23, 25, 30, 42, 68, 120, 209
Thiophen 193
TIANWEN-1, Marslander 122, 138 f.
Titan, Saturnmond 114
Tithonium Chasma 43, 51, 52
Treibhauseffekt 210 f.
Tsunami 29
Twin Crater 187

U

Ultimi Scopuli 125
Ulyxis Rupes 61
Uranus Tholus 23, 40
Utopia Planitia 39, 86, 122, 136 ff.

V

Valles Marineris 17, 20, 39, 42 ff., 120
Venus 6, 18, 108
Vera Rubin Ridge 187
VIKING, Marslander 181 ff.
VIKING 1, Marslander 15, 102 f., 120
VIKING 2, Marslander 64, 86, 122

W

Watney, Mark 102 f.
Weir, Andy 102
Wells, H. G. 14
Wildcat Ridge 198, 199, 201

YZ

Yellowknife Bay 187
ZHURONG, Marsrover 122, 138 f.

BILDNACHWEIS

o = oben, u = unten, M = Mitte, l = links, r = rechts

Vorsatz: NASA/JPL-Caltech/ASU/Andrea Luck; **Nachsatz:** NASA/JPL-Caltech/ASU/MSSS; **1:** ISRO/ISSDC/Kevin M. Gill; **2-3:** NASA/JPL-Caltech/ASU/Kevin M. Gill; **7:** ESA/DLR/FU Berlin; **9:** ESA/DLR/FU Berlin (G. Neukum); **10:** Rob Kerby Guevarra/IAU OAE; **11:** Giovanni Schiaparelli/Wikimedia Commons; **12:** Giovanni Schiaparelli/Wikimedia Commons; **13u:** Lowell Observatory; **13o:** Percival Lowell/Lowell Observatory Archives; **14o:** NASA/JPL-Caltech/Dan Goods; **14u:** NASA/JPL; **15l:** NASA/JPL; **15r:** ESA/Roscosmos/CaSSIS; **17:** UAESA/MBRSC/HopeMarsMission/EXI/Andrea Luck; **18:** NASA/JPL-Caltech/ESA/Johns Hopkins University Applied Physics Laboratory/Carnegie Institution of Washington; **20:** ESA/DLR/FU Berlin (G. Michael); **19:** NASA/JPL/Mars Global Surveyor/MOLA; **22-23:** ESA/DLR/FU Berlin/Andrea Luck; **24o:** ESA/DLR/FU Berlin/Andrea Luck; **24u:** ESA/DLR/FU Berlin; **25:** Kosmos Verlag mit Mars-Karte von NASA/JPL/Mars Global Surveyor/MOLA/USGS Astrogeology Science Center und NASA/JPL/Viking/USGS Astrogeology Science Center; **26:** ESA/DLR/FU Berlin (G. Neukum); **27o:** ESA/DLR/FU Berlin (G. Neukum); **27u:** ESA/DLR/FU Berlin; **28:** ESA/DLR/FU Berlin (G. Neukum); **29:** HiRISE, MRO, LPL/University of Arizona, NASA; **30:** ESA/DLR/FU Berlin/Andrea Luck; **31:** ISRO/ISSDC; **32-33:** ESA/DLR/FU Berlin; **35:** ESA/DLR/FU Berlin (G. Neukum); **34:** NASA/JPL/Arizona State University; **36-37:** ESA/DLR/FU Berlin (G. Neukum); **40-41:** ESA/DLR/FU Berlin (G. Neukum); **38:** ESA/DLR/FU Berlin; **39:** NASA/JPL-Caltech/University of Arizona; **42:** NASA/JPL; **43o:** UAESA/MBRSC/HopeMarsMission/EXI/Andrea Luck; **44-45:** ISRO/ISSDC/MOM/Andrea Luck; **43u:** Kosmos Verlag mit Mars-Karte von NASA/JPL/Mars Global Surveyor/MOLA/USGS Astrogeology Science Center; **46-47:** ESA/Roscosmos/CaSSIS; **47u:** NASA/JPL-Caltech/University of Arizona; **48-49:** ESA/DLR/FU Berlin (G. Neukum); **52u:** ESA/DLR/FU Berlin; **52o:** ESA/DLR/FU Berlin; **50-51:** ESA/DLR/FU Berlin; **53o:** ESA/DLR/FU Berlin (G. Neukum); **53u:** ESA/DLR/FU Berlin (G. Neukum); **56:** ESA/Rosetta/MPS/OSIRIS/ MPS/UPD/LAM/IAA/SSO/INTA/UPM/DASP/IDA/Andrea Luck; **54:** ESA/DLR/FU Berlin, NASA MGS MOLA Science Team; **55:** ESA/DLR/FU Berlin, NASA MGS MOLA Science Team; **57:** NASA/JPL/Mars Global Surveyor/MOLA; **58-59:** ESA/DLR/FU Berlin/G. Neukum/image processing by F. Jansen (ESA); **60:** ESA/DLR/FU Berlin/Bill Dunford; **61:** ESA/DLR/FU Berlin (G. Neukum); **62:** Kosmos Verlag nach einer Vorlage des DLR mit Mars-Karte von NASA/JPL/Mars Global Surveyor/MOLA/USGS Astrogeology Science Center; **63:** NASA/JPL-Caltech/University of Arizona; **64:** NASA/JPL-Caltech; **65:** NASA/JPL-Caltech/ETH Zürich; **66:** NASA/JPL-Caltech; **67o:** NASA/JPL-Caltech; **67u:** Kosmos Verlag nach einer Vorlage des DLR (Giardini et al., 2020) mit Mars-Karte von NASA/JPL/Mars Global Surveyor/MOLA/USGS Astrogeology Science Center; **68o:** Simon Stähler, ETH Zürich; **68u:** Simon Stähler, ETH Zürich; **69:** NASA/JPL-Caltech; **70:** ESA/DLR/FU Berlin; **71u:** ESA/DLR/FU Berlin; **71o:** NASA/JPL/MSSS/The Murray Lab; **72-73:** ESA/Roscosmos/CaSSIS; **74:** Kosmos Verlag; **75:** NASA, ESA, and Z. Levay (STScI). Acknowledgment: J. Bell (ASU) and M. Wolff (Space Science Institute); **76l:** ESA/DLR/FU Berlin/Andrea Luck; **77l:** NASA/JPL-Caltech/ASU/MSSS/SSI; **77r:** NASA/JPL-Caltech/ASU/MSSS/SSI; **76r:** ESA/DLR/FU Berlin/Andrea Luck; **78u:** ESA/DLR/FU Berlin (G. Neukum); **78o:** NASA/JPL-Caltech/University of Arizona; **79:** NASA/JPL-Caltech/University of Arizona; **80:** JAXA; **81o:** DLR; **81u:** DLR; **83:** ISRO/ISSDC/Kevin M. Gill; **85:** ESA/DLR/FU Berlin; **84:** ESA/TGO/CaSSIS; **86:** NASA/JPL-Caltech/Andrea Luck; **87o:** NASA/JPL-Caltech/University of Arizona/Canadian Space Agency/Jim Whiteway; **87u:** NASA/JPL-Caltech/University of Arizona; **90-91:** NASA/JPL-Caltech/MSSS; **88-89:** ESA/DLR/FU Berlin/Justin Cowart; **94-95u:** ESA/DLR/FU Berlin/Justin Cowart; **93:** NASA/JPL-Caltech/Kevin M. Gill; **92:** NASA/JPL/Brown University; **94-95o:** ESA/DLR/FU Berlin; **98-99:** ESA/DLR/FU Berlin; **97:** NASA/Goddard Space Flight Center Scientific Visualization Studio; **100-101:** ESA/DLR/FU Berlin (G. Neukum); **103:** Kosmos Verlag nach einer Vorlage des DLR/FU Berlin mit Mars-Karte von NASA/JPL/Mars Global Surveyor/MOLA/USGS Astrogeology Science Center; **104:** NASA/JPL-Caltech/MSSS; **105:** ESA/DLR/FU Berlin; **106-107:** NASA/JPL-Caltech/Cornell; **109ol:** NASA/JPL-Caltech/MSSS; **109or:** NASA/JPL-Caltech/MSSS; **109ul:** NASA/JPL-Caltech/MSSS; **109ur:** NASA/JPL-Caltech/MSSS; **110-111o:** NASA/JPL-Caltech; **111u:** NASA/JPL-Caltech; **112o:** NASA/JPL-Caltech/ASU/MSSS; **112u:** NASA/JPL-Caltech; **113:** NASA/JPL-Caltech; **116-117:** NASA/JPL-Caltech/ASU/MSSS; **114-115u:** NASA/JPL-Caltech/LANL/CNES/CNRS; **115o:** NASA; **119:** NASA/JPL-Caltech/Univerity of Arizona; **120-123:** Kosmos Verlag mit Mars-Karten von NASA/JPL/Mars Global Surveyor/MOLA/USGS Astrogeology Science Center und NASA/JPL/Viking/USGS Astrogeology Science Center; **124-125:** ESA/DLR/FU Berlin; **126:** NASA/JPL-Caltech/University of Arizona; **127:** NASA/JPL-Caltech/MSSS/IRAP; **128-129:** NASA/JPL-Caltech/MSSS; **130-131:** NASA/JPL-Caltech/MSSS; **132-133:** NASA/JPL-Caltech/MSSS; **135:** NASA/JPL-Caltech/University of Arizona; **134:** NASA/JPL-Caltech/University of Arizona; **136:** ESA/DLR/FU Berlin; **137:** ESA/TGO/CaSSIS; **138o:** China National Space Administration; **138m:** China National Space Administration; **138-139u:** China National Space Administration; **139:** NASA/JPL-Caltech/University of Arizona; **140-141:** NASA/JPL-Caltech/MSSS; **143u:** NASA/JPL-Caltech/MSSS; **142-143o:** NASA/JPL-Caltech/ASU/MSSS; **144-146:** NASA/JPL-Caltech/ASU/MSSS; **147-150:** NASA/JPL-Caltech/ASU/MSSS; **151-153:** NASA/JPL-Caltech/MSSS; **155o:** NASA/JPL-Caltech/MSSS; **155u:** NASA/JPL-Caltech/MSSS; **156-157:** NASA/JPL-Caltech/MSSS; **158-159:** NASA/JPL-Caltech/MSSS; **160-161o:** NASA/JPL-Caltech/MSSS; **161u:** NASA/JPL-Caltech/MSSS; **162-163u:** NASA/JPL-Caltech/MSSS;

163o: NASA/JPL-Caltech/MSSS; **164–165:** NASA/JPL-Caltech/MSSS; **166:** NASA/JPL-Caltech/MSSS; **167:** NASA/JPL-Caltech/MSSS; **168o:** ESA/DLR/FU Berlin; **168–169u:** ESA/DLR/FU Berlin; **171:** NASA/JPL-Caltech/ASU/MSSS; **170–171:** NASA/JPL-Caltech/ASU/MSSS; **172–173:** NASA/JPL-Caltech/ASU/MSSS; **174–175:** ESA/DLR/FU Berlin; **176:** ESA/DLR/FU Berlin; **176–177:** NASA/JPL-Caltech/MSSS; **179:** ESO/M. Kornmesser/N. Risinger (skysurvey.org); **180:** NASA/JSC/ANSMET; **181o:** NASA/JSC; **181u:** NASA; **182:** NASA/JPL; **183u:** NASA/JPL; **184o:** NASA/JPL; **184u:** NASA/JPL/Roel van der Hoorn; **183o:** Rachel Tillman, The Viking Mars Missions Education & Preservation Project; **185:** NASA/ESA/JPL-Caltech; **186:** NASA/JPL-Caltech/ESA/DLR/FU Berlin/MSSS; **188–189:** NASA/JPL-Caltech/MSSS; **191:** NASA/JPL-Caltech/ASU; **187:** NASA/JPL-Caltech/MSSS; **190:** NASA/Goddard/University of Arizona; **192–193:** NASA/JPL-Caltech/MSSS; **194:** Kosmos Verlag nach einer Vorlage des DLR/FU Berlin mit Mars-Karte von NASA/JPL/Mars Global Surveyor/MOLA/USGS Astrogeology Science Center und NASA/JPL/Viking/USGS Astrogeology Science Center; **199:** NASA/JPL-Caltech/ASU/MSSS; **200–201:** NASA/JPL-Caltech/ASU/MSSS; **196–197:** NASA/JPL-Caltech/ASU/MSSS; **195:** NASA/JPL-Caltech/MSSS/LANL/PhotonSys; **202–203:** NASA/JPL-Caltech/MSSS; **198:** NASA/JPL-Caltech/MSSS; **205u:** NASA; **205o:** NASA; **204:** NASA; **206:** NASA/JPL-Caltech/MSSS; **208:** NASA/SDO; **207:** NASA/GSFC/University of Colorado; **210:** NASA/JPL/University of Arizona; **209:** ESA/DLR/FU Berlin (G. Neukum); **211o:** ESA/TGO/CaSSIS; **211u:** ESA/DLR/FU Berlin; **216:** NASA/JPL-Caltech/ASU/MSSS.

DAS KOSMOS VERSPRECHEN

Mehr entdecken, mehr verstehen
Expertenwissen seit 1822

Welches Thema dich auch begeistert – auf unsere Expertise kannst du dich verlassen. Und das schon seit über 200 Jahren.

Unser Anspruch ist es, dich mit wertvollem Rat zu begleiten, dich zu inspirieren und deinen Horizont zu erweitern.

BEGEISTERUNG DURCH KOMPETENZ

Unsere Autorinnen und Autoren vereinen professionelles Know-how mit großer Leidenschaft für ihre Themen.

WISSEN, DAS DICH WEITERBRINGT

Leicht verständlich, lebensnah und informativ für dich auf den Punkt gebracht.

SACHVERSTAND, DEN MAN SEHEN KANN

Mit aussagestarken Fotos, Zeichnungen und Grafiken werden Inhalte besonders anschaulich aufbereitet.

QUALITÄT FÜR HEUTE UND MORGEN

Dafür sorgen langlebige Verarbeitung und ressourcenschonende Produktion.

Du hast noch Fragen oder Anregungen?
Dann kontaktiere unsere Service-Hotline: 0711 25 29 58 70
Oder schreibe uns: kosmos.de/servicecenter

IMPRESSUM

Umschlaggestaltung von Büro Jorge Schmidt, München, unter Verwendung einer Aufnahme des Korolev-Kraters vom europäischen Mars-Orbiter MARS EXPRESS auf der Vorderseite (ESA/DLR/FU Berlin) und einer Aufnahme des Mars am 23. Mai 2023 vom Mars-Orbiter AL AMAL (HOPE-Mission) der Vereinigten Arabischen Emirate (UAESA/MBRSC/HopeMarsMission/EXI/Andrea Luck).

Mit 161 Farb- und Schwarzweißfotos und 27 Zeichnungen

Unser gesamtes Programm finden Sie unter **kosmos.de**.
Über Neuigkeiten informieren Sie regelmäßig unsere
Newsletter, einfach anmelden unter **kosmos.de/newsletter**.

MIX
Papier | Fördert gute Waldnutzung
FSC® C015829

Gedruckt auf chlorfrei gebleichtem Papier

© 2024, Franckh-Kosmos Verlags-GmbH & Co. KG,
Pfizerstraße 5–7, 70184 Stuttgart
info@kosmos.de
Alle Rechte vorbehalten
Wir behalten uns auch die Nutzung von uns veröffentlichter Werke für Text und Data Mining im Sinne von §44b UrhG ausdrücklich vor.
ISBN 978-3-440-17991-8
Redaktion: Sven Melchert
Gestaltung und Satz: Claudia Adam Graphik-Design, Bad Kreuznach
Produktion: Ralf Paucke
Druck und Bindung: Printer Trento
Printed in Italy/Imprimé en Italie

↑ **Im trockengefallenen See**
Wo einst die Wellen eines Sees an den Strand schlugen, sind heute nur noch die Überreste eines Flussdeltas auszumachen. Diese Felsformation hat der PERSEVERANCE-Rover der NASA in seinem Landekrater Jezero fotografiert.

Thorsten Dambeck ist promovierter Physiker und Mars-Fan. Als Wissenschaftsautor arbeitete er für die ESA und das Deutsche Zentrum für Luft- und Raumfahrt. Seine Artikel über Weltraumthemen publiziert er in deutschen und internationalen Medien, bei KOSMOS erschien zuletzt der Bildband „Mond-Landschaften" (2022).